LE TRAVAIL

ET

L'INDUSTRIE DE LA CONSTRUCTION

ABBEVILLE

IMPRIMERIE BRIEZ, C. PAILLART ET RETAUX.

LE TRAVAIL

ET

L'INDUSTRIE DE LA CONSTRUCTION

RECHERCHES ET CONSIDÉRATIONS

SUR LEURS CONDITIONS ÉCONOMIQUES

DANS LE PASSÉ, LE PRÉSENT ET L'AVENIR

PAR

P.-C.-M. SAUVAGE

Ancien Juge au Tribunal de commerce de la Seine,
Membre de la Chambre de commerce de Paris,
Président honoraire de la Chambre syndicale des Entrepreneurs de maçonnerie
de la Seine.

PRÉCÉDÉS D'UNE PRÉFACE

PAR

M. VIOLLET-LE-DUC

PARIS

Vᵉ A. MOREL ET Cᶦᵉ, LIBRAIRES-ÉDITEURS

13, RUE BONAPARTE, 13

1875

AUX CHAMBRES SYNDICALES

J'obéis à mes sentiments de reconnaissance
envers la Chambre syndicale des Entrepreneurs de
maçonnerie de la Seine et à ma vive sympathie pour
toutes les autres Chambres syndicales de Paris, en leur
dédiant ce travail. Je l'ai entrepris à la veille de me
retirer de la carrière industrielle dans la pensée
d'être encore utile. Si je me suis trompé, si ces
pages ne présentent pas tout l'intérêt que j'aurais
voulu leur donner, j'espère au moins qu'elles seront
accueillies, comme un dernier témoignage de mon
dévouement au commerce, à l'industrie et à la classe
ouvrière.

SAUVAGE.

AVANT-PROPOS

Le travail que nous publions consiste en de simples recherches sur l'industrie de la construction, sur le travail en général, sur leurs conditions économiques et sur celles des classes ouvrières considérées dans leur passé, leur présent et leur avenir.

Il s'en faut que nous ayons eu l'ambition de faire œuvre d'écrivain ; notre seule prétention a été de mettre sous les yeux de ceux qu'intéressent l'industrie de la construction et les questions ouvrières de nombreux documents dont la réunion pourra être utilement consultée par ceux que ne rebuteront point ni les redites inévitables, ni les fréquentes citations. Ces citations nous ont paru nécessaires pour justifier les idées que nous avons essayé de faire prévaloir, sans nous préoccuper peut-être assez de notre insuffisance.

Bien que l'industrie de la construction soit l'objet spécial de notre travail, nous n'avons pas borné nos recherches aux seules questions intéressant cette industrie, et nous ne l'aurions pas pu, car en fait de travail, d'industrie et de commerce, tout s'enchaîne, tout se tient, et c'est pour cela que nous avons osé aborder des questions d'un intérêt plus général qui, à première vue, pouvaient sembler étrangères à notre sujet.

D'autre part, nous avons pensé que notre travail provoquerait peut-être, à l'égard d'autres industries, de semblables recherches, et que, de l'ensemble des études faites dans cet ordre d'idées, on pourrait former, si l'expression n'est pas trop ambitieuse, les cahiers du travail, de l'industrie et du commerce, sous le régime inauguré en 89.

On a publié dans ces derniers temps le cahier du quatrième ordre et le cahier des pauvres ; pourquoi ne publierait-on pas celui des travailleurs, des industriels et des commerçants? Il nous a semblé que cette idée était bonne et utile, et nous apportons notre pierre à l'édifice que de plus habiles que nous viendront continuer, nous l'espérons.

Les Chambres syndicales, dont on a remarqué le développement si récent et si rapide, ont pris une très-grande part au mouvement que l'on voit s'affirmer de plus en plus chaque jour en faveur des travailleurs, en faveur aussi de la liberté commerciale et industrielle; c'est donc à elles, ce nous semble, qu'il appartient de prendre l'initiative du travail dont nous tentons un modeste essai et de mettre à l'étude les besoins et les vœux de leurs commettants, qu'elles représentent avec une si juste autorité. Si ces besoins et ces vœux, sagement définis et limités, étaient pratiquement étudiés, en dehors de tout esprit de parti, les améliorations nécessitées par les progrès que le passé nous a transmis, ne se feraient plus attendre.

Le temps, en effet, apporte sans cesse des découvertes et des créations nouvelles, et de nombreuses idées scientifiques sont entrées aujourd'hui dans le domaine de l'industrie humaine, en modifiant les conditions économiques du travail, du commerce et de l'industrie. Par suite, de nouveaux besoins, auxquels on ne saurait refuser une légitime satisfaction, ont surgi de toutes parts. Malheureusement, ces besoins nouveaux sont généralement ignorés, et ceux qu'ils touchent de plus près, absorbés par le travail et les préoccupations de chaque jour, ne prennent pas le temps de les mettre en lumière. De là vient que, malgré leur utilité incontestée, certaines réformes sagement progressives, qui auraient pu être tentées depuis longtemps, n'ont pas encore été soumises à l'épreuve de l'expérience.

En France, habitués à voir le gouvernement tout prévoir et tout réglementer, nous sommes dépourvus d'initiative ; nous comptons sur le gouvernement, nous ne comptons pas sur nous-mêmes, et, retournant cette ancienne devise : *Dieu se garde, je me garderai,* nous semblons dire perpétuellement au gouvernement : *Dieu te garde, garde-moi !* « Le peuple anglais, au contraire, dit Robert Coningsby [1], ne demande à son {gouvernement que de le protéger contre toute interruption,

---

1. Reports of artisans selected to visit the Paris universal exhibition. (Traduit par Ed. Flaxland.)

Sauvegardez notre commerce et laissez-nous faire le reste ; telle est la prière usuelle du citoyen anglais : il ne demande pas qu'on lui cherche du travail, il saura le trouver lui-même. »

Pourquoi ne pas suivre cet exemple, pourquoi ne pas imiter nos voisins dans ce qu'ils ont de bon et de pratique ? Pourquoi ne pas nous habituer comme eux à faire nos affaires nous-mêmes et ne pas signaler les besoins nouveaux que le temps et le progrès ont fait naître ? Pourquoi, enfin, au lieu d'attendre en silence qu'il plaise au gouvernement de reconnaître ces besoins et de leur donner satisfaction ; pourquoi ne pas provoquer avec persévérance, avec énergie, les réformes dont le monde industriel et commercial a reconnu la nécessité ?

Comment expliquer cette indifférence, et comment se fait-il que les réformes politiques, bien moins utiles, pratiquement parlant, que les réformes industrielles et commerciales, soient si ardemment recherchées et encore plus ardemment soutenues par l'opinion publique qu'elles passionnent toujours, tandis que les réformes industrielles et commerciales, dont l'utilité est immédiate et réelle, la préoccupent peu et ne la passionnent jamais ?

Eh bien ! il ne faut plus qu'il en soit ainsi ; il faut, à l'avenir, que les industriels et les commerçants s'occupent énergiquement de ces réformes, bien à tort dédaignées, et qu'ils s'efforcent de faire comprendre à tous, qu'elles intéressent tout le monde, les ouvriers et les patrons, les consommateurs, et les producteurs ; il faut que tous les travailleurs, à quelque classe qu'ils appartiennent, en fassent comprendre la nécessité, il faut qu'ils les demandent sans relâche, car ce n'est qu'en les réclamant avec persévérance que l'on finira par les obtenir.

La main-d'œuvre joue un si grand rôle dans l'industrie en général et dans celle de la construction en particulier, et les questions ouvrières sont si intimement liées aux questions industrielles, que nous avons été tout naturellement amené à parler des grèves, des sociétés coopératives et des associations de prévoyance et d'assurance qui préoccupent à si juste titre aujourd'hui les patrons et les ouvriers, et il nous a semblé que l'examen de ces diverses questions devait être le corollaire obligé de notre travail.

Nous aurions voulu pouvoir éviter le difficile examen de ces questions brûlantes, où la vérité est si près de l'erreur, où l'utopie prend trop souvent les apparences de la saine raison et de la réalité ; mais elles rentrent si intimement dans notre sujet et elles s'imposent à tous si despotiquement, par le temps de recherche et de transformation dans lequel nous vivons, que nous n'avons pas cru qu'il nous fût permis de nous en détourner.

Lorsque les réformes de 1789 ont été formulées, on a prétendu les justifier en disant que le tiers état n'était rien et qu'il devait être tout ; aujourd'hui, pour justifier les nouvelles réformes que certains novateurs réclament, l'on dit que le tiers état doit s'effacer à son tour et céder la place au prolétariat. La revendication faite par nos pères en 89 au profit du tiers état, pouvait alors s'expliquer jusqu'à un certain point, parce qu'à cette époque le tiers état, privilégié lui-même au regard des ouvriers, était primé par la noblesse et le clergé, dont les priviléges dominaient les siens. Mais aujourd'hui, la revendication faite en faveur du prolétariat n'est pas fondée puisqu'il n'y a plus ni priviléges, ni privilégiés, et par conséquent plus de barrières et plus d'entraves pour arrêter l'essor des travailleurs. Toutes les classes semblent confondues, ou plutôt, il n'y a plus réellement que deux classes : celle des hommes intelligents et laborieux, qui peuvent prétendre à tout, et celle des hommes qui ne peuvent prétendre à rien, parce que, paresseux ou déshérités de l'intelligence et de la nature, ils ne sont réellement propres à rien.

« L'égalité, a dit Louis Blanc, ne consiste pas dans le nivellement des conditions, elle consiste dans le développement pour tous de leurs facultés inégales. »

Donc, dire aux paresseux, aux inintelligents et aux dissipateurs, qu'une organisation du travail, nous ne savons laquelle, fera descendre les travailleurs intelligents, laborieux et économes, à leur niveau et qu'il en résultera pour tous un bien-être général, c'est propager une erreur grossière qui nous mènerait tout droit et très-promptement à la barbarie.

Le bien-être ne peut s'acquérir et se conserver que par le travail, l'intelligence et une prévoyante économie, et l'on ne saurait trop répéter cette leçon de haute moralité adressée par Cobden aux ouvriers anglais : « Le monde a toujours été partagé en deux classes d'hommes, ceux qui épargnent et ceux qui dissipent, les économes et les prodigues. Tous les grands ouvrages qui ont contribué au bien-être et à la civilisation sont l'œuvre de ceux qui savent économiser et ils ont toujours eu sous leur dépendance ceux qui ne savent que dissiper follement leurs ressources. Les lois de la nature et de la Providence veulent qu'il en soit ainsi, et je serais un imposteur si je faisais espérer aux membres d'une classe quelconque qu'ils pourront améliorer leur sort en restant imprévoyants, insouciants et paresseux. »

Le vertueux Franklin, l'un des fondateurs de la république des États-Unis, répétait souvent : « Si quelqu'un vous dit que vous pouvez arriver à un progrès quelconque autrement que par le travail et l'économie, ne l'écoutez pas, c'est un empoisonneur. »

Nous avons donc cru devoir essayer de prémunir les esprits honnêtes et de bonne foi contre les craintes exagérées et contre les espérances illusoires qu'ont fait naître, dans ces derniers temps, des utopies décevantes. Elles n'ont, hélas ! bouleversé que trop d'intelligences. Nous avons combattu les idées funestes qu'elles propagent en faisant ressortir leur inanité et l'erreur profonde de ceux qui croient y voir la meilleure organisation du travail, et, par suite, le bien-être général des classes ouvrières ; nous avons exprimé très-franchement notre opinion sur les grèves et sur les associations coopératives de production et autres.

Plus nous avons examiné les divers systèmes préconisés si légèrement par des réformateurs peu pratiques, plus nous en avons étudié les séduisantes mais impraticables théories, et plus nous sommes resté convaincu de la sagesse des paroles qu'adressait au clergé et aux fidèles de son diocèse Monseigneur l'archevêque de Paris, dans sa lettre pastorale sur les devoirs des riches et des pauvres. Que ne pouvons-nous, hélas! faire accepter ces vérités par tous les travailleurs!

« L'inégalité, dit l'éminent prélat, qui condamne un si grand nombre d'hommes à un travail pénible, souvent insuffisant, toujours incertain, pour obtenir le pain de chaque jour, a ses causes immédiates dans la diversité des moyens laissés à l'activité et à la liberté individuelles aux prises avec les difficultés de la vie et l'incertitude des événements. Qu'il soit souverainement raisonnable de chercher à atténuer et à adoucir les tristes suites d'un mal inévitable, personne n'oserait le nier ; la religion et l'humanité en font un devoir impérieux. Mais vouloir changer radicalement les conditions de l'existence humaine, et pour cela bouleverser les rapports des hommes entre eux, poursuivre par des moyens violents ou par la propagation de dangereuses théories la chimère de l'égalité dans la fortune et d'un bien-être universel égal pour tous, c'est porter une main téméraire et coupable sur l'ordre social lui-même, c'est provoquer des désordres qui précipiteraient le riche et le pauvre dans une ruine commune, c'est tenter, en un mot, d'amener la société à ce que certains philosophes appellent l'état naturel, mais qui ne serait que l'état sauvage, le seul où puisse régner l'égalité absolue dans la misère universelle. »

Le problème que les sociétés modernes ont à résoudre semble à première vue résider uniquement dans une meilleure distribution des richesses. Mais, est-il possible de les répartir à la satisfaction de tous, plus heureusement que ne l'ont fait les générations qui nous ont précédés ? Il est permis d'en douter; mais la question est trop grave pour qu'on puisse s'en désintéresser, et c'est pour cela qu'il est sage, de chercher à améliorer par des moyens justes et pratiques, mis à la portée et à la charge de tous, le sort de ceux qui sont les moins bien partagés.

Tel est le programme que nous nous sommes imposé et le but que nous avons cherché à atteindre. Y sommes-nous parvenu ? Nous n'osons pas le prétendre. Cependant, par l'assurance mutuelle, collective, corporative et coopérative de prévoyance que nous proposons, nous croyons fermement que l'on pourrait, sinon corriger entièrement, du moins atténuer, dans la limite du possible, les résultats si critiqués aujourd'hni de la répartition actuelle des richesses et, sans porter atteinte aux droits acquis de ceux qui possèdent, venir en aide à ceux qui n'ont rien et qui, rangés sous la loi du travail, jettent un regard inquiet vers l'avenir. Car, c'est sur ceux-là surtout que se reporte toute notre sollicitude, et si, dans ce livre il se rencontrait contre notre attente quelques expressions qui ne parussent pas procéder du sincère désir d'être utile aux

travailleurs de toutes les classes et de la foi profonde que nous avons dans leurs progrès incessants
par la liberté, par les mœurs, par l'instruction et
par l'éducation morale et religieuse [1], nous désa-
vouons par avance les phrases où notre plume aurait
évidemment mal servi notre pensée, car elles seraient
en opposition complète avec notre dévouement à tous
les travailleurs, comme avec nos espérances dans leur
avenir.

1. M. Duruy, ancien ministre de l'Instruction publique, dans la préface de son *Abrégé de l'histoire de France*, démontre que le problème politique est avant tout une question d'éducation. Et quant au socialisme,
ajoute-t-il, c'est encore affaire d'enseignement.

PRÉFACE

—

Dans toutes les affaires de ce monde, les progrès s'accomplissent avec une telle lenteur, qu'il ne faut point être surpris si les esprits se découragent parfois, nient ces progrès et prétendent retourner en arrière avec cette conviction que le passé était encore préférable au présent.

A distance, les détails échappent, on ne voit qu'un ensemble, et pour peu que cet ensemble présente un tout complet, harmonieux, on croit volontiers que cette harmonie apparente n'est troublée sur aucun point.

Le passé nous apparaît souvent ainsi sous des dehors séduisants, on voudrait de nouveau s'y reposer comme sur une rive tranquille dont, à la distance où nous sommes, les aspérités, les fondrières ne peuvent être exactement appréciées.

Cependant l'historien, l'économiste, le philosophe doivent se munir d'un bon télescope et ne se point contenter seulement d'une vue d'ensemble. Il leur faut fouiller attentivement les coins obscurs, supputer les obstacles et jusqu'aux moindres cailloux qui encombrent les chemins. Alors, on s'aperçoit que le terrain sur lequel on marche est plus praticable et meilleur que n'était celui parcouru par nos devanciers.

Notre siècle se préoccupe avec raison de l'émancipation morale et du bien-être des classes attachées aux travaux manuels ; il n'a pu tout faire, et dès lors on l'accuse d'impuissance, de présomption, et on voudrait nous ramener à quelques siècles en arrière, dans la pensée que nous avons changé un état imparfait pour un pire. Il n'y aurait pas à se préoccuper beaucoup de ces regrets et de ces tendances à revenir sur le chemin parcouru, — ce qui est impossible, — si l'unique conséquence des velléités réactionnaires n'était une perte de temps fâcheuse, et n'apportait, dans les esprits peu éclairés, un trouble, une incertitude qui découragent l'initiative et suspendent l'étude consciencieuse des questions les plus urgentes.

Et, cependant, si nous comparons la position sociale de l'esclave de l'antiquité avec celle de l'artisan du moyen âge, l'état de cet artisan soumis aux conditions étroites des maîtrises, avec l'état d'égalité devant la loi commune qui régit tous les citoyens de notre pays, il est bien difficile d'admettre que, depuis deux mille ans, des progrès notables n'aient pas été accomplis au profit des classes attachées aux travaux manuels ; progrès moraux et progrès matériels.

Est-ce à dire que tout est pour le mieux ? Nous n'avons garde de le prétendre. Est-ce à dire qu'il n'y ait rien à faire, rien à tenter, que la société n'a pas à se préoccuper de ces questions, qu'il lui suffit de laisser faire et de laisser passer, et que l'équilibre s'établira de lui-même par l'exercice de la liberté des transactions, de la libre concurrence ? C'est là, croyons-nous, une grave erreur. La liberté est un moteur incomparable, lorsque la machine sociale est solide et bien faite ; elle est impuissante ou fait tout éclater, lorsque les rouages sont mal combinés, ou pèchent par défaut de force.

La révolution du dernier siècle proclamait les *droits de l'homme*, l'égalité devant la loi ; c'était très-bien ; pouvait-elle changer par un décret l'état de la société, les habitudes enracinées, détruire les préjugés, instruire les masses, les élever du jour au lendemain au niveau des droits qu'elle leur conférait, leur faire comprendre les devoirs parallèles à ces droits ? En présence, tout à coup, de résistances imprévues, souvent même incon-scientes, en face d'une multitude opprimée pendant des siècles, et qui, ne croyant voir dans les nouveaux droits qu'on lui abandonnait qu'un avenir de bien-être trop longtemps désiré, se trouvait cependant en face des privations, de la ruine et de la misère, elle eut recours aux mesures violentes.

Les connaissances en économie sociale étaient alors dans l'enfance, et chacune des mesures prises pendant cette époque fiévreuse ne faisait que creuser le gouffre. Ne pouvant satisfaire cette foule qui mourait de faim et demandait enfin la part au soleil si longtemps attendue, on la flattait, faute de mieux, et on recourait aux expé-dients dont, seuls, les agioteurs et spéculateurs effrontés de cette époque profitaient largement.

Toutefois un pas immense était fait, les priviléges étaient abolis, rejetés de la société et ne pouvaient plus y rentrer, pourrait-on dire, que clandestinement.

Plus de quatre-vingts ans nous séparent de cette époque. Ce temps a-t-il été bien employé? A-t-on abordé par le bon côté cette grosse question du travail? Est-elle insoluble? Les préoccupations politiques n'ont-elles pas souvent influé d'une manière fâcheuse sur les décisions prises par le législateur? L'état intellectuel a-t-il été suffisamment élevé chez les classes ouvrières pour leur permettre de bien apprécier leurs intérêts et de les défendre? A ces questions, on peut répondre d'une manière générale que si tout ce qu'on devait faire n'a pas été accompli, la société ne s'est pas cependant désintéressée à ce point de ne faire aucun effort pour trouver des solutions pratiques. Mais ce qui manque à toutes ces tentatives plus ou moins heureuses c'est l'unité d'intention et de direction, c'est un but commun; c'est surtout, aux classes prétendues dirigeantes, de connaître l'ouvrier, à l'ouvrier de connaître ceux aux intérêts, aux besoins desquels il apporte le concours de ses bras, c'est la conscience de la solidarité de ces intérêts, c'est encore l'oubli de préjugés déplorables et qu'un long exercice de la liberté et de l'égalité civile n'a pu totalement détruire. C'est enfin l'ignorance, pour appeler la chose par son vrai nom, de ce qui constitue l'état social moderne; et cette ignorance subsiste aussi bien en haut qu'en bas, car rien, dans notre système d'éducation, n'est de nature à instruire la jeunesse sur ces graves questions ; et une preuve de ce fait, entre beaucoup d'autres, c'est, par exemple, que nombre de personnes, aussi bien chez les patrons que chez les ouvriers, demandent qu'on en revienne au système pur et simple des jurandes, des maîtrises et des corporations. Certes, ces bonnes gens seraient bien attrapés si, d'un coup de baguette, on pouvait réaliser leur vœu, et si, du jour au lendemain, au principe de la libre concurrence et de la facilité des transactions, on substituait le privilége, le système de protection de l'État et les charges que tout protecteur ne manque pas d'exiger du protégé.

Mais en face des difficultés présentes on ne voit pas si loin et on demande la sécurité que l'on croit avoir perdue, quitte à la payer cher.

Il n'y a cependant de véritable sécurité que pour les intérêts qui savent se défendre, comme il n'y a de liberté que pour celui qui respecte celle d'autrui et sait faire respecter la sienne. Malheureusement, et tout en appréciant l'étendue des progrès obtenus, nous n'en sommes pas arrivés là ; et pour beaucoup de gens, la liberté consiste à posséder les moyens de supprimer celle des autres.

L'état politique et social du moyen âge admis, le système des maîtrises et des corporations était le seul qui pût protéger le travail. Pour lutter au milieu d'une société où tout repose sur des priviléges, il faut nécessairement être armé de priviléges ; mais au sein de la France du xixᵉ siècle, qu'une classe de citoyens vienne réclamer le rétablissement des corporations, c'est un anachronisme au moins puéril. Qu'on accuse la Révolution d'avoir supprimé ces vieilles institutions, fort ébranlées déjà à la fin du dernier siècle, ce sont là de ces récriminations inutiles, bonnes seulement à faire perdre du temps.

La Révolution était conséquente : en abolissant les priviléges féodaux elle ne pouvait respecter les priviléges de la bourgeoisie et du prolétariat. L'égalité civile était sa devise, et quoi qu'on dise ou quoi qu'on fasse, c'est là la plus importante et la plus fructueuse de ses conquêtes.

Nous n'ignorons pas qu'il est de mode, depuis quelque temps, de rendre la Révolution responsable de toutes les calamités et de toutes les sottises qui ont affligé notre siècle. Après l'avoir portée aux nues, on s'est avisé de la traîner dans la boue. Elle ne mérite :

Ni cet excès d'honneur, ni cette indignité.

La Révolution a fait ce qu'il était humainement possible de faire, tout en laissant à ses successeurs une longue suite de travaux à accomplir, toute une série de problèmes à résoudre.

Elle avait devant elle une vieille société vermoulue et dont les rouages usés ne marchaient plus que par la force d'impulsion. Elle a renversé le vieil édifice. Rien n'était fait si elle en eût laissé subsister la moindre portion. Il lui fallait émietter les matériaux pour composer un édifice neuf ; dès lors, il eût été insensé de conserver au milieu de ces ruines quoi que ce soit qui rappelât les priviléges de l'ancien régime et, en demandant l'abolition des corporations, le constituant Chapelier n'était que logique. « C'est à la nation, c'est aux officiers

« publics, en son nom, disait-il à la tribune, le 15 juin
« 1791, à fournir des travaux à ceux qui en ont besoin
« pour leur existence et les secours aux infirmes. » Ces
paroles étaient grosses de périls, nous l'admettons, elles
devaient plus tard amener de tristes conséquences; mais
que pouvait-il dire ? En supprimant les priviléges qui
garantissaient la famille des travailleurs contre la concurrence, contre les conséquences de la liberté, contre
le chômage, il fallait bien qu'il assurât l'existence aux
dépossédés. De fait, il leur promettait *le droit au travail*,
il substituait l'État aux corporations des ouvriers, comme
ses collègues substituaient la loi civile aux gouvernements
conventuels et diocésains, à la possession des biens de
mainmorte, et la division de la propriété, aux majorats.

Mais, de ce que les hommes de la Révolution nous ont
laissé beaucoup à faire, faut-il en conclure qu'ils n'ont
rien fait de bon et qu'ils n'ont pas déblayé le
terrain ?

Pouvaient-ils, en présence de tous ces priviléges de
naissance ou de corporations, de communes ou de
charges, admettre des faisceaux partiels qui n'eussent
été que la répétition ou la continuation des abus à supprimer ? Non, leur devoir était de briser tous ces
faisceaux distincts pour en composer un seul, pour faire
une nation, un état laïque ; et ils y réussirent.

Maintenant, il ne s'agit plus de revenir sur un passé
à jamais détruit, de récriminer et de blâmer ces hommes
d'avoir couru au plus pressé, il s'agit de profiter de la
place qu'ils ont su faire nette, pour former un état

social nouveau. Il s'agit enfin, non point de revenir en arrière, mais de marcher en avant.

Que l'application des principes émis par la Révolution ait créé l'antagonisme entre les patrons et les ouvriers, ce n'est guère discutable ; mais que cet antagonisme soit une conséquence perpétuelle de l'application de ces principes, c'est ce que l'on ne saurait admettre si l'on raisonne quelque peu.

La Révolution, comme il vient d'être dit, devait émietter les agglomérations privilégiées, devait tendre à l'individualisme pour obtenir l'unité nationale absolue. Les gouvernements despotiques qui lui ont succédé ont naturellement profité de cette désagrégation des corps partiels, pour établir leur suprématie : était-ce là ce que voulaient les hommes de la Constituante ? Certes, non. Et si le pays, après avoir vu détruire les priviléges qui entravaient son développement et l'enserräient de toutes parts, s'est abandonné aux mains d'un despote, si, depuis lors, il n'a su trouver son assiette et est tombé d'un excès dans un pire, est-ce leur faute ?

Cherchons les coupables là où ils sont, non pour leur reprocher inutilement leurs défaillances, mais pour éviter de les imiter et pour trouver le remède au mal. Ces coupables sont un peu partout et nous en trouvons sur tous les degrés de l'échelle sociale.

Le tiers état, qui, selon le mot de Sieyès, devait être *tout*, a-t-il, depuis la fin du dernier siècle, fait tout ce qu'il avait la prétention de faire ? Quelle résistance a-t-il opposée au despotisme du premier Empire ? Mis à l'écart sous la Restauration, il a renversé la Royauté en s'alliant au prolétariat. Une fois au pouvoir, s'est-il occupé de cet allié des trois jours ? Renversé à son tour en 1848, il a pris peur et s'est jeté entre les bras du second Empire. Quant au prolétariat, tour à tour instrument, dupe ou insurgé contre la société, nourri d'illusions, crédule ou défiant à l'excès, demandant beaucoup et se contentant souvent de peu, impuissant à s'unir dans un intérêt commun, séparant souvent cet intérêt de celui de la société, avide de jouissances matérielles et peu désireux de s'instruire, a-t-il fait pour s'élever tout ce qu'il pouvait faire ?

L'exemple qu'on lui donnait d'en haut n'était pas de nature, il est vrai, à le pousser vers l'étude sérieuse ; mais pourquoi suivait-il cet exemple, pourquoi n'avait-il pas la force morale de se soustraire à ces sollicitations malsaines ? Pourquoi ne sentait-il pas qu'une *couche sociale*, pour me servir d'une expression aujourd'hui consacrée, ne marque sa place, qu'à la condition d'être pourvue d'une puissance intellectuelle s'élevant au-dessus du niveau des couches placées au-dessus d'elle.

Tel patron passe ses soirées au théâtre ou au café-concert, l'ouvrier le sait et se dit : « Le patron se donne du bon temps et ce sont mes bras qui lui procurent ces loisirs ; eh bien ! moi aussi, je prétends m'amuser », et le voilà installé, chaque soir, au café chantant ; et ainsi, de ce que le patron néglige ses intérêts et gaspille un temps précieux, voilà l'ouvrier qui pense n'avoir rien de mieux à faire que de l'imiter.

Puis, comme les besoins deviennent plus étendus, on demande des augmentations de salaire sans se soucier des intérêts du patron puisque lui-même semble les négliger. Celui-ci fait faillite et l'ouvrier n'est pas payé. Ce sont là des cas spéciaux, nous l'admettons, mais en voici qui ont un caractère plus général.

Un patron soumissionne une entreprise avec un rabais considérable ; mais ses devis bien établis, il compte encore faire un bénéfice de 5 p. 0/0 sur cette entreprise qui doit être terminée dans un délai de ..... sous peine d'un dédit. Les ouvriers se mettent en grève et demandent une augmentation de salaire sur la journée et une diminution d'une heure de travail. Pressé par les conditions de son marché, le patron accorde ce qu'on lui demande ; tout compte fait, si les bénéfices sont mangés, du moins il ne perdra pas d'argent. Mais les ouvriers qui gagnent six francs par jour au lieu de cinq, en travaillant moins, perdent un jour ou deux par semaine, passés au cabaret. Le travail n'est pas terminé dans les délais fixés, l'entrepreneur paie son dédit et au total, les ouvriers n'ont pas mis dans leur poche dix centimes de plus que s'ils avaient gagné cinq francs par jour en travaillant toute la semaine.

La bonne affaire !... Elle est préjudiciable à celui pour qui est faite l'entreprise, puisqu'elle n'est pas terminée en temps voulu, elle compromet le crédit de l'entrepreneur, et n'a pas rendu l'ouvrier plus riche.

Les grèves ! Les grèves ruinent tout le monde, celui qui a besoin de la marchandise pour développer son industrie ou arriver sur le marché en temps opportun, celui qui fabrique et dont tout le matériel reste improductif pendant un temps plus ou moins long ; l'ouvrier, qui dépense ses économies amassées à soutenir la grève et qui, pendant ce chômage, se démoralise et perd l'habitude du travail.

Bien mieux, certaines grèves prolongées ont forcé l'industrie à recourir à d'autres moyens que ceux employés jusqu'alors, à changer son mode de fabrication ou à se déplacer, et quand, las d'imposer des conditions qu'on n'acceptait pas, l'ouvrier revenait demander du travail, on lui répondait : « Nous n'avons plus besoin de vous. »

Est-ce à dire que l'ouvrier doive subir les conditions du patron ? Certes, non. Entre celui qui dirige et paie le travail et celui qui l'exécute, il y a contrat, et tout contrat doit être librement débattu par les deux parties contractantes. Mais il est clair que, si un entrepreneur ou un usinier a pris des engagements à terme pour livrer ses constructions ou ses objets fabriqués au prix de ..... établi sur celui de la main-d'œuvre, au moment où le marché a été contracté, et que, pendant l'exécution, cette main-d'œuvre vienne à augmenter par suite d'une grève, ou l'usinier et l'entrepreneur ne peuvent remplir leurs engagements, ou ils perdent de l'argent.

La loi sur les adjudications n'a pas prévu ces cas. Mais la législation relative aux grèves ne les a pas prévus davantage, et de fait, ces deux législations sont, non-seulement contradictoires, mais absolument opposées.

Comment admettre qu'on pourra exiger d'un homme de remplir les engagements qu'il contracte avec l'État, si l'État couvre de sa protection ceux qu'emploie cet homme lorsqu'ils modifient arbitrairement les conditions de la production ?

On le voit donc, les principes de la liberté des transactions ne sont pas toujours faciles à mettre en pratique et peuvent produire un état voisin de la tyrannie.

Or, nous n'aimons pas plus la tyrannie d'en bas que celle d'en haut, et, il faut, dans l'intérêt de tous, éviter qu'elle ne puisse s'établir, pas plus dans l'État qu'au sein de l'industrie. Que le capital soit le tyran de la main-d'œuvre, ou que la main-d'œuvre soit le tyran du capital, le résultat est le même, c'est la ruine pour tous, car le capital violenté se cache et disparaît ; la main-d'œuvre, avilie, quitte les centres de production et émigre.

Les intérêts de la main-d'œuvre et du capital sont connexes, par cette raison bien souvent donnée et bien rarement entendue, que le capital n'est autre chose que le produit accumulé de la main-d'œuvre. Que ce capital soit entre les mains d'un seul, ou d'une association, ou de l'État, cela ne change rien à sa nature de réservoir où la main-d'œuvre s'alimente pour le remplir sans cesse et même l'augmenter.

Cette solidarité entre le capital et la main-d'œuvre n'a pas toujours été comprise par l'ouvrier, il faut

le reconnaître ; et celui-ci a vu et voit encore souvent
dans le capital, non la réserve où il puise pour produire, mais un adversaire qui l'exploite et se nourrit
à ses dépens. Pour faire cesser cet antagonisme, il
n'est qu'un moyen : c'est l'assurance collective ; *la
coopération de tous pour garantir chacun*, suivant
l'expression de M. Horace Say. Assurance commune
aux patrons et ouvriers. Le travail auquel s'est livré
M. Sauvage conduit à cette conclusion qui nous
semble très-pratique dans l'état présent d'une société
dont toutes les tendances sont de plus en plus démocratiques. Est-ce la solution finale à laquelle toutes
les industries arriveront ? Nous pensons qu'on ira plus
loin encore ; mais c'est un repos qui peut établir un
équilibre durable pendant un assez long temps, et permettre aux classes ouvrières de s'élever par l'instruction
et le sentiment exact de leurs devoirs et de leurs droits,
au point où nous les voudrions voir atteindre.

Nul ne contestera que la situation matérielle de
l'ouvrier ne doive tendre à s'améliorer. Il est clair
que l'ouvrier qui gagne cinq francs par jour pendant
trois cent dix jours de l'année, déduction faite des
dimanches et jours fériés, ce qui fait 1550 fr. par an,
ne peut guère, avec cette somme, dans les villes,
élever une famille nombreuse, d'autant que son labeur
exige une nourriture substantielle, et faire des économies, en admettant qu'il soit rangé ; mais ce n'est
pas en exigeant six et sept francs de la journée, qu'il
peut améliorer cette situation, si cette augmentation

tend à diminuer la production par suite du haussement des prix de l'œuvre fabriquée ; car, alors, les chances de chômage augmentent en raison même de cette augmentation.

L'assurance obligatoire entre les ouvriers et les patrons est un palliatif à ces dangers, puisqu'elle vient au secours de l'ouvrier pendant les chômages, pendant les maladies et lui peut assurer une rente lorsque la vieillesse l'oblige à cesser tout travail.

Cette assurance aurait cet avantage de faire mieux comprendre à l'ouvrier la nature de ses devoirs collectifs, parallèles à ses propres intérêts, et la nécessité de ne pas perdre un temps qui appartient à l'association aussi bien qu'à lui, de ne pas employer partie de son salaire à la débauche, ce qui malheureusement se voit trop souvent. Car, il est à remarquer que l'augmentation des salaires, pour beaucoup d'ouvriers, a plutôt alimenté le cabaret que l'épargne. Perte d'argent, perte de temps, en face desquelles le capital est peu disposé à faire de nouveaux sacrifices. Nous avons dit : *Assurance commune aux patrons et aux ouvriers*, et non, *sociétés coopératives*. Car, en effet, ces dernières sociétés n'ont pas donné généralement les résultats qu'on attendait de leur établissement. L'ouvrier capable, et qui, à force d'intelligence et de travail, arrive à produire mieux et plus vite que la plupart de ses confrères, n'est guère disposé à faire profiter ceux-ci des avantages qui lui sont personnels ; et ainsi, par le cours naturel des choses, les sociétés coopératives se trouvent, non-seulement privées des sources fécondes qui pourraient contribuer à leur prospérité, mais au point de vue de la perfection de la production, elles tendent à ne pas dépasser un niveau médiocre. Il peut, certes, y avoir des exceptions à cette règle ; mais l'homme qui se sent capable et fort a une tendance très-naturelle à user cette force et cette capacité à son profit, sans trop se soucier de mettre ces qualités au service des faibles et des incapables; et les sociétés coopératives sont ainsi destinées, le plus souvent, à ne recruter que des médiocrités. Ces associations ne tendent pas à élever la qualité de la production ; or, il faut bien penser, qu'en présence de la concurrence étrangère, toutes les industries d'un pays doivent avoir pour objectif d'obtenir la supériorité sur le marché, sous le triple rapport de la qualité, de la quantité et du bas prix.

Le capital ou le patron, ce qui est tout un, excité par son propre intérêt, apprécie mieux ces conditions que ne le peut faire une association impersonnelle ; c'est donc par l'entente des ouvriers et des patrons que la prospérité industrielle peut être garantie et accrue. Le problème n'est pas, dans l'état actuel de notre société, d'une solution facile ; mais c'est dans cette voie qu'il convient de marcher, semble-t-il, et les bases de cette entente ne peuvent s'établir que par l'assurance collective.

Le caractère de la démocratie moderne est le développement de l'intelligence par le travail et la suprématie de celle-ci dans la société.

L'égalité civile étant la plus grande et la plus fruc—

tueuse des conquêtes de la Révolution, la valeur relative de l'individu n'est acquise que par l'intelligence, et par ce qui développe l'intelligence, le travail.

Vouloir recourir aujourd'hui aux priviléges, quels qu'ils soient, nobiliaires ou corporatifs, serait une entreprise insensée. La protection de l'État doit fatalement disparaître, s'il s'agit de production et de commerce.

L'individu est, par cela même, tenu de s'élever et de connaître mieux ses droits, ses devoirs sociaux, afin d'être à même de les défendre.

Seul, il ne peut guère obtenir ce résultat, mais par l'association, il acquiert une puissance bien plus efficace que celle que peut lui prêter la protection de l'État.

L'ouvrier comme le patron ne sauraient donc avoir, dans un intérêt commun, d'autre préoccupation que de perfectionner les moyens de production, par le développement de l'intelligence, l'étude des questions de morale sociale et l'association de leurs intérêts qui sont connexes et ne peuvent être protégés que par leur entente.

Que chacun travaille, s'instruise, et tous les problèmes sociaux reçoivent une solution facile. Le seul moyen d'éviter les abus, conséquences, peut-être, de la suprématie d'une aristocratie de l'intelligence, c'est de supprimer l'ignorance et d'instruire chacun.

Mais il faut, avant tout, que chacun veuille s'instruire.

E. VIOLLET-LE-DUC.

LE TRAVAIL

ET

L'INDUSTRIE DE LA CONSTRUCTION

PREMIÈRE PARTIE

—

CHAPITRE PREMIER

LE TRAVAIL ET L'INDUSTRIE DE LA CONSTRUCTION DANS L'ANTIQUITÉ

Ancienneté de l'art de la construction. — L'arche de Noé et la tour de Babel. — Le travail et l'esclavage dans l'antiquité. — Le temple de Jérusalem et le palais de Salomon. — Les pyramides d'Égypte. — Le grand obélisque de Thèbes. — Le labyrinthe. — Temples indiens de Salcette et d'Illoura. — Dédain des Grecs pour le travail. — L'architecture chez les Grecs. — Mépris des Romains pour le travail, le commerce et l'industrie. — Colléges ou corporations ouvrières dans la Rome antique — Accroissement de la population servile chez les Romains. — L'architecture chez les Romains. — Aqueducs de Rome. — Fermiers publics des eaux. - Familles employées à leur entretien. — Travaux des Romains dans les pays qu'ils avaient conquis. — Chute de Rome et de la société ancienne.

L'origine de l'art de bâtir se perd dans la nuit des temps et l'on comprend parfaitement que cet art dût être l'un des premiers que les hommes mirent en pratique. En effet, au dire de Platon, le premier des besoins c'est la nourriture, le second besoin c'est celui du logement [1].

1. *République* de Platon. Liv. II.

Sans parler des monuments cyclopéens qui remontent aux temps antéhistoriques et qui, par conséquent, sont plus du domaine de la fable que de celui de l'histoire [1], on trouve, si l'on consulte la Bible, que Jabel, petit-fils d'Adam, fut l'inventeur des tentes [2] et que l'arche de Noé, la construction la plus ancienne dont il soit question dans la Genèse, fut construite avec des pièces de bois aplanies, enduite de bitume dedans et dehors [3].

Pour se garantir d'un nouveau déluge, les descendants de Noé (Noachides) construisirent, dans la vallée de Sennaar, une ville et une tour fort élevée. L'histoire nous apprend qu'ils y travaillèrent plus de cinquante ans et il n'est peut-être pas téméraire de supposer que cette ville devait être Babylone, capitale du royaume de Nemrod, ou l'une des villes d'Arach, d'Achad et de Chalanne dans la terre de Sennaar dont parle la Genèse [4]. Assur, qui sortait de la terre de Sennaar, bâtit Ninive et ses murs et la ville de Chalé. Il

1. Au temps de Pausanias, il ne restait plus de Tyrinthe que ses murs qu'on disait avoir été jadis bâtis par les Cyclopes, et les pierres de ces murs étaient d'un tel volume, au dire du savant historien, que deux mulets auraient à peine ébranlé la plus petite. C'étaient des blocs de pierre rustiquement taillés.

On a dit aussi que les fortes murailles de Mycène que ne purent abattre les habitants d'Argos, en guerre avec les Mycéniens, avaient été bâties par les Cyclopes.

2. *Genèse*, ch. IV, v. 20. « Ada enfanta Jabel qui fut père de ceux qui demeurent dans les tentes. » (Traduction de Lemaistre de Sacy, p. 3.)

3. *Genèse*, ch. VI, v. 14 : « Faites-vous une arche de pièces de bois aplanies. Vous y ferez de petites chambres et vous l'enduirez de bitume dedans et dehors. » V. 15 : « Voici la forme que vous lui donnerez : La longueur sera de trois cents coudées ; la largeur, de cinquante, et sa hauteur de trente. » (Traduction de Lemaistre de Sacy, p. 4.)

4. *Genèse*, ch. X, v. 10. La ville capitale de son royaume (Nemrod) fut Babylone outre celles d'Arach, d'Achad et de Chalanne dans la terre de Sennaar.

bâtit aussi la grande ville de Resen entre Ninive et Chalé [1].
Quant à la tour de Babel qui ne put jamais être achevée,
comme on le sait, la Genèse nous apprend que pour sa
construction on se servit de briques comme de pierres, et de
bitume comme de ciment [2].

Ces titres de noblesse de l'art de la construction datent de
bien haut, on le voit ; mais comment cet art s'exerçait-il
dans l'antiquité au point de vue industriel et commercial ?
Quelle en était alors l'organisation et quelles en étaient les
conditions économiques ? Ce sont autant de questions en
présence desquelles nous ne faisons nulle difficulté de
reconnaître notre insuffisance ; nous n'oserions même pas
affirmer que dans les temps anciens l'art de bâtir existât au
point de vue professionnel et fût organisé industriellement ;
cependant nous avons lu quelque part que, chez les peuples
anciens, il était d'usage de professer en secret les arts et les
sciences. D'après Hérodote et Pline cités par Clavel, ce serait
dans la vallée de Sennaar qu'auraient pris naissance ces
écoles secrètes. Les descendants de Noé formaient déjà plusieurs branches de la même famille et ce fut alors que,
chaque branche se réunissant sous la direction de son chef,
les enfants mâles choisirent, selon leur vocation, leur part
dans la tâche commune. Les uns eurent pour mission de
tailler et de poser la pierre et les autres de façonner le bois.

---

1. *Genèse*, ch. x, v. 11 et 12.
2. *Genèse*, ch. xi, v. 3 : « Et ils se dirent l'un à l'autre : Allons, faisons
des briques et cuisons-les au feu. Ils se servirent donc de briques comme
de pierres, et de bitume comme de ciment. » V. 4 : « Et ils s'entredirent
encore : « Venez, faisons-nous une ville et une tour qui soit élevée jusqu'au ciel ; et rendons notre nom célèbre avant que nous nous disper
sions en toute la terre. » (Traduction de Lemaistre de Sacy, p. 9.)

Mais lorsque la loi inique du plus fort vient dominer les plus faibles, le travail tombe en mépris, l'esclavage se fonde et devient l'une des institutions fondamentales de l'ordre politique de ces temps reculés. C'est alors que les travaux manuels furent exclusivement dévolus aux esclaves et que les forts et les puissants s'attribuèrent les fruits du labeur des faibles et des vaincus. De ce moment, l'organisation du travail ne fut pas autre chose que l'organisation même de l'esclavage.

Le maître et l'esclave; tels étaient les deux pivots des sociétés anciennes et, à chaque page de leur histoire, l'esclavage apparaît pour donner un démenti aux écrits philanthropiques de leurs philosophes et aux théories libérales de leurs économistes [1].

L'esclave fait partie de la richesse de la famille et Xénophon, dans son livre des moyens d'augmenter les ressources de l'Attique, chap. XI, propose, comme moyen de revenu pour la république, d'accaparer les esclaves et de les louer au plus offrant après les avoir marqués au front de peur qu'ils ne s'échappent !

Toute la philanthropie des anciens est là, et aussi presque toute leur économie politique. Quand leurs orateurs parlent du peuple, ils entendent seulement une bourgeoisie aristocratique pour qui travaillent les masses asservies au joug le plus intolérable et soumises aux travaux les plus durs. Dans la démocratique Athènes, le nombre des esclaves était d'en-

---

1. On lit dans le premier livre de la *Politique d'Aristote*, chap. IV, ces égoïstes et dures paroles : « La science du maître se réduit à savoir user de son esclave. Il est le maître, non parce qu'il est propriétaire de l'homme, mais parce qu'il se sert de *sa chose.* »

viron trois cent soixante mille [1] et le citoyen le plus modeste possédait au moins un esclave pour l'entretien de sa
maison. Les chefs de famille d'une fortune médiocre en employaient plusieurs à moudre le blé, à cuire le pain, à faire
la cuisine et les habits, mais généralement les esclaves étaient
astreints aux travaux les plus durs et on les envoyait boire à
la rivière avec les chevaux ! En un mot, les anciens ne
montraient pas plus de sympathie pour les souffrances de
leurs esclaves que nos modernes manufacturiers n'en éprou-
vent pour les rouages de leurs machines.

Cependant le sage Aristote, cherchant à justifier l'esclavage
comme une institution de droit naturel, dit: « C'est la nature
elle-même qui a créé l'esclavage. Les animaux se divisent en
mâles et en femelles. Le mâle est plus parfait, il commande.
La femelle est moins accomplie, elle obéit : or il y a dans
l'espèce humaine des individus aussi inférieurs aux autres
que le corps l'est à l'âme, ou que la bête l'est à l'homme.
Ce sont ces êtres propres aux seuls travaux du corps et qui
sont incapables de faire rien de plus parfait. Ces individus
sont destinés par la nature à l'esclavage, parce qu'il n'y a
rien de meilleur pour eux que d'obéir.... Existe-t-il donc,
après tout, une si grande différence entre l'esclave et la bête?
Leurs services se ressemblent ; c'est par le corps seul qu'ils
nous sont utiles. Concluons donc de ces *principes* que la nature crée des hommes pour la liberté et d'autres pour l'esclavage ; qu'il est utile et qu'il est juste que l'esclave
obéisse [2]. »

1. Blanqui aîné, *Histoire de l'économie politique*, t. Ier, ch. ii, p. 21.
2. *Politique d'Aristote*, liv. I, ch. iii.

Ainsi, dans toute l'antiquité, chez presque tous les peuples, chez les Grecs comme chez les Romains, dont la civilisation était plus avancée que celle des autres peuples, l'oisiveté était regardée comme le signe et le privilége du citoyen libre et le travail comme une marque indélébile d'abaissement et de servitude.

Cependant chez les Hébreux, peuple de pasteurs et d'agriculteurs, les conditions sociales étaient différentes. Le travail était l'obligation de tous ; cette obligation était née de la croyance même de ce peuple, auquel ses livres sacrés enseignaient qu'après sa déchéance, fruit de sa première faute, l'homme fut condamné, en expiation de sa désobéissance, à gagner son pain à la sueur de son front.

Néanmoins, l'esclavage existait chez eux, mais il n'avait pas les développements et les formes tyranniques et barbares que lui donnèrent les autres nations ; et la Bible, en parlant des travailleurs employés aux travaux de construction de Jérusalem, ne les traite pas d'esclaves.

Lorsque Salomon bâtit le temple de Jérusalem et son palais, Hiram, roi de Tyr, lui envoya tous les bois de cèdre et de sapin et l'or dont il avait besoin [1]. Les travaux terminés, Salomon devait au roi Hiram cent vingt talents d'or [2]. Telle est, dit la Bible, la somme des dépenses que fit le roi Salomon pour bâtir la maison du Seigneur et sa

---

1. *Les Rois*, liv. III, ch. ix, v. 11 : « Hiram, roi de Tyr, lui envoyant tous les bois de cèdre et de sapin et l'or, selon le besoin qu'il en avait, Salomon donna à Hiram vingt villes dans le pays de Galilée. » (Traduction de Lemaistre de Sacy, p. 243.)

2. *Les Rois*, liv. III, ch. ix, v. 14 : « Hiram avait envoyé au roi Salomon cent vingt talents d'or. » (Traduction de Lemaistre de Sacy, p. 244.)

maison, pour bâtir Mello, les murailles de Jérusalem, Heser, Mageddo et Gazer[1].

Trente mille *ouvriers* furent employés à l'exécution de ces immenses travaux ; de plus, soixante-dix mille *manœuvres* portaient les fardeaux et quatre-vingt mille taillaient les pierres sur la montagne. Enfin, trois mille trois cents intendants, dit encore la Bible, donnaient les ordres au peuple et à ceux qui travaillaient [2].

Comment ce peuple et ces travailleurs, dirigés par trois mille trois cents intendants, travaillaient-ils ? obéissaient-ils à leur foi religieuse ou aux ordres du souverain ? étaient-ils des esclaves ou des ouvriers libres ? Enfin, comment les uns et les autres étaient-ils rétribués ?

Toutes ces questions, ensevelies dans une profonde obscurité, sont restées indécises ; cependant, il nous semble que la saine interprétation des termes précis de la Bible indique que tout ce peuple et que tous ces travailleurs étaient libres.

Sans insister sur ce point dont nous laissons la décision à de plus savants, nous ne quitterons pas ce sujet sans rappeler ici au point de vue de l'art de la construction, deux passages intéressants du livre des Rois, relatifs au

---

1. *Les Rois*, liv. III, ch. ix, v. 15. (Traduction de Lemaistre de Sacy, p. 244.)

2. *Les Rois*, liv. III, ch. v, v. 13 : « Le roi Salomon choisit aussi des ouvriers dans tout Israël et commanda pour cet ouvrage trente mille hommes. » V. 15 : « Salomon avait soixante-dix mille manœuvres qui portaient les fardeaux et quatre-vingt mille qui taillaient les pierres sur la montagne. » V. 16 : « Sans compter ceux qui avaient l'intendance sur chaque ouvrage, lesquels étaient au nombre de trois mille trois cents, et donnaient les ordres au peuple et à ceux qui travaillaient. » (Traduction de Lemaistre de Sacy, p. 238 et 239.

temple de Jérusalem ; nous lisons dans ce livre, ch. VI, v. 7 : « Lorsque la maison se bâtissait, elle le fut de pierres qui étaient déjà toutes taillées et achevées *de polir*, en sorte qu'on n'entendit dans la maison ni marteau, ni cognée, ni le bruit d'aucun instrument pendant qu'elle se construisit. » Et plus loin, ch. VII, v. 9 : « Tous ces bâtiments, depuis les fondements jusqu'au haut des murs, et par dehors, jusqu'au grand parvis, étaient construits de pierres parfaitement belles, dont les deux parements, tant à l'intérieur qu'à l'extérieur, avaient été sciés tout d'une même forme et d'une même mesure [1]. »

Rien n'est plus propre que ces deux passages à démontrer que l'art de la construction était fort avancé dès ces temps reculés et que, si l'habileté des intendants directeurs des travaux, c'est-à-dire des appareilleurs, comme nous les appelons aujourd'hui, était déjà grande, celle des tailleurs de pierre et des scieurs de pierre n'était pas moindre.

Chez les Égyptiens, c'est une armée d'esclaves qui élève ces gigantesques monuments qui font encore aujourd'hui l'étonnement du monde, et Sésostris se plut à constater, par des inscriptions parvenues jusqu'à nous, qu'aucun Égyptien n'avait mis la main à ces colossales constructions [2].

Les rois d'Égypte ne manquèrent donc pas d'esclaves pour l'exécution de leurs projets. Cependant, quand ceux-

---

1. *La Bible.* Traduction de Lemaistre de Sacy, p. 239 et 240.
2. Inscription sur l'obélisque transporté à Rome sous Auguste, et placé au champ de Mars. (Pline, XXXVI, 9.)

ci font défaut, les rois obligent ou plutôt condamnent leurs sujets à ces rudes travaux, beaucoup plus durs alors que ceux exigés aujourd'hui des criminels par les sociétés modernes.

Les pyramides d'Égypte sont, d'après l'opinion de M. Quatremère de Quincy [1], les monuments les plus anciens qui existent au monde. Suivant Hérodote, la grande pyramide avait été formée d'assises de pierres disposées en retraite et elle fut bâtie en forme de degrés.

« Il est facile, dit M. Quatremère de Quincy dans son *Dictionnaire d'architecture*, de se former l'idée la plus claire de ce procédé de bâtisse et d'échafaudage. Sans doute, si on multiplie indéfiniment les rangs d'assises dans l'épaisseur de la pyramide, il y a lieu à s'étonner de la grandeur et de la longueur du travail ; mais si l'on admet qu'il n'y eut par-dessus la maçonnerie de blocage qu'un seul et unique rang de pierres de taille, et dès qu'on voit que chacune de ces assises était formée de pierres dont la mesure moyenne en hauteur aura été de deux pieds à deux pieds et demi, simplement équarries et de longueurs diverses, on voit que tout ce travail sans art, sans variété et sans détail, pourrait s'évaluer par un simple toisé. Pour en connaître la dépense, il ne s'agissait que d'évaluer le prix de la journée des ouvriers. Qui sait même si c'étaient des ouvriers payés ? »

Chéops employa cent mille hommes, relevés de trois mois en trois mois par un égal nombre, à exécuter la plus

1. *Dictionnaire d'architecture* de M. Quatremère de Quincy, tome II, p. 335.

grande des trois pyramides de Ghizeh. Ils mirent dix ans à préparer les matériaux et à construire une route pour les transporter et vingt ans à édifier ce monument.

L'inscription gravée sur la plus grande de ces pyramides ne parle pas de salaires, elle mentionne la somme dépensée en raves, aulx et oignons pour la nourriture des ouvriers; de sorte qu'il faut en conclure que pour tout salaire, on se contentait alors de nourrir ces malheureux tout juste assez pour ne pas les laisser mourir de faim.

Mais les monarques égyptiens étaient peu soucieux de la vie et des souffrances des hommes, et l'on rapporte que Sésostris, lorsqu'il fit ériger le grand obélisque de Thèbes, fit attacher son fils au sommet du monolithe et les dix mille ouvriers chargés du travail répondirent sur leurs têtes de la vie du prince.

A l'époque où l'Égypte était gouvernée par douze rois (670 ans avant J.-C.) ces souverains, voulant transmettre aux générations futures un souvenir de leur puissance et de leur concorde, construisirent le labyrinthe. « En réunissant, dit Hérodote, tous les bâtiments construits, tous les ouvrages exécutés par les Grecs, même les temples d'Éphèse et de Samos, on ne saurait atteindre la somme de travaux et de dépenses nécessités par cette construction[1]. » Il y avait dans le labyrinthe des temples pour tous les dieux de l'É-gypte, et ces monuments n'étaient que les dépendances du grand palais des rois qui était élevé de deux étages. Les plafonds, les murs étaient couverts de sculptures, de pein-

1. Hérod., II, 148.

tures ou de riches décorations. L'or, l'argent, l'ivoire, toutes les matières précieuses, y étaient amoncelés. Hérodote, qui visita le premier étage, affirme que rien n'est plus grand parmi les ouvrages sortis de la main des hommes, et le rez-de-chaussée, affecté aux tombeaux des rois et des crocodiles sacrés, sanctuaire inviolable dans lequel les étrangers n'avaient pas le droit de pénétrer, était, lui disait-on, plus admirable encore.

Voici ce que M. Quatremère de Quincy, qui avait fait une étude spéciale de l'architecture égyptienne, dit du labyrinthe : « Ce nom est grec, mais est originaire de l'égyptien ; nous ignorons ce qu'il signifiait dans cette dernière langue, car il est possible que 'le nom donné au monument qu'on appelait *labyrinthe* n'ait pas exprimé en Égypte l'idée dont il est devenu aujourd'hui l'expression, savoir, celle d'une combinaison de détours, d'issues, de chemins et de dégagements multipliés, à l'effet d'égarer celui qui s'y engagerait sans guide.

« Le *labyrinthe* d'Égypte fut construit ainsi et dans cette vue ; mais il eut sans doute une destination plus importante. Il se peut qu'il ait été le chef-lieu politique et religieux des nomes de l'Égypte. Il se peut que cet édifice ait renfermé, dans autant de bâtiments ou de corps séparés et réunis entre eux, les archives, les mystères et les rites secrets de cette agrégation de parties qui formèrent cet ancien royaume ; et comme le secret fut le principe de toutes ses institutions, il est probable qu'on aura voulu renfermer les notions primitives de ces institutions dans un local rendu impénétrable à la curiosité vulgaire, par l'espèce d'impossibilité de s'y engager, sans la crainte de s'y égarer.

« Le *labyrinthe* d'Égypte a été décrit par plusieurs écrivains de l'antiquité, savoir: Hérodote, Diodore de Sicile, Strabon, Pomponius Méla, Pline. Il faut distinguer de ces auteurs ceux qui avaient vu le monument de ceux qui n'ont fait que copier ou peut-être dénaturer les descriptions des autres. Parmi ces cinq auteurs, il n'y a que les trois premiers qui aient visité le *labyrinthe*. Hérodote et Strabon en ont vu et décrit l'intérieur (du moins dans la première partie). Diodore de Sicile paraît être resté à la porte, il n'en décrit que les dehors. Pomponius Méla traduit visiblement Hérodote. Quant à la description de Pline, elle est vague et ne permet à l'esprit d'y saisir aucun ensemble ; elle contient des particularités merveilleuses qui paraissent dictées par l'admiration des voyageurs, dont la curiosité avait dû se contenter des ouï-dire et des hypothèses qu'accréditait la crédulité.

« Il est en effet très-naturel qu'un édifice destiné à être un mystère soit resté pour la postérité une énigme [1]. »

Cependant des voyageurs prétendent que les temples indiens étaient encore bien plus extraordinaires et bien plus magnifiques, et si l'on en croit notamment le voyageur Sonnerat : « Les pyramides d'Égypte tant vantées sont de bien faibles monuments auprès des pagodes de Salcette et d'Illoura ; les figures, les bas-reliefs et les milliers de colonnes qui les ornent, creusés au ciseau dans le même ro-

---

[1]. *Dictionnaire historique d'architecture* de M. Quatremère de Quincy, t. II, p 44.

cher, indiquent au moins mille années de travail consécutif et trois mille ans d'existence [1]. »

Ce serait sans aucun doute une recherche fort intéressante que celle qui permettrait de déterminer la condition des ouvriers constructeurs de ces splendides monuments, mais en les attribuant à la puissance des Dieux et des Génies les traditions indiennes nous ont fermé toutes les sources d'information, et le silence respectueux de leurs écrivains sera une excuse suffisante de celui que nous garderons à notre tour.

Les Grecs, nous venons de le dire, malgré leur amour pour les arts, avaient le dédain du travail et Xénophon fait dire à Socrate, dans ses entretiens, que les arts manuels sont serviles [2] ; à Sparte toute profession lucrative est interdite aux hommes libres ; l'honorable emploi de défendre la liberté commune est le seul qui soit jugé digne d'eux et l'agriculture elle-même était réputée indigne [3]. A Thèbes on n'admettait aux priviléges de citoyen l'homme qui avait exercé une profession laborieuse, que dix ans après qu'il en avait cessé l'exercice, et dans la démocratique Athènes un orateur, taxant les arts d'infamie et les considérant comme absolument indignes d'un citoyen, ne craignit pas un jour

---

1. Sonnerat, *Voy. aux Indes orientales*, t. III, p. 4.

2. *Xénophon*, tome VI, l. IV, c. ii, page 339. Traduction de J.-B. Gail. « Connaissez-vous des gens qu'on appelle serviles ? Assurément..... mais, est-ce parce qu'ils ignorent l'art de travailler le cuivre, qu'on leur donne ce nom ? — Nullement. — Parce qu'ils ne savent pas le métier des maçons ? — Pas davantage. — Parce qu'ils ne savent pas faire de souliers ? — Non vraiment, c'est tout le contraire ; car ordinairement ceux qui savent le mieux les métiers sont de condition servile.

3. *Xénophon*, tome Ier, IIe partie, p. 22. (Trad. de J.-B. Gail.)

de demander que l'on déclarât esclaves publics tous les hommes libres qui s'étaient abaissés jusqu'à se faire artisans ! « La nature, dit Platon, n'a fait ni cordonniers, ni forgerons; de pareilles occupations dégradent les gens qui les exercent, vils mercenaires, misérables sans nom qui sont exclus, par leur état même, des droits politiques. Quant aux marchands, accoutumés à mentir et à tromper, on ne les souffrira que dans la nécessité, comme un mal nécessaire. Le citoyen qui se sera avili par le commerce de boutique *sera poursuivi pour ce délit*. S'il est convaincu, il sera condamné à un an de prison. La punition sera doublée à chaque récidive. Ce genre de trafic ne sera permis qu'aux étrangers qu'on trouvera être les moins corrompus. Le magistrat tiendra un registre exact de leurs factures et de leurs ventes, on ne leur permettra de faire qu'un très-petit bénéfice [1] ! » Xénophon n'est pas moins explicite : « Les gens qui se livrent aux arts manuels, dit-il, ne sont jamais élevés aux charges et on a bien raison. La plupart condamnés à être assis tout le jour, quelques-uns même à éprouver un feu continuel, ne peuvent manquer d'avoir le corps altéré et il est bien difficile que l'esprit ne s'en ressente. Outre cela, le travail emporte tout le temps ; on ne peut rien faire pour ses amis, ni pour l'État. »

Mais ce funeste préjugé qui déconsidérait le travail chez les Grecs souffrait heureusement des exceptions. Il pesait surtout sur l'exercice des travaux manuels et ne s'étendait pas à toutes les professions lucratives; ainsi, contrairement à ce que dit Platon des marchands, dans son *Traité des lois*, le commerce était honoré dans la Grèce et les

1. Platon, *Traité des lois*, liv. XI.

citoyens les plus distingués l'exercèrent parfois. Solon, ayant trouvé sa maison ruinée par les libéralités de son père, s'adonna au trafic pour la rétablir, et Plutarque qui nous l'apprend ajoute : « N'y avoit-il en ce temps-là estat quelconque qui fust reprochable, comme dit Hésiode [1]. Ni art ni mestier qui meist différens entre les hommes : ains, qui plus est, la marchandise estoit tenue pour chose honorable, comme celle qui donnoit le moyen de hanter et trafiquer avec les nations estranges et barbares, de gaigner l'amitié des princes et de acquérir expérience de plusieurs choses. Tellement qu'il y a eu des marchands qui autrefois ont esté fondateurs de grosses villes, comme [2] fut celuy qui premièrement fonda Marseille, ayant acquis l'amitié des Gaulois, habitans le long de la rivière du Rosne, et, dit-on, que le sage Thalès Milésien exerça aussi marchandise ; aussi feit Hippocrate le mathématicien et *que Plaion sousteint la dépense du voyage qu'il feit en Egypte, avec l'argent qu'il gaigna sur des huiles qu'il y vendit.* Mais aussi est-on bien d'avis que Solon apprit à être excessif en despense, délicat en son vivre, et dissolu à parler des voluptez en ses poëmes, un peu plus licentieusement qu'il ne convient à un philosophe, pour avoir été nourry en cest estat de marchandise, lequel estant sujet à beaucoup de grands hazards et grands dangers, requiert aussi en récompense faire quelquefois bonne chère et à se traiter délicieusement [3]. »

1. « Aucun travail n'est déshonorant, l'oisiveté seule déshonore. » (Hésiode.)

2. Comme Protus qui fonda Marseille. Voyez *Justin*, liv. XLIII, chap. III.

3. *La Vie des hommes illustres*, par Plutarque, traduite du grec par Amyot ; t. Iᵉʳ, p. 288.

La civilisation en Grèce avait pris, dès son origine, un trop rapide essor pour que le commerce n'y fût pas apprécié et considéré comme il convient ; d'ailleurs la position maritime de ce pays, l'exiguité de son territoire et l'étendue de ses colonies imposaient à la plupart des États grecs la nécessité de faire le commerce. D'autre part si l'on considère combien dans ce pays les beaux-arts étaient goûtés et honorés, combien la peinture, la sculpture et l'architecture y brillaient d'un vif éclat, il est permis de croire que l'art de la construction, qui tient aux beaux-arts par tant de liens, en reçut quelque reflet. Les monuments que le temps a épargnés et qui, aujourd'hui encore, sont regardés comme des modèles de l'art de bâtir nous autorisent à penser que de si beaux travaux furent dus à des travailleurs dont l'intelligence était soutenue et développée par la considération accordée à leur profession.

Les Grecs, avons-nous dit, avaient le dédain du travail, mais les Romains l'avaient en mépris et ils le considéraient comme le symbole de l'esclavage : chez eux, le seul mode en honneur pour acquérir la richesse, c'était la guerre, le pillage de l'ennemi, l'ennemi lui-même réduit en esclavage, et c'est aux esclaves que le peuple romain délaissa le travail, le commerce et l'industrie. « Les peuples commerçants doivent travailler pour nous, disent-ils, notre métier est de les vaincre et de les rançonner. Continuons donc la guerre qui nous a rendus leurs maîtres plutôt que de nous adonner au commerce qui les a faits nos esclaves. Aussi le travail était à leurs yeux une affaire de prisonniers et d'esclaves, et un de leurs historiens a pu dire avec raison qu'à cette époque l'unique métier des Romains était de broyer le grain et les hommes [1]. »

Denys d'Halicarnasse, en parlant des premiers temps de la république romaine, dit qu'il n'était permis à aucun Romain de se faire marchand ou artisan [2], et Virgile, s'adressant au peuple romain, lui dit :

> Tu regere imperio populos Romane, memento :
> Hæ tibi erunt artes.

« Toi, Romain, souviens-toi de régir les nations, ce seront là tes arts [3]. »

Donc, pour le citoyen romain, il n'y avait d'occupations dignes de lui que la guerre, l'agriculture, la religion et la politique, et l'on voit Auguste condamner à mort le sénateur Avinius qui avait dérogé, en prenant la direction d'une manufacture ! Cet arrêt, qui nous semble si extraordinaire aujourd'hui, parut alors tout naturel aux Romains.

Cicéron, dans le traité qu'il composa pour son fils, fait du travail industriel et commercial l'appréciation suivante : « En général, tous les artisans exercent des professions viles et la place d'un homme libre n'est pas dans une boutique. Mais les métiers les plus méprisables sont ceux qui s'occupent exclusivement de nos jouissances, comme par exemple ceux de poissonnier, de boucher, de cuisinier, de charcutier, de pêcheur, dont parle Térence. Ajoutez y, si vous voulez, ceux de parfumeur, de danseur, de joueur de gobelets.

---

1. *Histoire de l'économie politique* de Blanqui, t. Ier, ch. v, p. 60-61.
2. Denys d'Halicarnasse, IX, 25.
3. Virgile, *Énéide*, liv. VI, v. 851. Classiques latins, publiés sous la direction de M. Nisard.

« Mais les arts dont la profession demande plus de savoir et qui sont d'une utilité réelle, comme la médecine, l'architecture, l'enseignement des sciences et des lettres, n'ont rien que d'honorable *pour ceux qui se trouvent de condition à les exercer.* Le commerce ne convient qu'aux esclaves, s'il se fait en petit ; mais il se relève lorsqu'il se fait en grand, qu'il apporte dans un même pays les productions du monde entier, qu'il les met à la portée du grand nombre et garde toujours une parfaite loyauté. Si le commerçant, lorsque les richesses affluent chez lui, ou plutôt lorsqu'il est satisfait de sa fortune, se retire du port où son vaisseau l'a si souvent ramené, dans la campagne et au milieu de ses terres, il me semble alors mériter de tous points le nom d'homme honorable. Mais de toutes les sources de richesses, l'agriculture est incomparablement la meilleure, la plus abondante, celle où il est le plus doux et où il conviént le mieux à un homme libre de puiser [1]. »

Enfin Sénèque, s'indignant qu'un écrivain eut osé attribuer aux philosophes l'invention des arts, s'écriait : « Elle appartient aux plus vils des esclaves. La sagesse habite des lieux plus élevés : elle ne forme pas les mains au travail ; elle dirige les âmes. . . . . Encore une fois, elle ne fabrique pas des ustensiles pour les usages de la vie. Pourquoi lui assigner un rôle si humble [2] ? »

Cependant, on ne peut nier que malgré les déplorables préjugés de la société d'alors, Rome n'eût dès la plus haute

---

1. Cicéron, *de Officiis*, liv. Ier. Traduction publiée sous la direction de M. Nisard.
2. Sénèque, *Ep. ad Luc.*, 90.

antiquité quelques colléges ou corporations ouvrières dont l'organisation semble avoir été contemporaine de ses premières institutions politiques et religieuses.

Pline [1] et Plutarque [2] les font remonter au règne de Numa ; Florus [3] les attribue à Servius Tullius et l'on voit dans un passage de Denys d'Halicarnasse qu'au temps de Tarquin le Superbe ces associations particulières étaient déjà assez puissantes pour se rendre redoutables à la tyrannie [4].

Dans son intéressante *Histoire des classes ouvrières en France*, M. E. Levasseur confirme l'existence de ces corporations : « Quand Servius Tullius, dit-il, renversa la vieille constitution aristocratique de Romulus pour donner à la cité des institutions plus libérales, il accorda aux artisans quelques priviléges politiques. Les artisans n'avaient pas de rang dans les curies; ils en eurent un dans les classes. On sait que les classes formaient une organisation à la fois politique et militaire.

« Les premières, composées des citoyens les plus riches, avaient au Champ de Mars la prépondérance dans les votes et composaient en temps de guerre l'élite des armées. Il fallait, dans les camps, des artisans pour construire les machines et pour réparer les armes ; c'étaient des auxiliaires indispensables; Servius les introduisit dans les premières classes. Deux centuries de forgerons firent partie de la seconde ; il admit même dans la première une centurie de

1. Pline, XXXIV, 1; XXXV, 46.
2. Plutarque, *Numa*, 17.
3. Florus, I, 6.
4. Denys d'Halicarnasse, IV, 43.

charpentiers ; et rien n'empêche de croire que ces ouvriers, dont la guerre ennoblissait le travail, n'aient dû voter aussi au Champ de Mars avec les riches citoyens auxquels ils étaient adjoints. Ces honneurs concédés aux plébéiens industrieux par un roi populaire, et détruits par son successeur, expliquent assez les conspirations du peuple et les craintes du prince qui abolit les corporations de toute espèce. Toutefois, elles ne tardèrent pas à se rétablir avec la liberté, et la loi des Douze Tables sanctionna leur existence, en leur reconnaissant le droit de fixer elles-mêmes leurs statuts, pourvu qu'ils ne fussent pas contraires aux lois de l'État [1]. »

Quoi qu'il en soit les priviléges concédés par Servius Tullius aux artisans libres ne parvinrent pas à faire fleurir à Rome le commerce et l'industrie et il n'en pouvait pas être autrement, les ouvriers esclaves étant devenus bientôt plus nombreux que les ouvriers libres. Les préjugés des Romains contre les travaux manuels n'en devinrent que plus vivaces, toute émulation du bien cessa parmi les gens de métier et le développement et la prospérité du commerce et de l'industrie furent dès lors complétement paralysés. Mais de tout temps les armées eurent besoin du concours de certaines professions, pour entretenir et réparer les armes offensives et défensives, édifier les machines et les constructions nécessaires à l'attaque et à la défense, établir les camps et les ponts. Des artisans les plus habiles, exerçant ces professions, on fit des soldats que devaient

1. *Histoire des classes ouvrières en France*, par M. E. Levasseur, liv. Ier, ch. Ier, p. 5.

diriger leurs chefs habituels, c'est-à-dire les architectes, et c'est pour cela, suivant nous, que les architectes furent toujours appréciés à Rome et que, par suite, l'architecture y fut si estimée, que Cicéron disait de cet art : « qu'il n'avait rien que d'honorable pour ceux qui se trouvent de condition à l'exercer. »

Sous Auguste, l'architecture jette un vif éclat ; et cet empereur, grâce à elle, sut si bien embellir Rome qu'il put se vanter avec raison, dit Suétone, de la laisser de marbre, après l'avoir reçue de briques [1].

Auguste, non content de montrer sa magnificence par les édifices qu'il faisait ériger en son nom excitait encore ses amis à contribuer de leurs deniers à l'embellissement de la ville ; c'est ainsi que Marc Philippe bâtit le temple des Muses ; Balbus, un théâtre ; Pollion, le parvis de la Liberté [2].

Plus tard, l'empereur Adrien ne se contente pas de faire bâtir, il exerce lui-même l'art de l'architecture [3].

L'architecture fut donc toujours en honneur à Rome. Rien ne donne une plus haute idée de la puissance des Romains que les restes prodigieux des nombreux monuments qu'ils ont élevés à Rome et dans la plupart des grandes villes soumises à leur domination. En effet, on trouve des amphithéâtres, des temples et d'autres édifices dans presque toutes les provinces qu'ils ont conquises. Selon le témoignage de Lipsius, Hérode avait bâti des amphithéâtres jusque dans

---

1. Suétone, *Oct. Aug.*, XXIX.
2. Voir les *Recherches sur l'architecture*, par M. Delatierce.
3. *Diction. d'arch.* de M. Quatremère de Quincy, t. Ier, p. 100

la Judée, et Flavius Josèphe nous apprend qu'il en construisit à Césarée et même dans la ville sainte. Dans les Gaules, les Romains en élevèrent à Nîmes, à Arles, à Fréjus, à Saintes, à Autun, et l'on vient dans ces derniers temps de découvrir les fondations de celui qu'ils bâtirent à Paris.

L'amphithéâtre d'Autun était à quatre étages comme le Colisée de Rome ; celui de Nîmes, un des mieux conservés de l'antiquité, est composé de deux rangs d'arcades.

On trouve partout où les Romains portèrent leurs armes victorieuses, des temples, des ponts, des arcs de triomphe, des aqueducs et pour ne parler que de ces derniers monuments, l'aqueduc de Ségovie peut être comparé aux plus merveilleux ouvrages d'architecture ; celui de Metz doit être mis au rang des plus célèbres constructions de ce genre ; et enfin l'aqueduc de Nîmes, vulgairement appelé le pont du Gard, est un des plus magnifiques témoignages de l'habileté et de la puissance des Romains.

L'amour de l'architecture et la fastueuse ordonnance de leurs bâtiments alla chez les Romains jusqu'à un tel excès, dit Perrault dans la préface de sa Traduction de Vitruve : « que la maison d'un particulier fut trouvée revenir à près de cinquante millions, et qu'un édile fit bâtir en moins d'un an un théâtre orné de trois cent soixante colonnes, dont celles d'en bas, qui étaient de marbre, avaient trente-huit pieds de haut, celles du milieu étaient de cristal et celles du troisième ordre étaient de bronze doré. On dit que ce théâtre, qui pouvait contenir quatre-vingt mille personnes assises, était encore embelli par trois mille statues de bronze ; et l'on ajoute que ce bâtiment si magnifique ne devait servir que six semaines.

« Les historiens rapportent encore qu'un autre édile fit bâtir une fontaine sur l'aqueduc de laquelle il y avait cent trente regards ou châteaux ; que cette fontaine était ornée de quatre cents colonnes de marbre et de trois cents figures de bronze ; que l'eau qui jaillissait par sept cents jets était reçue dans plus de cent bassins. Aussi remarque-t-on que parmi toutes les lois romaines, qui ont beaucoup de sévérité pour réprimer le luxe et la profusion, il n'y en a jamais eu qui aient prescrit et réglé la dépense des bâtiments ; tant cette nation généreuse avait de vénération pour tout ce qui sert à honorer la vertu, et qui en peut laisser des marques à la postérité[1]. »

Les travaux de la guerre et les admirables créations de l'architecture et de la sculpture auraient dû réhabiliter le travail manuel chez les Romains ; mais malheureusement, il n'en fut rien, et ce fatal préjugé que le temps ne put vaincre paralysa toujours à Rome le commerce et l'industrie, car la Rome républicaine et la Rome impériale ne surent jamais honorer le travail. « Sous l'empire romain, dit M. Jules Simon, il y avait trois sortes d'ouvriers : d'abord les ouvriers de l'État, dont le plus grand nombre était esclave ; puis les ouvriers qui concouraient à l'alimentation publique et enfin toutes les autres corporations, qui pouvaient paraître relativement libres.

« Les ouvriers de l'État travaillaient aux mines, aux car-

---

1. *Vitruve Pollion*, p. 5. Classiques latins, sous la direction de M. Nisard.

rières, aux salines ; ils fabriquaient les armes, les monnaies, construisaient les édifices publics ; ils portaient les dépêches, les munitions de guerre et les approvisionnements des légions. On comptait parmi eux des condamnés chargés de lourdes chaînes, des esclaves en grand nombre, des affranchis et des hommes libres qui, pour échapper à la misère, s'astreignaient volontairement à cette servitude ; une fois engagés, l'État ne les lâchait plus. On les marquait sur la main avec un fer chaud ; on les obligeait de se marier dans leur classe. S'ils n'avaient pas d'enfants, la communauté héritait de leur avoir. Les ouvriers ainsi traités n'étaient plus des citoyens, et il était naturel qu'ils fussent exclus de la participation aux honneurs publics et exemptés de la milice [1]. »

Les empereurs et les jurisconsultes, qui avaient compris combien ce fâcheux état de choses était préjudiciable au travail manuel, firent de vains efforts pour effacer la tache originelle que les mœurs romaines lui avaient imprimée. Callistrate ne veut pas qu'on regarde comme des personnes viles et incapables de remplir les fonctions municipales les petits marchands en détail, qui n'étaient pas infâmes pour être parfois battus de verges par les édiles ; et toutefois il ajoute : « Je crois cependant qu'il n'est pas convenable d'admettre aux honneurs de tels hommes quand on peut s'en dispenser [2]. »

Trente-quatre professions diverses avaient reçu dans tout l'empire l'exemption de toute espèce de corvée [3] Ce pri-

1. *Le Travail*, par Jules Simon, page 62.
2. *Dig.*, liv. L, tit. II, l. 12.
3. *Cod Théod.*, liv. XIV, tit. IV, l. 2, ann. 387.

vilége n'appartenait qu'au simple artisan que la loi ne voulait pas détourner de son travail, tandis que le riche négociant restait sous l'empire de la loi commune [1]. Cependant, plus tard, on fit plus encore pour les artisans, on alla jusqu'à honorer de la dignité de comte ceux qui s'étaient distingués dans leur métier; mais comme on employait la contrainte contre ceux qui refusaient d'accepter cette dignité, il est évident qu'elle était moins une faveur qu'une charge [2].

Sextus Julius Frontinus, auteur du Commentaire sur les aqueducs de la ville de Rome, auquel l'empereur Nerva avait confié la surintendance de ces eaux et de ces aqueducs, toujours exercée par les premiers citoyens de l'État, dit dans son commentaire *que ces magnifiques ouvrages sont un des principaux témoignages de la grandeur du peuple romain*, et il se demande : « Comment comparer à des constructions si considérables, et d'une telle importance pour une si grande quantité d'eau, ces pyramides inutiles de l'Égypte et ces ouvrages fastueux des Grecs beaucoup trop vantés? » Voici maintenant comment on procédait du temps de son administration à l'entretien de ces aqueducs : ce travail était ordinairement affermé, et les fermiers publics étaient obligés d'avoir un certain nombre d'esclaves ouvriers employés aux aqueducs extérieurs et d'autres pour l'entretien de ceux de la ville. Plus loin, il dit : « Il nous reste à parler de la conservation des aqueducs. Mais avant d'entamer cette matière, il faut que nous disions un mot des familles em-

1. *Dig.*, liv. L, tit. vi, l. 5, § 12.
2. *Cod. Théod.*, liv. VI, tit. xx, ann. 413.

ployées à leur entretien. Ces familles sont au nombre de deux : l'une appartient au public, et l'autre à César ; celle qui dépend du public est la plus ancienne. Nous avons dit que cette famille fut léguée par Agrippa à l'empereur Auguste, qui la céda au public ; elle est composée de deux cent quarante hommes environ. Le nombre de ceux de la famille de César est de quatre cent soixante. Cette dernière fut établie par Claudius, dans le temps qu'il amena de nouvelles eaux dans la ville. L'une et l'autre familles sont composées de différentes classes d'agents, tels que les contrôleurs, les gardiens de château, les inspecteurs, les paveurs, les faiseurs d'enduit, et les autres ouvriers.

« L'entretien de ces familles est payé par le trésor public qui se trouve défrayé de cette dépense par la rentrée des impositions provenant du droit des eaux. On a trouvé, par ce que *payaient* les *domaines, jardins* et *édifices* situés aux environs des aqueducs, châteaux d'eau, spectacles et réservoirs, que cet emploi produisait près de deux cent cinquante mille sesterces [1]. Ce revenu, souvent aliéné et qui variait beaucoup, fut dans ces derniers temps versé dans le coffre de Domitien, mais l'équité de l'empereur Nerva vient de le faire rentrer dans le trésor public et c'est de là que se tiraient tout le plomb et toutes les dépenses relatives aux aqueducs, aux châteaux d'eau et aux réservoirs [2]. »

Blanqui dans son *Histoire de l'économie politique* dit : « qu'il s'explique difficilement en présence du système de

---

1. La valeur du sesterce, à cette époque, étant de 17 centimes de la monnaie actuelle, les 250,000 sesterces répondaient à 42,500 francs.

2. *Frontin*, p. 300. Class. latins, sous la direction de M. Nisard.

profusion de luxe et de fainéantise des Romains, comment ils sont parvenus à couvrir le monde des monuments de leur architecture et des magnifiques travaux de leurs ingénieurs; mais il faut considérer que ces travaux étonnants leur ont coûté fort peu de chose. L'invention seule leur en appartient tout entière ; l'exécution est l'œuvre des peuples vaincus. La majeure partie de ces édifices a été construite au moyen des corvées ou des contributions spéciales qui se cumulaient avec les impôts ordinaires. Des captifs ou des esclaves formaient la classe ouvrière de leur temps et marchaient à l'œuvre comme des troupeaux, sans murmurer ni se plaindre, et nous retrouverons ce système dans la corvée des temps féodaux, lorsque l'Europe chrétienne s'est couverte à son tour de monuments inspirés par d'autres croyances et par d'autres besoins, mais exécutés par les mêmes moyens[1]. »

Cette ingénieuse interprétation de Blanqui nous l'acceptons et nous pensons que c'est ainsi que furent exécutés les immenses travaux dont les Romains dotèrent Rome et les pays qu'ils asservirent. Ces travaux furent donc simultanément exécutés par les soldats, par les artisans plus ou moins libres appartenant aux corporations consacrées par la loi des Douze-Tables, à laquelle elles sont antérieures, par les peuples vaincus et par les esclaves, et nous en trouvons un commencement de preuve dans la citation que nous venons de faire du commentateur Frontin.

Nous avons vu plus haut que, pour les besoins de la guerre, on avait créé des centuries de charpentiers, forgerons, maçons et autres ; mais lorsque les pays envahis

<hr>

1. Blanqui, *Histoire de l'Économie politique*, t. Ier ch. VII, p. 85.

étaient vaincus et soumis, les artisans soldats n'avaient plus rien à faire. Or, l'oisiveté fait perdre à l'artisan le goût et l'habitude du travail, d'autre part elle démoralise et affaiblit les armées ; et les délices de Capoue, si l'on en croit la commune renommée, contribuèrent plus que les armes romaines à la défaite d'Annibal. Le peuple romain sut profiter de cette leçon, et, dans sa sagesse, il reconnut qu'il était d'une bonne politique d'utiliser les bras inoccupés des vainqueurs et d'asservir en même temps les vaincus, toujours prêts à se révolter, à un travail commun. C'est donc ainsi, croyons-nous, que tous, soldats ou artisans, hommes libres ou esclaves, courbés sous le même joug, concoururent à la construction de monuments qui, tout en ayant un but incontestable d'utilité publique, devaient en outre transmettre à la postérité la plus reculée les témoignages irrécusables de la puissance du peuple romain.

Ainsi, au milieu des magnificences que Rome a créées, on n'aperçoit qu'une masse confuse de prolétaires, esclaves, affranchis, domestiques et artisans, qui travaillent pour suffire aux consommations d'une aristocratie insolente et d'une populace famélique. Les arts libéraux, si glorieux et si nobles, y sont abandonnés à des mains serviles ; la médecine elle-même n'est exercée que par des esclaves. Le commerce demeure toujours dans l'enfance. Toute la grandeur romaine était extérieure et théâtrale ; on multipliait les monuments par ostentation, ou dans un intérêt militaire, rarement dans un but d'utilité. A côté de monuments fastueux, le peuple habitait des demeures indignes de la splendeur nationale et dont les appartements mal éclairés étaient en outre exposés à l'intempérie des saisons.

La puissance romaine avait été fondée sur la loi inique du plus fort, et Rome devait à son tour la subir. Le peuple romain n'était pas un peuple travailleur, il ne revendiquait pas le droit au travail, il voulait du pain et des jeux, *panem et circenses*, il voulait bien combattre, il ne voulait pas s'astreindre au travail; aussi, dès que les tributs imposés aux provinces qu'il avait conquises eurent assuré son alimentation, il s'empressa d'abandonner à la culture servile les campagnes que jusque-là il avait cru devoir cultiver lui-même.

C'est en combattant que le peuple romain a conquis le monde et le monde asservi a nourri son orgueilleuse paresse jusqu'au jour où Rome est tombée sous le coup des Barbares. La ruine de l'empire romain fut le résultat de ses mauvaises institutions, de son oisiveté, de ses mauvaises mœurs, et surtout de son mépris du travail. C'est à la guerre et à la conquête qu'il avait demandé la richesse et peu à peu l'abus des richesses lui fit perdre les seules vertus qui avaient fait sa puissance, les vertus guerrières. Dans son orgueilleux mépris pour le travail, il s'était donné à prix d'or des artisans, des ouvriers, des agriculteurs, des artistes, des médecins, même des philosophes ; le monde entier avait été chargé de le nourrir et de l'amuser, et un jour vint, où n'ayant plus d'autre souci que le bien-vivre et le plaisir, il ne craignit pas de confier la garde de l'empire à des mercenaires. De ce jour, Rome était destinée à devenir la proie des Barbares et sa chute ne devait pas tarder à s'accomplir. Abâtardie par l'oisiveté et les plaisirs, abrutie par la paresse et par la dépravation des mœurs, en proie à tous les vices, la société romaine s'écroula sur ses bases vermoulues, sa résistance aux Barbares fut courte et les voies préparées par la Providence depuis la naissance du Christ facilitèrent l'avénement de la société nouvelle qui s'appuyait aux yeux des populations étonnées non plus sur la loi inique du plus fort, mais sur les saintes lois de la charité chrétienne et du travail régénéré et honoré !

CHAPITRE II

LE TRAVAIL ET L'INDUSTRIE DE LA CONSTRUCTION, DU MOYEN AGE
AU DIX-SEPTIÈME SIÈCLE.

La société nouvelle. — Réhabilitation du travail par le christianisme.
— Invasion de la Gaule par les Germains. — Fondation des monastères et des couvents. — Le travail dans les communautés religieuses.
— Le servage. — L'affranchissement des serfs. — Les confréries religieuses de maçons. — Les frères hospitaliers pontifes. — Sociétés de
compagnons maçons voyageurs. — Construction des cathédrales
gothiques. — La cathédrale de Strasbourg. — La cathédrale de
Chartres. — Erwin de Steinbach, architecte, fondateur de la franc-
maçonnerie. — Les corporations. — Le corps des métiers. — Le livre
d'Étienne Boileau, prévôt de Paris (*l'Établissement des métiers de Paris*). — Lois rigoureuses édictées contre les travailleurs et les commerçants. — Organisation judiciaire de l'industrie de la construction.
— Statuts de la communauté des maçons. — Le maître général des
bâtiments du Roi, maître du métier. — L'architecture religieuse, militaire et civile au moyen âge. — Lois somptuaires. — Suppression des
sociétés de maçons voyageurs. — La franc-maçonnerie à son origine. —
Le compagnonnage. — Les grèves. — L'interdiction. — La Renaissance.
— Reconstitution sous François Ier de l'antique communauté des
maçons. — Maîtres maçons jurés nommés par leurs pairs. — Création
des offices de juré de maçonnerie. — Extension de la juridiction du
maître des œuvres de maçonnerie. — Création d'une juridiction spéciale
pour les foires de Champagne et de Brie : fondation de la conservation
du commerce de Lyon et création d'un tribunal commercial de change
dans cette ville, à Toulouse, Nîmes et Rouen. — Édit du chancelier
l'Hospital portant établissement des juges et consuls de Paris. —
Ordonnance de 1567 sur la police des métiers. — Ordonnance de 1581
réformant l'organisation ouvrière et réglant tous les métiers du
royaume. — Réunion des notables à Rouen en 1596. — Leurs plaintes
sur les désordres de l'industrie. — Édit de 1597 rendu par Henri IV
sur les artisans et les marchands. — Restauration du travail par
Henri IV. — Introduction et création de manufactures étrangères. —
Grands travaux à Paris et en province. — Canal de Briare. — Postes.
Protection douanière. — États généraux.

L'empire romain s'était écroulé et sous la féconde
influence des idées chrétiennes la société nouvelle se fonde

sur les débris de la vieille société romaine en proclamant la liberté de l'homme, en affirmant son égalité devant Dieu et en substituant la loi sainte du travail à la loi inique de la conquête, c'est-à-dire à la loi du plus fort. Jusqu'alors le travail avait toujours eu, malgré les institutions de quelques empereurs et celles de quelques sages législateurs, un caractère dégradant parce qu'il avait ses racines dans l'esclavage. Ce fut l'Église qui, en proclamant que Jésus-Christ était le fils d'un charpentier et que les apôtres étaient de simples ouvriers, fit savoir au monde que le travail est honorable et nécessaire à l'homme et saint Paul, en s'adressant aux fainéants en termes assez durs, leur dit : « *Quum essemus apud vos, hoc denunciabamus vobis : quoniam si quis non vult operari, nec manducet.* » « Quand nous étions avec vous, nous vous disions que si quelqu'un ne veut pas travailler, il ne doit pas manger [1]. » Plus tard, les moines vinrent prouver par leur exemple la vérité proclamée par l'Église, que le travail était honorable et nécessaire à l'homme et ils contribuèrent ainsi à donner aux hommes de travail la considération que leur avaient toujours refusée les sociétés antiques.

Mais que de dangers menacent le laborieux enfantement de la société nouvelle.

Les Germains, que les légions romaines vaincues ne peuvent plus contenir, se précipitent sur les Gaules et s'en emparent ; les villes tombent par milliers, comme renversées par des tremblements de terre. « Quand l'océan au-

---

1. *Ep. B. Pauli ad Thess.* II, 3, v. 10. Traduction du P. Carrières.

rait inondé les Gaules, disait un poëte, il n'y aurait pas fait de plus terribles dégâts que cette invasion » qui ensevelit, sous les ruines qu'elle sema sur son passage, l'édifice de la civilisation romaine, les colléges d'artisans, les ressources de l'industrie, les traditions des arts anciens, ainsi que les débris de toutes les anciennes institutions des Gaules.

De cet effroyable bouleversement devait sortir la civilisation nouvelle. Mais qu'elle fut lente à venir, et en attendant, une partie de la population des contrées que traversent et que ravagent les barbares est réduite en captivité, puis vendue. Le reste, pressé par la misère ou par la crainte d'une nouvelle invasion, s'enfuit ou se soumet à des hommes puissants qui les défendent et les protégent : mais par suite la race des hommes libres dépérit rapidement dans les Gaules et au neuvième siècle l'on ne rencontre plus guère que des seigneurs, vivant sur leurs terres, entourés de soldats qui les défendent et de serfs qui les nourrissent.

De vastes domaines se formèrent alors, les uns par la conquête et la violence, les autres par des donations ou par des achats. Les princes et les grands s'attachèrent leurs soldats et leurs serviteurs en leur donnant en récompense de leur courage et de leur fidélité des terres et des serfs ; d'autres, plus religieux et plus zélés chrétiens, léguèrent aux églises une partie de leurs biens-fonds pour racheter leurs péchés [1]. Mais le bruit des invasions troublait de plus en plus les populations et elles cherchaient en foule dans la solitude des monastères cachés dans des lieux difficilement

---

1. Voir les premiers volumes de d'Achery, *Spicilegium* ; Martène et Durand, *Amplissima collectio....* etc.

accessibles aux bandes armées, un refuge contre les agitations du temps. Riches et pauvres, patriciens et vilains, serfs et esclaves, s'enfermaient dans ces monastères enrichis et agrandis des patrimoines dont on s'empressait de leur faire l'abandon en échange de la tranquillité et de la sécurité qu'on y trouvait.

Par suite, la propriété territoriale passa bien vite presque tout entière aux mains du clergé et des hommes de guerre. « *On a conservé*, dit M. Levasseur, dans son Histoire des classes ouvrières, *les trois quarts environ du registre matriculaire où sont énumérés les possessions et les revenus de l'abbaye de Saint-Germain des Prés, recensés au IXe siècle, par les ordres de l'abbé Irminon ; on y voit ce qu'était une grande seigneurie dans ces temps qui séparent la dissolution de la société romaine et l'organisation complète de la féodalité*[1]. »

Au milieu des ténèbres que ces invasions, ces guerres et les bouleversements qui en furent la conséquence, répandirent sur le monde, et dans le trouble profond que causèrent les dissensions et les luttes· suscitées par l'avénement de la société nouvelle, c'est l'Église qui conserve le dépôt des lumières. Les monastères et les couvents deviennent les asiles du travail et du savoir, les ordres religieux rivalisent de zèle, et tandis que les uns élèvent des monuments d'érudition et de science, les autres défrichent et cultivent les terres, construisent des ponts et des monuments religieux, et, réunissant dans un admirable et pieux ensemble les tra-

---

1. *Histoire des classes ouvrières*, par M. E. Levasseur, liv. II, ch. IV., p. 112.

vaux manuels et la prière, ils réhabilitent le travail qu'ils font aimer de tous en faisant rejaillir sur lui le respect qui s'attache à la religion.

Les législateurs religieux considéraient en effet le travail manuel comme une sorte de sanctification ; l'amour du travail, l'humilité et l'obéissance étaient les premières vertus monastiques qu'ils exigeaient de ceux qui voulaient entrer dans les communautés religieuses. « S'il y a des artisans dans le monastère, qu'ils exercent leur métier en toute humilité, pourvu que l'abbé le permette. Si l'un d'eux s'enorgueillit de son talent sous prétexte qu'il procure quelque avantage à la communauté, qu'on le prive de son métier et qu'il ne puisse le reprendre qu'après s'être humilié et en avoir reçu l'ordre de l'abbé [1]. » Le religieux n'a pas le droit de choisir les occupations qui lui plaisent, il fait ce qui lui est ordonné sans se plaindre jamais du travail qui lui est dévolu. Au premier commandement de son supérieur, il se met à l'ouvrage qui lui est indiqué et il le quitte de même ; son obéissance doit être si prompte qu'il lui est interdit d'achever le jambage de la lettre qu'il a commencé d'écrire [2]. Il ne doit considérer aucun travail comme étant indigne de lui. Il peut être appelé à servir ses frères au cellier, à la boulangerie, à la cuisine, de même que ses frères peuvent être appelés à le servir. Les produits de son travail ne lui appartiennent point et son industrie ne lui donne droit à aucun avantage particulier.

Avant le travail il doit faire sa prière et, pendant le tra-

1. *Reg. S. Ben.*, cap. LVII.
2. *Instit. Jo. Cassiani*, cap. XII.

vail, il doit penser sans cesse à Dieu [1]. Dans l'atelier où il travaille règne le silence; s'il veut emprunter quelque outil, il le désigne du geste ; s'il a besoin de demander quelque renseignement indispensable, il le fait brièvement et à voix basse, de manière à ne pas troubler le recueillement de ses frères. Telle est la vie austère imposée par saint Benoît aux religieux de son ordre. Saint Colomban n'était pas moins sévère ; saint Chrodegand donna aux chanoines la règle de saint Benoît [2], Isidore de Séville l'introduisit en Espagne [3], et au IXe siècle saint Benoît d'Aniane l'imposa à tous les monastères de la Gaule. Nous avons cité les paroles de saint Paul : « Celui qui ne veut pas travailler ne doit pas manger [4] » et tous les Pères les répétaient après lui. Saint Augustin poursuivait de ses sarcasmes et de ses anathèmes les moines qui de son temps fuyaient le travail et vivaient d'aumônes : « Je ne sais qu'une chose, disait-il, c'est que saint Paul ne volait pas, qu'il n'était ni brigand, ni larron, ni cocher, ni chasseur, ni histrion, ni homme à faire un métier infâme, mais qu'il gagnait les choses nécessaires à la vie par un travail légitime et honorable, semblable à celui des forgerons, des maçons, des cordonniers, des laboureurs et des autres artisans [5]. » Saint Jérôme écrivait au moine Rusticus: « Faites quelque ouvrage afin que le diable vous trouve toujours occupé [6]. » Enfin, saint Benoît de Narsia, le pa-

---

1. *Reg. S. Isidori Hisp.*, c. VI.
2. *Reg. S. Chrodogandi*, c. XI. *De opere manuum quotidiano.*
3. *Reg. S. Isidori Hisp.*, c. VI. *De opere man.*
4. S. Paul., *Ep. ad Thess.*, 3.
5. S. Aug., *De opere man.*
6. S. Hieron., *Ep. XCV ad Rustic. mon.*, t. IV, § 2, col. 773.

triarche des moines de l'Occident, disait : « L'oisiveté est l'ennemie de l'âme [1]. »

C'est ainsi que la religion est venue relever le travail en le sanctifiant ; toutefois l'ouvrier, le travailleur laïque, n'est pas encore devenu libre ; de l'esclavage, il est tombé dans le servage ; c'est un adoucissement dans sa condition, car l'esclavage inféodait l'homme à l'homme, tandis que le servage l'attachait seulement à la terre ; c'était donc pour l'ouvrier, pour le travailleur, un acheminement vers son émancipation future, mais ce n'était pas encore l'affranchissement, ce n'était pas la liberté. En effet, le maître n'a pas sur le serf le droit de vie et de mort qu'il avait sur son esclave. Le serf n'est plus sa chose et son existence est sous la sauvegarde de la loi ; mais si le serf n'est pas encore libre, de ce moment, du moins, il n'est plus indéfiniment attaché à la terre ou à l'atelier de son seigneur et maître ; quelquefois celui-ci l'envoie en apprentissage chez un habile artisan [2], et quelquefois même il lui permet d'exercer publiquement son métier et il en partage avec lui les profits.

Quand Ebbon fit reconstruire l'église de Reims, il demanda à Louis le Débonnaire son architecte Romuald qui avait une grande réputation d'habileté, et ce prince s'empressa d'envoyer son serf « qu'il donna en toute propriété à l'église de Reims pour la servir le reste de sa vie [3]. »

Le servage était moins dur que l'esclavage ; cependant, par son caractère de contrainte et d'irrégularité, il était diffi-

<hr>

1. *Reg. S. Benedict.*, c. XLVIII.
2. Lup. abb. Ferr *Ep. XXII.*
3. Frodoard, *Hist. de Reims:* Ebbon. év.-Coll. Guizot.

cilement supporté par les serfs et il assurait assez mal les revenus du maître. Sous la double influence de la religion et de leur intérêt, nous verrons bientôt les maîtres consentir à échanger les droits qu'ils avaient sur leurs serfs contre des redevances plus fixes et plus certaines, et c'est l'Église qui, la première, donne l'exemple de l'affranchissement. Ainsi, l'on cite dès 967 une charte d'affranchissement faite par l'abbé de Saint-Arnoul aux habitants de Norville-sur-Seille, près de Metz [1]. Les rois et les seigneurs suivent cet exemple, et les croisades, en affaiblissant la féodalité, facilitent aux communes leur émancipation et aux serfs le recouvrement de quelques-uns des droits de l'homme libre.

Louis le Gros affranchit les habitants du clos des Mureaux, près de Paris [2]; en 1112, il donne à Laon la première charte de commune et la seconde deux ans après à la ville d'Amiens [3]. En 1125, l'abbé Suger affranchit les serfs de Saint-Denis [4]; Louis le Jeune, les habitants d'Orléans et de sa banlieue en 1180 [5]; en 1183, Philippe Auguste exempte de la taille et des corvées du servage tous ceux qui viendront désormais s'établir dans cette même ville [6], et, en 1222, il donne la liberté aux gens de Beaumont-sur-Oise et de Chambly [7]; enfin, en 1276, Philippe III affranchit les serfs de Pierrefonds des droits de mainmorte et de formariage, moyennant une redevance annuelle de 20 livres parisis, à la

1. *Hist. de Metz*, par les Bén., III, 78.
2. Félibien, *H. de Paris*, tome CLXV.
3. *Biographie universelle* de Michaud, tome XXV, p. 109.
4. Guérard, *Polypti. proleg.*, p. 392.
5. Ordonn XI, 214.
6. *Ibid.*, p. 225.
7. Ordonn. XII, p. 298 et 303.

condition que ceux qui épouseraient des serves retomberaient dans le servage; mais la liberté n'était pas mûre alors, et l'on vit des serfs, après s'être empressés d'épouser des serves, présenter requête au Parlement et lui demander de les rétablir dans la condition du servage pour être déchargés de la part de redevance qui pesait sur eux [1] !

Détournons nos regards de ces tristes défaillances qui, Dieu merci, vont bientôt disparaître, et arrêtons-les sur certaines confréries religieuses établies au moyen âge et qui rentrent tout spécialement dans notre sujet.

Au x⁰ siècle, le mauvais état des chemins était un des plus grands obstacles au commerce. Une congrégation particulière de frères hospitaliers, dont la mission était de recueillir et de protéger les voyageurs sur les routes, se forma alors et leur premier monastère fut construit sur les bords de l'Arno, en Italie, près d'un passage dangereux nommé Haut-Pas où ils établirent un bac.

Du x⁰ au xii⁰ siècle apparaissent les premières confréries religieuses que constituèrent les maçons ; ces confréries se multiplièrent et se répandirent rapidement de toutes parts. Les unes se vouèrent à l'édification des premières basiliques romanes et les autres à la construction des ponts ; ces dernières se modelèrent sur la congrégation des frères hospitaliers d'Italie et leurs membres prirent le nom de *pontifes*.

En France, la confrérie religieuse des frères hospitaliers pontifes prit naissance et s'établit d'abord à Mau-Pas, au diocèse de Cavailhon, dès l'année 1164 ; cette confrérie était

1. *Olim*, II, p. 74, VIII, ann. 1276.

instituée pour construire des ponts, établir des bacs et donner assistance aux voyageurs sur les bords des rivières. Petit-
Benoît ou saint Benezet fut le fondateur de cette institutiont
Cette confrérie établit, sur les bords de la Durance, un couven.
avec un bac et une auberge. Le lieu s'était appelé Mau-Pas
jusqu'alors ; mais, grâce aux bons soins des religieux, il prit
le nom de Bon-Pas. Saint Benezet était le prieur de ce couvent. Dès 1189, le bac de Bon-Pas fut remplacé par un pont.
Trois ans avant, en 1186, saint Benezet s'était rendu à Avignon avec ses compagnons et avait décidé les habitants à
tenter la construction d'un pont que la rapidité du Rhône
les avait empêchés d'entreprendre jusque-là [1]. Saint Benezet
et ses frères hospitaliers posèrent dans l'eau la première
pierre en présence du peuple et le firent avec tant d'habileté que la foule cria au miracle et que, de toutes parts, les
aumônes et les travailleurs affluèrent pour concourir à cette
sainte œuvre. En 1265, des habitants de Saint-Saturnin du
Port, réunis en congrégation laïque sous l'invocation de saint
Benezet, construisirent en trente ans le pont du Saint-Esprit
et fondèrent en même temps un hôpital. Les frères pontifes,

---

1. Dans le *Dictionnaire raisonné de l'architecture française du* xi° *au*
xvi° *siècle* de M. Viollet-le-Duc, ouvrage dont l'autorité bien établie
dispense de tout éloge, on lit ce qui suit à ce sujet : « Un des plus
beaux ponts (de pierre) et des plus considérables est le pont de Saint-
Benezet, à Avignon. La légende prétend qu'un jeune berger, nommé
Petit-Benoît, né en 1165 dans le Vivarais, inspiré d'en haut, s'en vint à
Avignon en 1178 et fut l'instigateur et l'architecte du pont qui traversait
le Rhône à la hauteur du rocher des Doms. De ce pont, il reste encore
quatre arches et quelques piles d'une très-remarquable structure. Commencé en 1178, il était achevé en 1188 . . . .
Sans discuter sur le plus ou moins de réalité de la légende relative au
berger Petit-Benoît, il paraît certain que ce personnage fut le chef de la
confrérie des hospitaliers pontifes. »

protégés par les seigneurs du midi, devinrent très-riches au
xiiie siècle ; mais ils ne formèrent pas un ordre régulièrement constitué ; ils semblent ne s'être jamais répandus dans
le centre et dans le nord de la France [1] ; et, même dans le
midi, ils disparurent promptement après qu'ils se furent
abandonnés au luxe et qu'ils eurent cessé de travailler [2].

L'habitude salutaire du travail manuel s'affaiblit peu à
peu et par les mêmes causes dans les autres ordres religieux, et lorsqu'un peu plus tard les arts ne furent plus
exclusivement pratiqués par le clergé régulier, qui les délaissa aux artistes et aux artisans laïques en les émancipant,
ceux-ci quittèrent les monastères et provoquèrent la création
des corporations qui s'organisèrent, non sans donner dès
lors naissance à des idées de liberté intellectuelle et artis-
tique qui durent séduire et passionner des populations
avides d'apprendre.

« Je ne doute pas, dit Blanqui dans son *Histoire de l'économie politique,* que les communautés religieuses ne soient
la véritable source des corporations industrielles, dont l'organisation a été attribuée à saint Louis. Saint Louis a discipliné les communautés d'arts, mais il ne les a point créées.
Leur origine se confond avec celle des couvents. C'est de là
que l'industrie est sortie libre pour s'établir ensuite au sein
des villes du moyen âge sous la protection du principe d'association [3]. » L'on vit dès ce temps-là, en effet, les corporations cherchant à faire prédominer leurs goûts et leurs

1. Les hospitaliers de Saint-Jacques du Haut-Pas, établis à Paris en
1180, n'étaient pas des frères pontifes.
2. Héliot, *Histoire des ordres religieux*, 11e partie, ch. xlii
3. Blanqui, *Histoire de l'Économie politique en Europe*, t. Ier, p. 102.

tendances, imprimer sans contrainte sur les monuments qu'elles élevaient leurs désirs, leurs aspirations, leurs besoins et même leurs blâmes naïfs et parfois très-satiriques au regard des oppresseurs qui les retenaient alors sous le joug et contre lesquels elles ne pouvaient pas protester autrement.

C'est à partir du XIIe siècle que se formèrent les sociétés de maçons voyageurs et ces sociétés réunirent, par exception unique, les maîtres maçons et les ouvriers. C'est à ces sociétés, ou plutôt à ces puissantes confréries laïques, que l'on doit la plupart des cathédrales gothiques élevées en France, en Allemagne et en Angleterre. Leurs œuvres ont traversé les siècles et leur souvenir s'est perpétué dans le monde sous le nom de franc-maçonnerie que porte une association existant encore aujourd'hui, mais dont le caractère et le but sont fort différents. L'institution de cette ancienne franc-maçonnerie remonte, dit-on, à Erwin de Steinbach, l'un des architectes de la cathédrale de Strasbourg [1].

1. « Erwin n'est pas le constructeur de la cathédrale; elle est plus ancienne que lui. C'est l'évêque Wernher qui, grâce aux libéralités de l'empereur Henri II, fit commencer en 1012, sur les ruines de l'ancienne église, la magnifique basilique que nous admirons aujourd'hui. Le plan, dont le chœur atteste encore la sévère et majestueuse grandeur, avait d'abord été conçu dans le style byzantin. La nef fut achevée dans le style gothique dont elle est un des plus beaux et des plus purs modèles. En 1275, les voûtes supérieures étaient fermées. Durant la construction, plus de 200,000 ouvriers s'étaient trouvés à certaines époques rassemblés sur les bords de l'Ill, travaillant tous « pour le salut de leur âme ». C'est à cette époque que l'évêque Conrad de Lichtemberg chargea Erwin de terminer l'intérieur de l'église et d'élever la façade et les tours. Dès 1276, l'architecte se mit à l'œuvre et ne cessa de diriger les travaux jusqu'à l'époque de sa mort en 1318. Les portails et la tour septentrionale, ces chefs-d'œuvre de grâce et de légèreté, lui appartiennent. En 1339, son fils Jean dirigeait encore les travaux d'après ses

Au XII° siècle, à l'origine de la formation de ces sociétés, les populations ne s'intéressaient à aucune chose autant qu'à la construction de leurs cathédrales et de leurs églises et.elles croyaient gagner le ciel en prêtant un concours efficace à l'exécution de ces monuments ; en sorte qu'elles aidaient et soutenaient avec empressement les sociétés de maçons voyageurs auxquelles la nature même de leurs travaux dut dès le principe donner une grande renommée et un caractère tout particulier de mystère et de sainteté [1].

plans, qui ne furent entièrement exécutés qu'en 1365. Sa fille Sabine ornait l'église de ses sculptures ; on doit à son ciseau, entre autres chefs-d'œuvre, un pilier justement célèbre dans le transsept méridional et, sur le portail méridional, deux statues plus belles encore, représentant l'Église et la Synagogue. Ces deux statues admirables par l'expression, le mouvement et la vie qui les animent, prouvent que si le développement des arts est soumis à certaines lois générales, il y a aussi des génies qui savent échapper à ces lois et s'élever au-dessus de leur siècle. »'

(*Histoire des classes ouvrières en France*, par M. E. Levasseur, tome Ier, liv. III, ch. x, p. 329.)

1. Chartres fut, dans l'ouest de la France, la première ville dont la cathédrale ait été construite ainsi par le zèle spontané des fidèles. Les habitants se mirent à l'œuvre ; le bruit de leur pieuse entreprise s'étant répandu, des villages se levaient en masse dans tous les cantons de la Normandie, et après avoir reçu la bénédiction de leur curé, partaient pour se joindre, à Chartres, aux autres travailleurs et mériter le pardon de leurs fautes. L'exemple fut suivi à Rouen et dans toute la province ; des troupes innombrables de volontaires ouvriers se transportèrent successivement dans tous les lieux où il y avait une église à bâtir, vivant sous des tentes et accomplissant des prodiges par la seule puissance de la foi. Des chevaliers, des châtelaines, quittaient leurs riches habits pour s'atteler à côté des serfs au même chariot ; des milliers d'hommes s'unissaient pour traîner d'énormes blocs de pierre et, animés par la présence des prêtres et la sainteté du but, ils surmontaient tous les obstacles. Il faut entendre le récit ému et naïf d'un contemporain : « Ce qui est admirable, dit-il, lorsque mille personnes, hommes et femmes, et quelquefois plus, tirent une même voiture (tant le chariot est grand et la charge pesante), c'est de voir avec quel silence on marche. On n'entend aucune parole, aucun murmure, et on croirait qu'il n'y a personne, si l'on ne voyait de ses yeux cette nombreuse multitude. S'arrête-t-on en route, aucune voix n'interrompt le silence, si ce n'est

Ces sociétés de maçons voyageurs prospérèrent pendant près de trois siècles. Mais en Angleterre, en 1425, le Parlement les supprima : « Attendu, dit-il, que, par les congrégations et confédérations formées chaque année par les maçons dans leurs assemblées générales, le bon ordre est dérangé [1]. »

Plus tard, en 1539, ces sociétés disparurent en France, par suite d'un édit de François Ier, aux termes duquel furent prohibées toutes les sociétés de constructeurs non sédentaires.

En 1258, les corporations, dont le premier germe remonte à Charlemagne qui créa la charge de roi des merciers, s'organisèrent régulièrement. Saint Louis, à son retour de la première croisade, rendit l'ordonnance qui vint reconstituer

celle des pécheurs qui confessent leurs fautes, ou celle des prêtres qui prêchent l'oubli des haines, le pardon des injures et l'union des âmes. Y a-t-il quelque pécheur assez endurci pour refuser d'obéir aux exhortations du prêtre et se réconcilier avec ceux qui l'ont offensé, l'offrande de son travail est aussitôt rejetée comme immonde et lui-même est ignominieusement séparé de la sainte cohorte. Lorsque la troupe des fidéles, précédée de ses bannières, s'est remise en route, tout se fait avec tant de facilité que rien ne retarde sa marche, ni la pente escarpée des montagnes, ni la profondeur des rivières. Admirable prodige ! comme autrefois les Hébreux au passage du Jourdain, ils entrent sans hésiter dans l'eau des fleuves et les traversent, guidés par le Seigneur. A Sainte-Marie du Port, des témoins fidèles assurent que la marée montante s'arrêta au moment où ils passaient. Lorsqu'on est parvenu à l'église on range les chariots tout autour ; dans ce camp sacré l'armée sainte tout entière passe la nuit à chanter des hymnes et des cantiques ; on allume des cierges, on expose les reliques des saints, on fait des processions et on apporte les malades pour les guérir en les faisant coucher sur les chariots. » Voilà comment en moins de deux siècles la France s'est couverte de tant de belles cathédrales. Malgré la diversité des temps et des idées, tous les siècles admireront cette puissance miraculeuse de la foi qui centuplait les forces de l'homme et permettait à un âge encore peu instruit des arts de la mécanique, d'exécuter des œuvres que l'on oserait à peine entreprendre de nos jours. » (*Histoire des classes ouvrières en France*, par M. E. Levasseur, tome Ier, p. 325.)

1. Voir Thory, *Acta Latomorum*, 1 vol. in-8°, 1815,

et régler le corps des métiers, et il fut formé autant de communautés qu'il y avait alors de professions. Les maîtrises furent régulièrement établies dès ce moment pour constater la capacité requise de ceux qui font le négoce et qui exercent les arts et en outre pour entretenir parmi eux l'émulation, l'ordre et l'équité.

Deux ans après, en 1260, Étienne Boyleau, prévôt de Paris, détermine et fixe dans son ouvrage (*l'Établissement des métiers de Paris*) les droits des maîtres, ouvriers et apprentis, ainsi que les règlements de plus de cent cinquante professions diverses, dont le nombre et la variété suffisent pour démontrer l'importance que, dès ce temps, l'industrie avait acquise dans Paris [1].

L'organisation du corps des métiers, dont saint Louis avait confié à Étienne Boyleau la mise à exécution, était une institution libre qui fut en quelque sorte le germe et l'origine

1. Le livre d'Étienne Boyleau a exercé une trop grande influence sur le développement de la richesse publique et sur les destinées de l'industrie en France pour n'en pas citer ici le préambule :

« Étienne Boyleau, garde de la prévôté de Paris, à tous les bourgeois et à tous les résidans de Paris, etc., salut. Pour ce que nous avons vu à Paris en même rang moult déplaît et discontente par la déloyalenie, qui est mère de plaig et différens convoitises qui gaste soi-même, et par le non sens as ionès et as poi sachans, entre les étranges gens et ceux de la ville qui aucun métier usent et hantent, pour la raison de ce qu'ils avaient vendu aux étrangers aucunes choses de leur métier qui n'étaient pas si bonnes, ni si loyaux que elles dussent ; notre intencion est à enclaver en la première partie de cette œuvre, au mieux que nous pourrons, tous les métiers de Paris, leurs ordenances, la manière des entrepresures de chascun métier et leurs amendes. En la seconde partie entendons-nous des chauciers, des conduits, des rivages, des hallages, des poids, des batages, des rouages et de toutes les autres choses qui à costume appartiennent. En la tierce partie et la deharement des justices et des juridictions, à tous ceux qui justice et juridiction ont dans la ville et dedans les faubourgs de Paris, et avons-nous fait pour le profit de tous, et mêmement pour les povres, pour les étrangers qui à Paris viennent acheter aucunes marchandises, que la marchandise soit si de toutes les libertés communales et qui, à cette époque, fut surtout un très-grand et très-réel progrès, car elle consacra et sauvegarda les droits du travail tout en vulgarisant les meilleurs procédés de la fabrication et en réprimant en même temps bien des fraudes, aussi nuisibles aux producteurs qu'aux consommateurs ; mais, ce qui est bien plus important encore, les marchands et les fabricants, en un mot toutes les corporations intelligentes et laborieuses auxquelles se rattache la population ouvrière, trouvèrent dans cette organisation, sous la protection d'une constitution hiérarchique, un centre, une communauté de vues et d'intérêts, qui leur permirent à partir de ce moment de compter pour quelque chose en face de la noblesse et du clergé. En effet, l'esprit de corps qui prit bien vite naissance parmi les corporations leur donna un caractère légal et une existence forte et solide. Ces confréries, ces universités d'ouvriers ne se laissèrent pas facilement ravir, dans la suite, des priviléges qu'elles savaient si longtemps attendus. Elles se mirent sous la protection des saints, adoptèrent des bannières sacrées, véritables étendards de leur indépendance, et elles vengèrent avec persévérance la moindre offense faite à l'un de leurs membres. Elles eurent leurs syndics, leurs chambres de discipline, leurs conseils, leurs défenseurs.

loyaux qu'ils n'en soient déçus, par le vice de li ; et pour châtier ceux qui percevront de vilain gain ou par non sens les demandent et prennent contre Dieu, contre droit et contre raison. Que ce fut fait devant l'assémblée des plus sages, des plus léaux et des plus anciens hommes de Paris et de ceux qui plus devaient savoir de ces choses, lesquels tous ensemble louèrent beaucoup cet œuvre, et nous commandâmes à tous les métiers de Paris, à tous les péagiers et à tous les coutumiers qu'ils ne fissent et ne allassent encontre. » (Blanqui, tome I⁰ʳ, p. 230.)

L'honneur des diverses corporations, ainsi placé sous la sauvegarde de tous ceux qui en faisaient partie, donna aux classes laborieuses une organisation sociale qui leur avait manqué jusque-là. La hiérarchie n'y fut pas moins sévère que dans les rangs des classes élevées, et les seigneurs féodaux n'étaient pas plus respectés de leurs vassaux que les maîtres de leurs apprentis. Les habitudes de domination passèrent bien vite des donjons aux ateliers, il y eut un despotisme de boutique à côté de la tyrannie des manoirs, et ce fut là le premier germe du tiers état qui grandit vite et vint bientôt en maintes circonstances offrir un point d'appui à la royauté pour résister aux exigences de la noblesse et pour combattre ses prétentions ambitieuses.

Dans chaque ville, des corporations sédentaires se constituèrent; elles furent tout d'abord comprimées par le régime féodal, puis elles prirent rapidement un grand développement après l'affranchissement des serfs et l'émancipation des communes [1].

---

1. En 1311 Philippe le Bel rend un décret d'affranchissement en faveur des serfs du Valois, et en 1315 Louis le Hutin publie la fameuse ordonnance dans laquelle il proclame en droit la liberté individuelle et la faculté du rachat pour tout serf du domaine royal, « comme selon le droit de nature, disait-il, chacun doit naître Franc ; et par aucuns usages et coutumes, qui de grant ancienneté ont esté introduites et gardées jusques cy en nostre royaume, et par aventure pour le meffet de leurs prédécesseurs, moult de nostre commun peuple soit encheûs en lieu de servitudes et de diverses conditions. qui moult nous déplaist ; nous considérans que nostre royaume est dit et nommé le royaume des Francs, et voullant que la chose en vérité soit accordant au nom...... avons ordené et ordenons que, généraument partout nostre royaume...... telles servitudes soient ramenées à franchise...... Pour ce que les autres seigneurs qui ont hommes de corps preignent exemple à nous de eux ramener à franchise. (*Histoire des classes ouvrières en France*, liv. III, ch. III, p. 174-175.)

Malheureusement, ces corporations donnèrent naissance à une division du travail poussée à l'excès ; et cependant, on doit le reconnaître, cet excès favorisa tout d'abord le perfectionnement des métiers. Mais la liberté n'était pas comprise alors et elle ne pouvait pas l'être ; on s'explique donc bien facilement que, dans ces temps reculés, l'organisation du travail dût être entraînée à se modeler sur le système féodal, en sorte que les corporations, qui furent l'une des premières et des plus heureuses applications du principe de l'association, devinrent bientôt un véritable monopole, les titulaires des maîtrises ayant obtenu le droit exclusif de les transférer à qui bon leur semblait.

Quoi qu'il en soit, c'est avec infiniment de raison que M. E. Levasseur a dit : « Le corps de métier devient la sauvegarde de l'industrie et la véritable cité de l'artisan ; c'est par lui qu'il a pu échapper à la tyrannie féodale et conquérir ses premiers droits ; c'est par lui qu'il maintient son indépendance. Dans le corps de métier, l'artisan est une personne libre et privilégiée. Il ne paie à sa corporation et à son seigneur que des redevances fixées par les statuts ; il est gouverné et jugé par des artisans, ses pairs et ses élus ; il rédige lui-même ses lois, il délibère, il a ses réunions, ses fêtes ; il trouve dans l'association des joies pour les jours de félicité, des secours pour les jours de misère et une protection active contre ses ennemis et ses concurrents. Le corps de métier est une petite république qui s'administre elle-même, qui détermine dans son sein les rapports des personnes, qui se charge de protéger ses membres les plus faibles, qui donne surtout de grands priviléges aux plus puissants, qui réglemente le travail, qui le surveille, qui punit les délinquants ; mais, c'est une république jalouse qui possède le privilége exclusif d'exercer un métier et qui poursuit impitoyablement quiconque veut contester ou partager, sans son aveu, ce privilége. C'est là le côté étroit de l'institution; mais c'est celui qui séduit le plus l'artisan, qui l'attache le plus fortement à ce corps par lequel il cesse d'être un homme du commun pour devenir une manière de privilégié. Il faut d'ailleurs avouer aussi que cette protection exagérée, dont la corporation entourait ses membres, n'a pas été inutile à l'industrie naissante, encore faible et timide, au milieu d'une société grossière et hérissée de priviléges et d'obstacles[1]. »

Toujours est-il que le travail et le commerce, dont l'organisation avait été si précaire jusque-là, se voient enfin protégés et réglementés ; mais à quel prix !

Dans l'antiquité, l'oisiveté était l'apanage du citoyen libre et le travail celui de l'esclave ; la société nouvelle réhabilite le travail, mais de l'esclavage le travail tombe dans le servage, et du servage dans le monopole !

Le droit de travailler devient *un droit royal et domanial* que le prince peut vendre et que les sujets doivent acheter[2]. La royauté fait payer aux travailleurs toutes sortes de taxes et de redevances. D'autre part, les lois qui sont imposées à ces travailleurs industriels ou commerçants sont d'une dureté extrême. Pour toutes leurs dettes commerciales et

____

1. *Hist. des classes ouvrières en France*, liv. III, ch. XII, p. 382.
2. Décret de Henri III en 1583.

industrielles, et en cas de banqueroute et de faillite, les pénalités édictées contre eux, empruntées en grande partie aux anciens, furent originairement *la peine de mort et le pilori, puis l'abandon de la ceinture et du chaperon, puis encore le bonnet vert.* Chez les Romains, le droit civil permettait à des débiteurs, que leurs créanciers pouvaient maltraiter, de se vendre eux-mêmes ; on trouva donc tout naturel alors de contraindre par corps les commerçants, au paiement de leurs dettes commerciales.

Une autre loi, s'appliquant spécialement à l'industrie de la construction, nous est rapportée par Haiménopulus dans son troisième livre, titre III [1]. Cette loi, fort ancienne, stipule que : « les sculpteurs et ceux qui travaillent en marqueterie, les maçons et ouvriers en marbre, et le reste de ces sortes d'ouvriers qui auront fait marché pour un certain ouvrage, sur lequel ils auront reçu de l'argent, ne le quitteront point pour en prendre d'autres qu'ils ne l'aient achevé; que si celui qui a traité avec eux ne leur fournit pas les matériaux, ou que par malice il apporte du retardement en ne leur administrant pas tout ce qui est nécessaire pour l'achèvement de l'ouvrage et que l'ouvrier l'en ait averti et sollicité, qu'en ce cas l'ouvrier remontre au juge que ce retardement ne vient point de sa part et qu'il est prêt de travailler. Mais comme nous savons par notre propre expérience que plusieurs entrepreneurs, animés d'un désir insatiable de s'enrichir ou pleins d'une malice artificieuse, quittent les

---

1. *Code de la voirie* de Mellier de 1534, p. 94.

ouvrages qu'ils ont commencés et en prennent d'autres, nous permettrons à celui qui a fait marché avec eux de les sommer de les exécuter . . . . . et de les appeler devant le juge pour déposer des conditions du marché, afin que le juge. connaissant la contravention de l'ouvrier, accorde au particulier la liberté de faire achever son ouvrage par un autre, *et condamne à même temps l'entrepreneur d'être fouëté, rasé et banni* et à restituer indéfiniment tout ce qu'il a reçu, sans aucun égard pour ce qu'il a fait. » . . . .

. . . . . Et plus loin : « Si le bâtiment tombe par les malfaçons, l'ouvrier le rebâtira à ses frais, toutes lesquelles choses seront observées contre les entrepreneurs, et s'ils y contreviennent, le juge en connaissance de cause les fera *fouëter, raser et bannir!* »

Mais, hâtons-nous de le reconnaître, la liberté marche du même pas que le travail : et l'industrie, et le commerce grandissant de jour en jour, toutes les barbares et humiliantes pénalités dont nous venons de parler furent successivement modifiées sous l'influence bienfaisante de la régénération du travail, du progrès des mœurs, et du développement remarquable du commerce et de l'industrie. En sorte qu'il faut admettre, comme l'a dit Blanqui : « qu'il y a quelque chose de vraiment providentiel dans la marche du travail et de la liberté. Poursuivis sur un point, ils se réfugient sur un autre ; arrêtés dans leur essor, ils s'élancent plus vivement vers l'avenir, aussitôt que cet essor leur est rendu. A l'esclavage grec et romain succède l'indépendance barbare ; celle-ci à son tour, altérée par le servage féodal, reparaît plus brillante et plus forte dans les communes affranchies. La glèbe succède à la meule, et les corporations précèdent la liberté du travail [1]. »

C'est alors que l'architecture religieuse, le plus grand des arts du moyen âge, et celui qui donne à tous les autres leur caractère et leur mouvement, produit ses plus belles merveilles [2]; nous regrettons de ne pouvoir énumérer ici tous les splendides monuments que le moyen âge a transmis à la postérité, et nous regrettons surtout de ne pouvoir en décrire toutes les beautés ; mais ce travail dépasserait les bornes de ces recherches et les limites de nos forces ; qu'il nous suffise de dire que ces merveilles se trouvent admirablement résumées dans l'église de Notre-Dame de Paris qui, grâce à une restauration aussi complète que savante, s'offre à nous aujourd'hui dans toute la splendeur et dans tout l'éclat qu'elle avait à son origine [3].

L'architecture civile marche sur les traces de l'architecture religieuse, et bientôt elle élève un grand nombre de châteaux ou plutôt de véritables forteresses que les corvéables construisirent au profit des seigneurs, au moyen de prestations en nature auxquelles il leur était bien difficile, pour ne pas dire impossible, de se soustraire.

Parmi les constructions grandioses du moyen âge qui font encore aujourd'hui notre étonnement et notre admiration,

1. Blanqui, *Histoire de l'économie politique en Europe*, t. I, p. 285.
2. *Hist. des classes ouvrières en France*, t. I, p. 382.
3. Cette remarquable restauration, commencée en 1845, sous la savante direction de MM. Viollet-le Duc et Lassus (ce dernier mort en l'année 1857), a été terminée en 1869, soit en vingt-quatre ans. L'auteur de ces *Recherches* a exécuté les travaux de maçonnerie de cette restauration dont il a été adjudicataire en 1845.

citons les châteaux de Coucy et de Pierrefonds, démantelés tous les deux au xviie siècle par Richelieu [1]. Citons encore à Bourges la maison de Jacques Cœur, qui ne coûta pas moins de six millions de notre monnaie, et enfin, dans un autre mode de construction, les hôtels de ville du nord et notamment celui de Compiègne.

A partir de cette époque, on vit chez certains marchands et chez certains industriels des fortunes considérables se réaliser, et grand nombre d'artisans arriver par le travail à jouir d'une honnête aisance. Les nobles jalousèrent les bourgeois et les artisans, et dès 1294 [2] ils obtinrent contre eux des lois somptuaires. « Nous voulons, dit une ordonnance de cette année, que toute manière de gens qui n'ont six mille livres de rente tournois n'usent et ne puissent user de vaissellement d'or et d'argent, ni pour boire, ni pour manger, ni pour autre usage, et que nul, sous peine de corps et de biens, n'y fasse fraude ; et de l'argent susdit nous voulons faire nos monnaies pour le commun profit de notre royaume. »

Et une autre ordonnance de cette même année édictait ce qui suit:

« Nulle bourgeoise n'aura char.—Nul bourgeois ni bour-

---

1. En 1858, l'empereur Napoléon III, en visitant les ruines imposantes du château de Pierrefonds, eut la pensée d'en ordonner la restauration. Il n'existait plus en France d'habitation seigneuriale complète datant de la belle époque du moyen âge ; et grâce à cette initiative, cette lacune est aujourd'hui comblée. M Viollet-le-Duc, aussi savant architecte qu'archéologue érudit, chargé par l'empereur de cette difficile restauration, a restitué avec autant de bonheur que de science à cet admirable monument toute son ancienne splendeur architecturale, et nous avons été assez heureux pour coopérer à cette restauration comme entrepreneur de maçonnerie.

2. Ord., p. 547, ann. 1294.

geoise ne porteront vair ni gris ni hermine et se délivreront de ceux qu'ils ont, de Pâques prochaines en un an. — Ils ne porteront ni pourront porter or, ni pierres précieuses, ni couronnes d'or et d'argent.

« Les ducs, les comtes, les barons de six mille livres de terres, ou plus, pourront faire quatre robes par an et non plus, et les femmes autant.

« Chevalier qui aura trois mille livres de terres pourra avoir trois paires de robes par an, et non plus ; et sera l'une de ces trois robes pour l'été.

« Nul ne donnera au grand manger que deux mets et un potage au lard, sans fraude ; et s'il est *jeûne*, il pourra donner deux potages aux harengs et deux mets.

« Il est ordonné que nul prélat ou baron ne puisse avoir robe pour son corps de plus de 25 sous tournois l'aune de Paris. »

Ces ordonnances furent mal exécutées, et, comme toutes les lois de ce genre, elles ne modifièrent en rien les habitudes et les mœurs de ce temps.

Les ouvriers pouvaient à cette époque, bien plus difficilement qu'aujourd'hui, s'élever à la classe des maîtres, en sorte que ceux qui n'avaient pas su parvenir à la maîtrise par leur activité et leur économie vivaient au jour le jour, tout comme maintenant ; mais leur nombre était limité, ainsi que celui des apprentis, et cette limitation les garantissait des chômages. Toutefois, le salaire des ouvriers ne représentait guère dans ce temps-là que leur nourriture et leur entretien.

1. Leber, *Fort. privée au moyen âge.*

Ainsi, en 1307, un maçon ordinaire non nourri n'avait qu'un sou par jour [1], un charpentier avait le même salaire. Le marc d'argent valait alors 2 livres, 15 sous, 6 deniers. En estimant à 7 deniers par jour la nourriture d'un homme, il restait à un bon ouvrier les cinq douzièmes de sa paie pour fournir à son logement et à son entretien.

De 1276 à 1365, l'architecte Erwin et son fils dirigèrent les travaux de la cathédrale de Strasbourg, et l'on sait par les comptes qui ont été conservés que les salaires des maçons employés à la construction de ce monument étaient de 3 à 4 centimes de notre monnaie par jour [2].

	SOUS.	DENIERS.	ÉVALUATION en grammes et centig. d'argent fin.
En 1376, à Reims, un maître charpentier avait par jour...	3	00	6.30
Un valet, *idem*.......	1 env.	00 [3]	2.10
En 1380, à Issoire, un compagnon maçon avait par jour..	4	00	8.40
Un manœuvre, *idem*.......	0	15 [4]	2.60
En 1431, à Falaise, un ouvrier charpentier avait par jour...	3	4 [5]	5.30
En 1496, un couvreur avait par jour.....................	3	8 [6]	3.85

Comparés à la valeur des denrées d'alors, c'étaient sans doute des prix assez élevés. Au commencement du xvie siècle, les ouvriers qui travaillaient à la maçonnerie du

1. Leber. *Fort. privée au moyen âge.*
2. Blanqui. *Histoire de l'économie politique*, t. 1, p. 327.
3. Arch. adm. de Reims, III, 76.
4. Arch. imp., man. Monteil, KR, 1339, pièce nᵒ 8.
5. Idem, pièce nᵒ 84.
6. Idem, pièce nᵒ 47.

château de Gaillon avaient 3 à 4 sous par jour et les manœuvres 1 sou 4 deniers ou 2 sous au plus [1].

En 1549, l'augmentation des salaires, résultant de la révolution monétaire du xvie siècle, est déjà sensible. Le salaire du maçon dans le même pays s'élève à 5 sous, celui du manœuvre à 3 sous [2] et en 1557 il monte pour le premier à 5 sous 7 deniers 1/2 et pour le second, à 4 sous 4 deniers 1/2 [3]. Enfin, en 1572, une ordonnance royale fixe le salaire des maçons à 12 sous et celui des manœuvres à 6 sous, « sans qu'ils puissent, ne leur soit loisible prendre ne recevoir plus grand prix [4]. » Mais les ordonnances de ce genre sont toujours au-dessous de la réalité; à cette époque, les salaires dépassaient ces chiffres et ils continuèrent encore de s'élever dans les dernières années de ce siècle.

En même temps que le salaire des ouvriers se modifie et s'accroît, nous voyons se modifier aussi successivement les rapports entre les maîtres et les ouvriers.

Au xiie et au xiiie siècle, les sociétés de maçons voyageurs réunissaient par exception unique, ainsi que nous l'avons dit, les maîtres maçons et les ouvriers ; en sorte que, dans cette industrie, les uns et les autres étaient unis par leur égalité dans le travail et par les liens communs du corps de métier. L'ouvrier maçon ne s'était jamais séparé de son maître ; il vivait dans son atelier et travaillait à ses

1. *Doc. inédits.* Compte des dépenses de la construction du château de Gaillon, par M. A. Deville.
2. A Dieppe, *archives*, man. Monteil, KK, 1388, n° 167.
3. A Caen, *archives*, man. Monteil, KK, 1388, n° 175.
4. *Font.* 1, 904, 19 avril 1572.

côtés ; malgré la désignation fréquente de valet, il était considéré pour ainsi dire comme son égal et pouvait s'établir dès la fin de son apprentissage. Maîtres et ouvriers étaient donc presque égaux alors, et quiconque « *avait de coi* » pouvait passer maître à Paris, lorsqu'il avait fini son apprentissage [1].

Au XIVe et au XVe siècle, des lois et des usages nouveaux divisent le maître et l'ouvrier ; l'on désigne celui-ci sous le nom de compagnon, non plus sous celui de valet qui, d'ailleurs, n'avait point la signification qu'on lui donne aujourd'hui [2], et la maîtrise devient une charge privilégiée que son prix élevé rend inaccessible à presque tous les ouvriers. Beaucoup y renoncent et vont chercher dans d'autres sociétés une protection et une égalité qu'ils ne trouvent plus auprès de leurs maîtres : le corps de métier, devenu plus étroit et

---

1. C'est ce que déclarent positivement et presque toujours dans les mêmes termes la plupart des statuts : « *Quiconque veut estre de tel mestier, estre le puet por tant qu'il sache le mestier et ait de coi.* » (*Hist. des classes ouvrières*, t. 1er, liv. III, chap. III, p. 208.)

2. « Après la longue et rude épreuve de l'apprentissage, l'apprenti émancipé devenait valet. De nouvelles obligations, de nouveaux devoirs lui étaient imposés ; mais du moins il jouissait d'une plus grande liberté et il avait des droits mieux garantis. Pour être valet à Paris, il fallait prouver par serment ou par témoins qu'on avait fait son apprentissage dans cette ville, ou, si l'on venait de la province, produire des répondants ou des certificats de capacité et de bonne conduite et promettre de se conformer aux us et coutumes du métier..... Le matin, tous les valets étaient, sous peine de forfaiture, obligés de se rendre au lieu ordinaire de leur réunion sur quelque place ou dans quelque carrefour ; et là ils attendaient que les maîtres vinssent les embaucher, comme nous le voyons pratiquer encore de nos jours dans certains métiers..... Le maître, avant de prendre un valet, devait s'assurer qu'il réunissait toutes les conditions exigées par les statuts. Il devait aussi voir s'il avait un nombre suffisant de vêtements pour être toujours dans une tenue décente. » (*Hist. des classes ouvrières en France*, t. 1, p. 233-234.)

plus égoïste que jamais, n'est plus un asile commun, c'est la possession exclusive des patrons qui y décident seuls de toutes choses ; maîtres et ouvriers se retrouvent encore quelquefois dans les fêtes de la confrérie ; mais, dans le corps de métier, l'ouvrier se sent mal à l'aise auprès du maître qui s'est éloigné de lui en s'enrichissant, qui ne partage plus ses travaux comme autrefois, et qui enfin, par son privilége, s'est élevé au-dessus de lui. De ce moment en effet, les maîtres considèrent les ouvriers comme leurs inférieurs et non plus comme leurs égaux. Par suite, une démarcation s'accentue de plus en plus entre eux, et c'est alors que se forme le compagnonnage exclusivement composé d'ouvriers. Cependant le compagnonnage ne se sépare pas du corps de métier ; il ne renonce pas à défendre les intérêts des maîtres, il ne les traite pas encore en ennemis, et la preuve c'est que les compagnons du devoir adoptent cette devise :

> « Honneur à Dieu, *conserver le bien du patron*
> Et maintenir les compagnons. »

Le compagnonnage fut-il fidèle à cette devise ? Nous avons tout lieu de le croire.

On s'accorde généralement à penser que la franc-maçonnerie et le compagnonnage ont une origine commune, et c'est avec raison que Charles Nodier a dit que les sociétés de métiers sont anciennes comme les métiers, et que l'on retrouve des traces de leur existence et de leur action dans toutes les histoires. « La maçonnerie, ajoute-t-il, n'est autre chose, dans sa source comme dans ses emblèmes, que l'association des ouvriers maçons ou bâtisseurs, complète en ses trois grades, l'apprenti, le compagnon et le maître ; et l'origine réelle de la maçonnerie c'est le compagnonnage ».

La franc-maçonnerie, en effet, était simplement à sa création une association entre maîtres et ouvriers organisée et fondée, nous l'avons dit précédemment, dès la fin du xiii° siècle, par Erwin de Steinbach, architecte de la cathédrale de Strasbourg. Mais cette association ne prit son entier développement que de 1452 à 1459, sous l'impulsion de l'un des successeurs d'Erwin, l'architecte Dotzinger. Une première assemblée générale des confréries particulières en loge fut tenue à Ratisbonne en 1459 [1]. On y rédigea les statuts, on fixa le mode d'admission des membres et l'on établit les signes secrets par lesquels les frères pourraient se reconnaître.

Les statuts de cette association, animée d'un très-grand et très-sincère esprit religieux, furent publiés « au nom du Père, du Fils et du Saint-Esprit et de la vierge Marie et aussi de ses quatre serviteurs, les quatre saints couronnés. » Ces statuts sont assez remarquables pour que nous en relevions ici quelques articles :

« Art. 11. — Il ne faut recevoir dans la société aucun ouvrier ou maître qui vivrait en concubinage ; si cela arrivait à quelqu'un de la société, toute relation avec lui devrait cesser.

« Art. 12. — On ne recevra dans la société que les ouvriers et les maîtres qui observeront ponctuellement leurs devoirs

---

1. Schweighauser, *Essai historique sur la cathédrale de Strasbourg.*

religieux et recevront annuellement les saints sacrements ; on en exclura avec soin ceux qui seront convaincus de risquer leur argent au jeu.

« Art. 14. — Quand des dissensions s'élèveront entre maîtres et maîtres, maîtres et ouvriers, ouvriers et ouvriers, on formera un conseil qui terminera le différend ; mais jusqu'au jour du jugement, il ne devra y avoir, de la part des mécontents, aucune interruption dans les travaux.

« Art. 15. — L'ouvrier, avant de quitter son maître, doit se libérer de toutes les dettes qu'il a contractées, et le maître qui le laisserait partir sans qu'il se fût acquitté de ce devoir encourrait une grave responsabilité [1]. *Le devoir est la loi de tous et chacun doit s'y sacrifier….. »*

Cependant cette sage association imbue des préjugés du temps est jalouse de la concurrence. Il ne faut pas, dit-elle, multiplier mal à propos le nombre des apprentis ; trois ou tout au plus cinq suffisent dans un chantier : il importe que notre science ne soit pas dévoilée à un trop nombreux vulgaire [2].

Mais bientôt l'esprit de justice l'emporte sur l'esprit de monopole et l'on défend aux associés de recevoir aucun argent pour instruire un compagnon dans l'art de la construction [3].

Cette association, grâce à la sagesse de ses statuts, fit de rapides progrès en Allemagne. Les empereurs la confirmèrent, les ducs de Milan lui demandèrent des architectes,

---

1. Ord. des tailleurs de pierres de Strasbourg, 1459.
2. Ord. des tailleurs de pierres de Strasbourg, art. 10.
3. Ord. des tailleurs de pierres de Strasbourg, art. 13.

et la ville de Strasbourg confia au maître de la loge maçon-
nique la décision des affaires litigieuses relatives aux bâtiments [1].

Telle était, si l'on en croit la tradition, la franc-maçonnerie à son origine, et l'on voit que dans ce temps-là les
maîtres et les ouvriers du bâtiment en faisaient partie. Mais
le progrès, les mœurs et le temps y apportèrent insensible-
ment de grandes modifications, et finalement, elle devint ce
qu'elle est aujourd'hui [2]. Les maîtres et les ouvriers maçons
s'en retirèrent, les uns pour se cantonner plus fortement
dans les corps de métier, les autres, ainsi que nous venons
de le dire, pour se réfugier dans le compagnonnage qu'ils
venaient de créer.

Ce fut alors, en effet, que le compagnonnage s'organisa
et l'on comprend parfaitement comment il fut tout naturellement amené à emprunter à la franc-maçonnerie, dont ses
membres avaient fait partie jadis, certaines traditions et
certaines pratiques mystérieuses. Toutefois, ce n'est plus à
la construction de la cathédrale de Strasbourg que le compagnonnage fait remonter son origine, mais à celle du

1. Schweighauser, *Essai historique sur la cathédrale de Strasbourg*.
2. D'après une théorie qui ne manque pas de partisans, la franc-maçonnerie, telle qu'elle est aujourd'hui, serait d'institution récente. Les
cadres des ouvriers maçons auraient été pénétrés peu à peu et notamment
en Angleterre sous Charles Ier par des individus étrangers à l'art de bâtir ;
alchimistes (comme Élie Ashmole), philosophes, inventeurs, etc., et qui,
venus d'origines diverses et poursuivant des buts différents, auraient
profité d'une organisation toute faite pour dissimuler leurs conciliabules
aux masses et aux pouvoirs. C'est lorsqu'ils se seraient sentis assez forts
pour s'organiser en une institution distincte qu'ils auraient tout à fait
transformé l'institution ouvrière. (*Le Paupérisme et les Associations de
prévoyance*, par M. E. Laurent, t. I, p. 226.)

temple de Salomon. Maître Jacques, charpentier en chef du temple, devient le fondateur du compagnonnage. Trois sociétés de compagnonnage se forment aussitôt : les Enfants de Salomon, ceux de maître Jacques et ceux du père Soubise, et toutes trois réclament maître Jacques pour leur patron, de même que toutes trois imputent à leurs dissidents le meurtre d'Hiram, conducteur des travaux [1].

Les trois sociétés dont nous venons de parler prétendirent que leurs créations dataient : celle des tailleurs de pierres de l'an 558 avant Jésus-Christ, celle des charpentiers de l'an 560, et celle des menuisiers de l'an 571. Des ouvriers de bâtiment, ces traditions pénétrèrent de proche en proche parmi les compagnons des autres métiers et adoptées par tous devinrent la règle générale du compagnonnage [2].

Les maîtres et les ouvriers s'étant volontairement séparés

---

1. Hiram, dit la *Bible*, était fils d'une femme veuve de la tribu de Nepthali et dont le père était de Tyr ; il travaillait le bronze et il était rempli de sagesse, d'intelligence et de science, pour faire toutes sortes d'ouvrages de bronze ; Hiram étant donc venu vers le roi Salomon, fit tous les ouvrages qu'il lui ordonna. » (*Les Rois*, liv. III, ch. VII, v. 14. (Traduction de Lemaistre de Sacy, p. 240.)

2. « Les associations diverses de compagnons forment trois catégories distinctes, se rattachant à trois origines différentes et ayant chacune un *devoir*, c'est-à-dire un code particulier : ce sont les *enfants de Salomon*, les *enfants de maître Jacques* et les *enfants du père Soubise*. Voici dans toute leur naïveté les légendes de ces trois corps :

« Les *Enfants de Salomon*, qui dérivent plus directement des anciennes corporations officielles de constructeurs, soutiennent que ce roi, après les avoir employés à la construction du temple, leur dicta lui-même leur devoir, les unit fraternellement dans l'enceinte de l'édifice, œuvre de leurs mains, et leur donna la mission de parcourir le monde par divers chemins et de porter partout à la fois la lumière et les bienfaits de l'industrie.

« Les *Enfants de maître Jacques* affirment que leur fondateur, un des principaux maîtres ou architectes du roi Salomon, était fils d'un nommé Jakin, lui-même célèbre architecte en son temps, et qu'il était né dans

et le compagnonnage ayant reçu une organisation qui lui
était propre et qui constituait une distinction profonde entre
lui et les corps de métier, les intérêts des uns et des autres

une ville de la Gaule méridionale qu'on croit être aujourd'hui Saint-
Romilly. Encore enfant, il voyagea en Grèce et en Égypte, afin de se
former dans la pratique de son art et de se livrer à l'étude de la philosophie. Ayant appris que Salomon faisait pour la construction du temple
un appel à toutes les aptitudes, il passa en Judée et se rendit auprès de
lui. Les travaux achevés. il revint dans la Gaule en compagnie de maître
Soubise, homme orgueilleux et violent qui ne pouvait lui pardonner la
supériorité de son mérite; aussi dans l'excès de sa jalousie, le fit-il
bientôt assassiner au lieu dit Sainte-Baume. Dès que maître Jacques
fut mort, ses disciples le dépouillèrent de sa robe qu'ils voulaient conserver comme une relique; sous cette robe, ils trouvèrent un jonc en
mémoire des joncs d'un marais qui l'avaient soutenu sur l'eau et lui
avaient ainsi sauvé la vie lors d'une première tentative d'assassinat par
le père Soubise ; c'est depuis ce moment que les compagnons ont adopté
la canne de jonc comme symbole de leur initiation. Le prétendu assassinat de maître Jacques et le meurtre non moins fabuleux d'Hiram ou
Adoniram, conducteur des travaux du temple, meurtre que s'imputent
réciproquement les gavots et les dévorants, que les deux partis répudient avec horreur, se couvrant de gants dans leurs cérémonies pour
témoigner qu'ils sont purs de ce grand crime, jouent dans les querelles
du compagnonnage un rôle déplorablement réel.

« Les *Enfants du père Soubise* manquent de documents précis sur leur
fondateur ; ils sont cependant unanimes sur ce point, que maître Soubise avait travaillé, lui aussi, à la fondation du temple et qu'après sa
rupture avec maître Jacques, son ami, il choisit d'autres disciples.

« D'après une seconde tradition, maître Jacques ne serait autre que le
dernier grand maître de l'ordre des Templiers, Jacques de Molay, lequel
aurait accueilli sous la bannière de son ordre des enfants de Salomon
en dissidence avec la société mère, et leur aurait conféré un devoir nouveau pendant qu'un moine bénédictin, nommé le père Soubise, fondait
pour les charpentiers de haute futaie une troisième association avec
des statuts spéciaux. » (*Le Paupérisme et les Associations de prévoyance*,
par M. E. Laurent, t. I, p. 232.)

M. Agricole Perdiguier, dans l'un de ses ouvrages sur le compagnonnage, rapporte une autre version qui nous paraît assez vraisemblable :
cette version sortirait, dit-on, des archives des compagnons teinturiers;
la voici: « Les tours de la cathédrale d'Orléans furent commencées en
1401. Les travaux en furent confiés à Jacques Moler, d'Orléans, dit la
Flèche d'Orléans, *jeune homme du Devoir*, et à Soubise, de Nogent sous
Paris, G∴ *Compagnon et menatzhim* des enfants de Salomon, dit Pari-
sien, le soutien du Devoir. Ces deux *compagnons* étaient les conduc-

devinrent également distincts. De ce moment des querelles nombreuses éclatent. Dès que les compagnons croient avoir à se plaindre des maîtres ils se mettent en grève ou frappent d'interdit un patron, une ville ; tous les compagnons sont tenus d'obéir au mot d'ordre. Dans les grèves générales les fonds communs et le crédit de la mère permettent de prolonger le chômage. Mais l'organisation puissante du corps de métier permet encore plus facilement aux maîtres de résister victorieusement aux exigences des compagnons ; en cet état de choses, le bon sens des maîtres et des ouvriers fit que les luttes furent fort rares alors.

L'interdiction a été, sous le régime des corporations, l'arme de guerre la plus puissante et la plus efficace entre les mains des compagnons contre les maîtres tentés d'abuser des priviléges de la maîtrise. On damnait la boutique d'un maître, on damnait une ville entière et les maîtres venaient

teurs et appareilleurs de tous ces travaux. Un grand nombre d'ouvriers y étaient employés ; un mécontentement général se propagea parmi eux; une grève s'organisa secrètement. Lorsque tout fut établi, ils abandonnèrent leurs travaux. Jacques Moler et Soubise irrités de cette manière d'agir inconnue aux Francs, demandèrent à la Cour des aides ce qu'ils avaient à faire en pareille circonstance. Le Parlement prononça de suite le bannissement de tous ces corps d'état organisés. Les charpentiers, teinturiers, tailleurs de pierres, ainsi qu'une partie des menuisiers et serruriers, se rendirent aux ordres de Moler et de Soubise, par crainte de subir les mêmes peines. Ils adoptèrent pour leur père Jacques Moler, d'Orléans. Celui-ci permit aux charpentiers d'adopter Soubise, de Nogent, ce qu'ils firent sur-le-champ. Mais une partie des menuisiers et serruriers formèrent une ligue et jurèrent d'être toujours fidèles à Salomon; ils prirent la fuite et s'engagèrent sur des *gavotages* ou gabords (de là le nom de gavots dont ils se parèrent eux-mêmes). Une partie des tailleurs de pierres prit la fuite également. Enfin leurs anciens titres furent brûlés et Moler et Soubise proclamés maîtres de nom, et le Christ, maître spirituel. » (*Question vitale sur le compagnonnage et les classes ouvrières*, p.15.)

bien vite négocier la levée de l'interdit qui leur était toujours facilement accordée. Mais, hâtons-nous de le dire, les maîtres, que la concurrence n'inquiétait pas alors comme aujourd'hui, pouvaient être plus conciliants car ils étaient dans ce temps-là plus sûrs de leur lendemain et, d'autre part, on doit le reconnaître, le compagnonnage était alors sage, prudent et circonspect dans ses interdits, qui étaient sa raison dernière et désespérée ; en un mot, les classes ouvrières n'avaient pas alors les prétentions et les exigences que nous les verrons afficher fort inconsidérément au xix° siècle.

Nous venons d'indiquer sommairement ce qu'avait été, au point de vue pratique, l'industrie de la construction au moyen âge, il n'est pas sans intérêt de rechercher aussi ce qu'était alors son organisation judiciaire.

L'industrie de la construction exige le concours d'un grand nombre de connaissances diverses, et l'on ne saurait méconnaître qu'elle intéresse singulièrement la sécurité publique : c'est pour cela sans doute qu'elle a toujours attiré l'attention et excité la vigilance des gouvernants.

Nous voyons en effet dès le xiiie siècle saint Louis, l'organisateur du corps des métiers, confier la police et la juridiction des bâtiments au maître général qui présidait aux ouvrages royaux et publics, et c'est sous le règne de ce sage et pieux roi que parurent les statuts et ordonnances qui soumirent la communauté des maçons et tout ce qui avait quelque rapport à l'entreprise ou construction des bâtiments, à la juridiction exceptionnelle du maître maçon du Roi en l'art de la maçonnerie.

Voici ces statuts et ordonnances registrés au premier livre

des ordonnances faites sur les mestiers, marchandise et police de la ville de Paris, folio ixxxv :

« Il peut estre maçon à Paris qui veut, pourtant qu'il sçache le mestier, et qu'il œuvre aux us et coustumes du mestier.

« Nul ne peut avoir en leur mestier qu'un Apprentif, et s'il a Apprentif, il ne le peut prendre à moins de six ans de service ; mais à plus de service le peut-il bien prendre, et argent, si avoir le peut ; et s'il le prenoit à moins de six ans, il est en vingt sols parisis d'amende, à payer à la chappelle Monsieur Sainct Blaise, si ce n'estoient ses fils tant seulement naiz de loyal mariage.

« Les Maçons peuvent bien prendre un autre Apprentif comme l'autre aura accomply cinq ans, à quelque terme qu'il eust le premier Apprentif pris.

« Le Roy qui ores, à qui Dieu doint bonne vie, a donné la Maistrise des Maçons à son Maistre Maçon tant comme il lui plaira, et jura pardevant le Prevost de Paris, qu'iceluy qui à ce sera estably, que celuy mestier dessusdit il garderoit bien et loyaument à son pouvoir, aussi pour le pauvre comme pour le riche, et pour le foible comme pour le fort, tant comme il plairoit au Roy qu'il gardast le mestier devant dit.

« Le Mortellier et le Plastrier sont de la mesme condition, et du mesme establissement des Maçons en toutes choses. Le maistre qui garde le mestier des Maçons, des Plastriers et Mortelliers de Paris de par le Roy pourra avoir deux Apprentifs tant seulement, en la manière dessus devisée.

« Les Maçons, les Mortelliers et les Plastriers peuvent

avoir tant d'aydes et valets à leur mestier comme il leur plaist, pourtant qu'ils ne montrent à nul d'eux nul poinct de leur mestier. Tous les Maçons et tous les Plastriers doivent jurer sur S. S. qu'iceluy mestier devant dit garderont et feront bien et loyaument chacun en droit soy, et que s'ils sçavent que nul y mespregne en aucune chose, qu'ils facent selon les us et coustumes de Paris devant dits, qu'ils le feront à sçavoir au Maistre toutes les fois qu'ils le sçauront, et par leur serment.

« Le Maistre à qui l'Apprentif est à fin et a accomply son terme doit venir pardevant le maistre du mestier, et tesmoigner que son Apprentif a fait son terme bien et loyaument, alors le maistre qui garde le mestier doit faire jurer à l'Apprentif sur S. S. qu'il se contiendra aux us et coustumes du mestier bien et loyaument.

« Nul ne peut ouvrer des mestiers devant dits depuis nonne sonnée à Nostre-Dame en Charnage, et en Caresme au Samedy puis que Vespres sont chantées à Nostre-Dame, si ce n'est à un arche, ou à un degré fermer, ou à une huisserie fermant assize sur ruë, et si aucun ouvrait puis les heures devant dites, fors ès ouvrages dessus devisez ou à besoin, ils payeront quatre deniers d'amende au Maistre qui garde le mestier, et peut prendre le Maistre les outils à celuy qui seroit reprins pour l'amende.

« Le Mortellier et le Plastrier sont en la juridiction au Maistre qui garde le mestier devant dit, de par le Roy. Si un Plastrier envoyait plastre chez aucun homme, le Maçon qui œuvre à celuy à qui on envoye le plastre doit prendre garde par son serment, si la mesure du plastre soit bonne et loyalle, il doit le plastre mesurer ou faire mesurer devant luy, et s'il treuve que la mesure ne soit bonne, le plastrier en payera cinq sols d'amende, c'est à sçavoir à la chapelle S. Blaise devant dite deux sols, et à celuy qui le plastre aura mesuré douze deniers, et au Maistre qui garde le mestier deux sols, et cil à qui le plastre aura esté livré rabattera de chacune asnée qu'il aura euë en tel ouvrage, autant comme on aura trouvé en celle qui aura esté mesurée de rechef : mais un sac seulement ne peut l'on pas mesurer. Nul peut estre Plastrier à Paris s'il ne paye cinq sols parisis au Maistre qui garde le mestier de par le Roy, et quand il a payé les cinq sols, il doit jurer sur S. S. qu'il ne mettra rien avec le plastre, fors le meur de plastre, duquel livrera bonne mesure et loyalle.

« Si le Plastrier met avec son plastre autre chose qu'il ne doive, il est à cinq sols d'amende, payer au Maistre toutes les fois qu'il en sera reprins, et si le Plastrier en est coustumier, ny ne s'en veule amender ne chastier, le Maistre lui peut deffendre le mestier, et si le Plastrier ne veut laisser le mestier pour le Maistre, le Maistre le doit faire sçavoir au Prevost de Paris, et ledit Prevost doit iceluy Plastrier faire forjurer le mestier devant dit.

« Les Mortelliers doivent jurer devant le Maistre du mestier, et pardevant autres preud'hommes du mestier, qu'ils ne feront nul mortier fors que de bon lyois, et s'ils le font d'autres pierres, et le mortier est de lyois et est perciez, car il doit estre despeciez, et le doit amender au Maistre du mestier de quatre deniers, les Mortelliers ne peuvent prendre leurs Apprentifs à moins de six ans de service, et de cent sols parisis pour eux apprendre.

« Le Maistre du mestier de la petite justice pour les amendes des Maçons, des Plastriers et des Mortelliers, et de leurs Aydes, et de leurs Apprentifs, tant comme il plaira au Roy, si comme des entreprises de leur mestier et de basture sans sang, et de clameurs, hormise la clameur de propriété.

« Si aucun des mestiers devant dicts est adjourné devant le Maistre qui garde le mestier, s'il défaut il est à quatre deniers d'amende à payer au Maistre, et s'il vient à son iour et il cognoit il doit gager, et s'il ne paye dedans le mois, il est à quatre deniers d'amende à payer au Maistre, et s'il nie, il a tort, il est à quatre deniers d'amende, à payer au Maistre.

« Le Maistre qui garde le mestier ne peut lever qu'une amende d'une querelle, et cil à qui l'amende est faicte est si fort qu'il ne veulle obéir au commandement du Maistre, le Maistre luy peut deffendre le mestier.

« Si aucun du mestier devant dict à qui le mestier soit deffendu de par le Maistre, œuvre puis la deffense du Maistre, le Maistre lui peut oster ses outils, et les tenir tant qu'il soit payé de l'amende, et ce s'il luy vouloit efforcer, le Maistre le devroit faire sçavoir au Prevost de Paris, et le Prevost de Paris luy doit abattre sa force.

« Les Maçons et les Plastriers doivent le guet et la taille et les autres redevances que les autres Bourgeois de Paris doivent au Roy.

« Les Mortelliers sont quittes du guet, et tous Tailleurs de pierres dès le temps de Charles Martel, si comme les preud'hommes l'ont ouy dire de père en fils.

« Le Maistre qui garde le mestier de par le Roy est quitte du guet pour le service qui lui fait de garder ledit mestier.

« Cilz qui ont soixante ans passés, ne cil à qui sa femme gist, tant qu'elle gist ne doivent point de guet, mais ils le doivent faire sçavoir à ceux qui le guet gardent de par le Roy. »

Aux termes de ces statuts et ordonnances, le maître maçon du Roi appelé plus tard maître général des œuvres de maçonnerie, puis ensuite maître général des bâtiments du roi, ponts et chaussées de France, connaissait de toutes les malversations touchant le bâtiment, avec pouvoir de condamner jusqu'à 5 sous d'amende, et l'appel était porté devant le prévôt de Paris.

Dès le treizième siècle, on le voit donc, quoique les arts et métiers ne fussent pas encore en jurande, les entrepreneurs étaient reçus par le maître général et ne pouvaient travailler qu'après avoir obtenu son attache [1]. En un mot, toute l'autorité que les rois ont accordée depuis aux juridictions ordinaires sur le commerce et sur l'industrie, le maître général des bâtiments l'avait dès le treizième siècle sur tout ce qui a trait aux travaux de construction ; des lettres patentes, des arrêts et des règlements publics nombreux l'ont confirmé à diverses reprises.

Les statuts de la communauté des maçons furent registrés sous saint Louis, ainsi que nous venons de le dire. Sous François Ier, vers 1539, cette antique communauté

---

1. Anciens statuts de la corporation des maîtres maçons.

fut reconstituée à Paris et tour à tour confirmée par Charles IX, Henri IV, Louis XIII et Louis XIV, puis supprimée en 1769, reformée en 1782, et enfin définitivement abolie en 1789.

Lors de sa reconstitution sous François Ier en 1539, à cette époque féconde où la renaissance des lettres et des arts jeta un si vif éclat sur les beaux-arts et notamment sur l'architecture et sur la sculpture [1], sans toutefois qu'aucun réel bien-être en rejaillît sur la classe ouvrière du bâtiment, la communauté des maçons était composée des maçons à plâtre, des tailleurs de pierres, des plâtriers et des mortelliers, c'est-à-dire des maçons à mortier que l'on appelle aujourd'hui limousins.

La juridiction établie par saint Louis, ainsi qu'on l'a vu

---

1. C'est alors que Philibert Delorme, après avoir étudié en Italie pendant de longues années, revint en France enrichi des dépouilles de l'antiquité. Il construisit le portail de Saint-Dizier et plusieurs maisons ornées de voûtes et d'escaliers en trompe. Les ouvriers de ce temps n'avaient jamais entendu parler de semblables ouvrages et ils en furent fort émerveillés. Le fer à cheval de Fontainebleau fut la première entreprise de Philibert Delorme et il donna ensuite les plans des châteaux d'Anet et de Meudon; il travaillait à celui-ci conjointement avec le Primatice, son contemporain. Catherine de Médicis, après la mort du roi, lui confia l'intendance des bâtiments. Nous ne parlerons point des réparations considérables qu'il fut chargé de faire à Villers-Cotterets, à la Muette, près de Saint-Germain. Le château de Saint-Maur, qq'il avait commencé pour le cardinal du Bellay et que la reine avait acquis, fut continué sur ses dessins, ainsi que la tour des Valois à Saint-Denis et le palais des Tuileries.

Catherine de Médicis récompensa en 1555 les travaux de Philibert Delorme par le don des abbayes de Saint-Serge d'Angers et de Noyon. Et c'est sans doute à son voisinage de Noyon que la ville de Compiègne doit à Philibert Delorme la construction de l'une de ses portes, la porte Chapelle, classée, nous le croyons, parmi les monuments historiques sous le gouvernement de Louis-Philippe, qui en fit faire un projet de restauration par M. Godebœuf, architecte; mais malheureusement, il ne fut pas donné suite à ce projet.

plus haut, ne consistait pas seulement à recevoir les maîtres, à autoriser leurs délibérations, à juger leurs contestations, à faire observer leurs statuts et leurs priviléges et à punir les délinquants, elle allait plus loin ; un réquisitoire prononcé le 21 janvier 1774 à l'audience de la Chambre royale des bâtiments, ponts et chaussées de France, par M. Boyssou, procureur du roi, nous apprend qu'elle étendait son autorité sur tout ce qui touche à l'intérêt et à la sûreté publique en fait d'édifice, sans se borner à une surveillance profitable seulement aux entrepreneurs. En effet, cette juridiction exceptionnelle avait encore pour mission de réprimer les abus et malfaçons commis par les entrepreneurs et de prévenir les inconvénients résultant des bâtiments défectueux.

Mais à mesure que Paris s'agrandit, le maître du métier sentit sa tâche devenir plus lourde et bientôt il ne lui fut plus possible de reconnaître par lui-même toutes les malfaçons des entreprises, ou la défectuosité et le danger des bâtiments, et il devint nécessaire de nommer des maîtres maçons jurés pour visiter les ateliers et les édifices. Ces maîtres venaient à l'audience rendre compte de leurs visites de police et la Chambre prononçait suivant l'exigence des cas.

A l'origine, l'élection de ces maîtres maçons jurés appartenait à la communauté des maîtres maçons, mais en 1574, elle fut privée de ce droit, et Henri III créa, sans en limiter le nombre, des offices de maçons et de charpentiers *jurés*, ainsi nommés parce qu'ils devaient prêter serment. On comptait alors pour la ville et les faubourgs de Paris, quinze offices de jurés de maçonnerie et neuf de charpenterie et à ces offices étaient adjoints quatre greffiers de l'écritoire.

En 1581, parut une ordonnance royale aux termes de laquelle tous négociants, marchands, artisans, gens de métier résidant dans les villes et bourgs du royaume, devaient être établis en corporations, maîtrises et jurandes, sans qu'aucun pût s'en dispenser. Et enfin, en 1583, le roi (Henri III) décréta et fixa les sommes que les aspirants à la maîtrise seraient tenus de payer, tant au domaine qu'aux jurés et communautés. Mais pour dédommager les industriels et les commerçants de cette taxe, il leur fut accordé de limiter leur nombre.

Sous Henri IV, le commerce se développe, la juridiction du maître général des œuvres de maçonnerie est étendue, et le 17 mai 1595 paraissent les lettres patentes ci-après :

« HENRY par la grâce de Dieu, Roi de France et de Navarre, A nos amez et feaux les gens tenans nostre Cour de Parlement à Paris, Salut : Nostre très-cher et bien-amé Guillaume Marchant, Maistre général de nos œuvres de Maçonnerie, Nous a fait remontrer que par les Ordonnances anciennes faictes par nos predecesseurs Roys de France sur le faict du mestier des Maistres Maçons, Tailleurs de pierres, Plastriers, Mortelliers, Preaulliers, et autres personnes ouvrans desdits mestiers, Droict de Justice auroit esté donné et attribué de tout temps et ancienneté aux Maistres généraux de nos dites œuvres predecesseurs dudit exposant, pour corriger, amender, et reprimer les abus et malversations que les maistres et ouvriers desdits mestiers et autres personnes, subjects à icelle Justice, font et commettent, mesme pour la cognoissance de la mesure du plastre, ainsi qu'il est porté par le septiesme article des dites Ordonnances, et pour les receptions des Maistres des dits mestiers, visitation des œuvres, matières et autres choses contenues esdites Ordonnances enregistrées en nostre Cour de Parlement, et Chambre de nos Comptes, lesquelles ont été approuvées et avérées par le feu Roi Charles nostre très honnoré sieur et frère que Dieu absolve ; Par ces lettres patentes du troisième Avril mil cinq cens septante quatre dont les extraicts et originaux sont cy attachez soubs le contre-scel de nostre Chancellerie. Et d'autant que lors de l'établissement d'icelles anciennes Ordonnances, et Justice attribuée audit Estat et Office du dit exposant, y avoit peu d'ouvriers dudit mestier, à cause du peu de bastiments qu'on faisoit : lors auroit l'authorité d'icelle Justice esté limitée selon que la nécessité du temps le requeroit : Tellement que ledit Exposant ou son Lieutenant, ne condamnant à présent les mesusans dudit mestier, qu'aux sommes de deniers et peines portées par icelles Ordonnances anciennes : ne se corrigent de leurs entreprises et mal façons dont proviennent les ruynes des bastimens et édifices, et qui est cause qu'ils sont de si peu de durée, au grand préjudice, non seulement de nos bastiments et édifices, mais aussi de ceux de nos subjects. A quoi desirant remedier, faire garder et entretenir icelles anciennes Ordonnances desdits mestiers de Maçon, reception des Maîtres, mesurage de Plastre : et le dict droict de Justice appartenant à l'Estat et Office du dit Exposant. Nous A CES CAUSES, Après avoir fait voir en nostre Conseil les dites lettres patentes du troisièsme avril mil cinq cens septante quatre,

et extraits cy comme dit est attachez. De l'advis de nostre-
dit Conseil, et en confirmant et approuvant les dites Ordonnances, nous voulons et entendons que ledit Maistre général
de nosdites OEuvres de Maçonnerie, Juge et Garde du dit
mestier, ou son Lieutenant, puisse et lui soit loisible juger
et condamner les contrevenans, entreprenans et mesusans
du dit mestier de Maçonnerie, et autres personnes subjectes
à icelle Justice, en telles peines, réparations et amendes
qu'ils trouveront au cas appartenir : jusques à la somme de
dix escus, et au dessoubs : moitié applicable à Nous et
l'autre moitié aux frais de l'exercice de la dite Justice. Vou-
LONS aussi qu'iceluy Maistre des œuvres reçoive les Compagnons dudit mestier au degré de maistrise en la forme et
manière que lui et ses predecesseurs audit Estat les ont
receuz et installez, et aux conditions et charges par les
Ordonnances. ENJOIGNONS aux Maistres du dit mestier, de
faire les recherches des malversations en tous les astelliers
et autres lieux qu'il appartiendra, suivant le reglement qui
en sera fait par le dit Maistre général, et l'assister en son
auditoire à l'exercice de la dite Justice au lieu accoutumé.
SI VOUS MANDONS, que les dites Ordonnances, ensemble ces
dites presentes vous faites de nouveau publier, garder, entretenir et observer, et de tout le contenu en icelles, jouyr
et user plainement et paisiblement ledict Marchant, contrai-
gnant à ce faire, souffrir et obéyr tous ceux qu'il appartiendra, et qui pour ce feront contraindre par toustes voyes et
manieres deues et raisonnables, nonobstant oppositions ou
appellations quelconques, pour lesquelles sans préjudice
d'icelles ne VOULONS aucunement estre differé comme de

chose politique, concernante et dependante du faict de la Police : car tel est nostre plaisir. Donné à Fontaine-Bleau le dix-septiesme iour de May l'an de grace mil cinq cens quatre vingt quinze, Et de nostre regne le sixiesme. Signé

Par le Roy,   DE NEUFVILLE. »

Et scellées du scel de cire jaulne à simple queuë. Et au bas est escrit,

Registrées ouy le Procureur général du Roy, pour iouir par l'impétrant de l'effect et contenu en icelles, aux charges et comme il est contenu au Registre de ce iour. A Paris, en Parlement le vingt deuxième juin mil cinq cens quatre-vingt quinze.

Signé, DU TILLET.

La juridiction exceptionnelle et toute particulière à l'industrie de la construction a fonctionné conformément à cette ordonnance jusqu'en 1789, sauf quelques légères modifications qui y ont été apportées sous Louis XIII et sous Louis XIV, ainsi que nous le verrons dans le chapitre suivant.

L'organisation judiciaire exceptionnelle à laquelle saint Louis soumit l'industrie de la construction fut un grand bienfait pour cette industrie qui depuis lors jusqu'en 1789 fut toujours jugée par ses pairs. La procédure de la Chambre royale des bâtiments, ponts et chaussées de France était sommaire, simple et débarrassée de toutes les formes judiciaires si compliquées de notre temps.

Nous lisons dans le *Guide des corps des marchands* de 1756, page 147 : « le maître général des bâtiments a deux juridictions, l'une très ancienne établie depuis près de cinq

siècles, et l'autre très-moderne, dont l'établissement n'est
que du règne de Louis XIV. Le siége de cette dernière est
à Versailles et l'autre dans la cour du Palais à Paris, à côté
de la Conciergerie.

« Quoiqu'il n'y ait qu'un seul maître général qui préside,
qui rend le jugement et peut avoir un lieutenant, il est
cependant d'usage d'appeler tous ceux qui siégent avec lui
maîtres généraux des bâtiments.

« Cette juridiction est composée de trois architectes
maîtres généraux des bâtiments pour juges, qui exercent
d'année en année les uns après les autres ; d'un greffier en
chef, d'un procureur de la communauté et de trois huissiers,
Les procureurs au Parlement occupent et plaident dans
cette juridiction.

« Les officiers de ce siége connaissent des différends entre
les entrepreneurs et ouvriers employés à la construction
des bâtiments, des contestations de maçons à maçons ou
à marchands pour matériaux fournis, leurs voitures et
leurs charriages, de la police de la maçonnerie qui se fait
toutes les semaines dans les bâtiments de la ville, faubourgs
et banlieue de Paris, et dont les procès-verbaux sont rap-
portés aux audiences de cette juridiction.

« Les bourgeois ont droit d'y traduire les entrepreneurs
et maçons pour raison des ouvrages de maçonnerie, sur
lesquels ils ont l'un et l'autre quelque contestation, mais
ni entrepreneur ni maçon ne peuvent assigner pour un
pareil sujet les bourgeois qui ont droit de décliner cette
juridiction.

« Il y a encore dans cette juridiction d'autres officiers

nommés maîtres jurés maçons, adjoints du maître garde, qui, par édit du mois d'octobre 1574, furent établis au nombre de vingt, pour faire les visites sus-mentionnées ; mais depuis ce temps il se trouve monter à soixante. »

Quant à la juridiction commerciale, on n'en vit apparaître les premières traces que sous Philippe de Valois qui, par son édit de 1349, voulut qu'aux gardes des foires de Champagne et de Brie appartînt la cour et connaissance des cas et contrats advenus èsdites foires. Pour ce, s'accorderont (porte l'édit) prélats, princes, barons, chrétiens et mécréants, en eux soumettant à la juridiction d'icelles foires et y donnant obéissance [1].

A Lyon, vers le XIVe siècle, une institution de même nature et dont les attributions étaient plus étendues fut fondée sous la dénomination de la *conservation du commerce de Lyon* [2], et dès 1549 un tribunal commercial du change fut créé dans cette même ville [3] ainsi qu'à Toulouse et à Nîmes, puis à Rouen, mais en 1556 seulement. Enfin, en novembre 1563, sous le ministère du chancelier de l'Hospital, parut l'édit de création, portant établissement de juges et consuls de la ville de Paris ; mais la juridiction spéciale du bâtiment créée par saint Louis ne fut pas atteinte par cet édit ; elle n'eut à subir que les modifications peu importantes dont nous avons déjà parlé et quelques autres que nous signalerons ci-après.

---

1. *Manuel des juges de commerce*, par Gane, p. 1.

2. Ord. qui renouvelle le Trib. comm. de Lyon. Monteil, XVIe siècle, st. 65.

3. Ord. qui renouvelle le Trib. comm. de Lyon. Monteil, XVIe siècle, st. 65.

Charles IX, après avoir créé les juges consuls, rendit en 1567 une ordonnance sur la police des métiers. Cette ordonnance disait que : « pour assoupir toutes brigues, monopoles ou assemblées, seront les maistres de chacun mestier successivement faicts et créés gardes et jurez d'iceluy pour le temps susdit chacun à leur tour et selon l'ordre de leur réception [1]. »

Cette ordonnance déterminait en outre le prix de certaines marchandises et de certains services, elle prescrivait de fixer tous les trois mois le prix des vivres et des denrées et elle ordonnait en même temps aux maîtres jurés de chaque métier de s'assembler pour ne tolérer « aucune hausse ni innovation ».

Ces diverses prescriptions avaient pour but de réformer les abus du corps de métier ; c'était bien, mais ce n'était pas assez, et Henri III fit plus : en 1577, il reproduisit toutes les prescriptions de l'ordonnance de 1567 que nous venons de relater, et en décembre 1581, il publia une autre ordonnance par laquelle il réformait toute l'organisation des classes ouvrières et réglait sur un plan uniforme tous les métiers du royaume.

Cette ordonnance se proposait d'organiser en corps de métier tous les artisans, de faire que le système des corporations fût moins exclusif en rendant l'admission plus facile, d'abolir les abus des jurandes et des maîtrises en plaçant le corps de métier sous la surveillance directe de

<hr>

1. *Des gardes et jurez des mestiers en général et des maîtrises d'iceux.* Font. I, 814.

la royauté, enfin de prélever au profit de cette dernière un impôt sur le travail.

En définitive, l'ordonnance de 1581 conservait les corporations en leur enlevant leur caractère féodal d'exclusion ; elle maintenait leurs règlements en les mettant sous la surveillance de la royauté et enfin elle autorisait chaque sujet du roi à s'établir où bon lui semblerait dans tout le royaume. Il y avait donc dans cette ordonnance une tendance manifeste vers la liberté ; mais il y avait en même temps une double erreur. C'était, d'une part, de croire que l'institution des corps de métiers serait assez sage pour prévenir et assez forte pour arrêter les désordres de l'industrie ; et, d'autre part, de penser que la France se laisserait emprisonner dans cette forme surannée du moyen âge.

Quoi qu'il en soit, la classe ouvrière aurait alors gagné à cette organisation nouvelle plus libérale que la vieille et jalouse organisation du corps de métiers, mais malheureusement l'ordonnance de 1581 ne fut pas mieux suivie que ne l'avaient été les lois précédentes, car les anciennes communautés, habituées à résister au nom de leurs priviléges, aux ordres des rois les plus absolus, ne pouvaient pas renoncer à leurs prétentions séculaires, alors que dans ce temps-là précisément, l'autorité du pouvoir royal allait se perdant dans l'anarchie des guerres de religion.

Quinze ans après, en 1596, les notables se réunissent à Rouen et ils se plaignent vivement des désordres de l'industrie : « Pour exemple de ce mal, disaient-ils, il est cogneu que l'on faisoit avant les troubles quatre fois plus de manufactures de draps de laine qu'à présent. Témoin la ville de

Provins en Brie, où il y avoit dix-huit cents mestiers de draps, et n'y a pas pour le jourd'hui quatre mestiers. Ainsi en est-il de Senlis, Meaux, Melun, Saint-Denis et autres villes et bourgs à l'entour de Paris..... nos voisins nous envoient d'Angleterre plus de mille navires..... ils font apporter en ce royaume telle abondance de leurs manu- factures de toutes sortes, qu'ils en remplissent le pays, jusqu'à leurs vieux chapeaux, bottes et savates, qu'ils font porter en Picardie et en Normandie à pleins vaisseaux, au grand mépris des Français et de la police [1] »

Par suite, Henri IV donna l'année suivante, au mois d'avril 1597, un édit qui confirmait de tous points celui de 1581 et ordonnait son exécution immédiate dans toute l'étendue du royaume.

Henri III n'avait compris dans sa réforme que les artisans ; Henri IV y comprit les marchands. Son édit fut un peu mieux suivi que les précédents et mit fin à la turbulente indépendance des confréries, en sorte que les ouvriers et les marchands, après avoir lutté pendant longtemps pour sauvegarder les priviléges du moyen âge, durent enfin se soumettre au joug de la royauté dont ils devinrent les tributaires dans toute l'étendue du royaume.

L'ordonnance de 1597 est le dernier acte de la lutte persistante des corps de métier que nous nous sommes efforcé de suivre pas à pas et elle termine la période du XVIe siècle pendant laquelle la France, abandonnant les errements du moyen âge, entra résolument dans les voies de la civilisation moderne.

1. Cité par M. Poirson, *Hist. de Henri IV*, t. II, p. 46.

Dans cette période, qui, industriellement et commercialement parlant, n'a pas été sans gloire, c'est la royauté qui hâte le grand développement industriel que les guerres d'Italie et la prospérité intérieure de la France avaient préparé. C'est elle qui, par ses créations d'offices, ses lettres de maîtrise, ses lois contre les confréries, ses grandes ordonnances réformatrices, lutte, dans l'intérêt du pays, du commerce et de l'industrie, contre les abus des corps de métier et des constitutions ouvrières auxquelles le moyen âge avait donné naissance.

Par son ordonnance de 1597, Henri IV avait en quelque sorte pris possession des corps de métier et il avait réussi à faire ce que deux cent cinquante ans plus tôt le roi Jean avait vainement tenté d'accomplir et ce que Henri III à son tour n'avait pu que décréter au milieu des troubles civils. Mais le royaume était pauvre et, pour l'enrichir et attirer à lui une partie des trésors du nouveau monde, il fallait restaurer le travail. Henri IV dirigea tous ses efforts vers ce but ; un de ses premiers soins fut d'assainir et d'embellir les villes dans l'intérêt des classes ouvrières qui les peuplaient, et pour ne parler que de Paris, il fit édifier la façade de l'hôtel de ville, le pavillon de Flore et une grande partie de la galerie du bord de l'eau qui relie le Louvre aux Tuileries ; par ses ordres, l'hôtel Dieu fut agrandi et d'autres hôpitaux édifiés, des quais furent construits, des fontaines élevées, des rues élargies et le Pont-Neuf achevé ; enfin tout un quartier nouveau fut ouvert au Marais et l'on vit s'élever la place Royale et ses pavillons, ainsi que la place Dauphine. De ce moment aussi, l'alignement des maisons fut mieux surveillé et l'enlèvement des boues plus régulièrement fait [1].

Paris doit donc à Henri IV quelques-uns de ses monuments et c'est avec raison qu'un auteur a dit : « Sitost qu'il fust maistre de Paris, on ne veit que maçons en besogne » et jusqu'à la fin de son règne, il occupa un grand nombre d'ouvriers à la construction d'édifices publics [2].

Henri IV aimait les bâtiments par goût et par politique et l'on peut citer parmi les châteaux qu'il fit élever à l'imitation de François Ier, ceux de Monceaux, de Verneuil, de Saint-Germain et les agrandissements de Fontainebleau.

Mais la sollicitude du roi ne se bornait pas à cela seulement, il fit venir des ouvriers d'Italie pour enseigner aux ouvriers français, outre la culture, l'art de fabriquer les riches tissus dont leur pays avait le monopole ; il favorisa la création de la manufacture de glaces et cristaux de couleur à la façon de Venise, celle des cuirs dorés, des tapis de haute lisse, des tapis du Levant, des toiles fines de Hollande et des dentelles, et il ne ménageait pas aux créateurs les encouragements et les priviléges.

C'est alors que le taux légal de l'intérêt de l'argent fut abaissé à 6 p. 0/0 ; que des mines d'or, d'argent, de plomb, d'étain, de fer et de cuivre furent ouvertes sur divers points du territoire ; que le canal de Briare fut commencé et presque achevé, que des relais de poste furent établis sur toutes les route, qu'un édit fut rendu contre les banqueroutiers, que les monnaies furent réformées et l'exportation des métaux précieux interdite, chimère que les législateurs

---

1. M. Poirson. *Hist. du règne de Henri IV*, t. II, p. 389 et suivantes.
2. M. Poirson. *Hist. du règne de Henri IV*, t. II, p. 748 et suiv.

devaient longtemps encore poursuivre et que les préjugés de l'époque devaient tout naturellement faire considérer comme la sauvegarde de la richesse nationale. C'est encore à cette époque féconde que furent découverts ou appliqués en France les procédés pour la fonderie et la filerie des métaux, pour la conversion du fer en acier, pour le laminage et l'étirage des tuyaux de plomb, pour la fabrication du blanc de céruse et l'apprêt des futaines.

Chaque siècle apporte sa part de découvertes aux progrès de l'industrie, et si, à mesure que la société grandit, la part des survivants devient aussi plus grande, c'est que les premiers pas dans cette voie, qui sont toujours les plus longs et les plus difficiles, ne sont plus à faire ; c'est surtout que les travaux, les découvertes et même les insuccès du passé aident puissamment aux découvertes du présent et préparent celles de l'avenir.

La grande industrie que nous venons de voir poindre ne pouvait naître en France qu'à condition d'être protégée dans ses premiers essais par un pouvoir fort contre l'égoïsme des corps de métier et contre le droit industriel et commercial, tel que le comprenait et tel que l'avait fait le moyen âge.

Henri IV fut ce pouvoir fort, et il ne négligea rien de tout ce qu'il crut devoir être utile au commerce et à l'industrie ; de son temps, l'industrie n'était pas assez puissante pour se trouver mal à l'aise sous le gouvernement d'un prince qui la protégeait sans trop l'entraver.

La protection douanière apparut dès les premiers temps de la monarchie, lorsque la royauté eut de vastes domaines;

Henri IV continua le système adopté par les rois, ses prédécesseurs. En cela, eut-il tort, eut-il raison ? Pour pouvoir apprécier sainement aujourd'hui cette question encore controversée par d'éminents esprits, on doit bien se garder de juger le passé d'après les théories admises aujourd'hui, et c'est pourquoi nous ne craignons pas de dire que la protection douanière a été, dans ce temps-là, un pas fait vers la prospérité du commerce et de la grande industrie, car elle a protégé leur berceau comme l'égoïsme des métiers et des corporations avait protégé l'enfance des arts manuels.

Henri IV, pendant les douze années qui s'écoulèrent de la paix de Vervins à sa mort, survenue le 14 mai 1610, n'eut pas le temps de réparer tous les désastres des guerres de son temps ; et, par malheur, à ces douze années de paix vinrent succéder quatorze années de troubles, qui arrêtèrent de nouveau les progrès du pays et la marche ascendante de l'industrie.

C'est dans cette période de stérilité que les États généraux s'assemblèrent, et, l'on ne saurait trop insister sur ce point. le tiers état qui, dans la seconde moitié du xvi siècle, avait réclamé contre les abus des confréries, crut alors devoir protester contre la prétention qu'avait eue la royauté, dans ses ordonnances de 1581 et de 1597, de soumettre tous les artisans à la loi des corporations.

« Que toutes maîtrises de métier, dit le tiers état dans son cahier, érigées depuis les États tenus en la ville de Blois, en 1576, soient éteintes ; sans que par cy-après elles puissent être remises ni aucunes autres de nouveau établies ; et soient ces exercices desdits métiers laissés libres à vos pauvres sujets sous visite de leurs ouvrages, marchandises par experts et prud'hommes qui à ce seront commis par les juges de police. » De plus, le tiers état demanda l'abolition de toutes les lettres royales de maîtrise, la diminution des frais de réception pour les maîtres, la suppression des banquets, l'introduction en France des manufactures étrangères et la protection douanière contre la concurrence [1].

Quelques-uns de ces vœux furent exaucés plus tard, mais la plupart se perdirent alors dans le tumulte et les désordres de l'anarchie qui ne cessèrent qu'à l'époque où Richelieu prit possession du pouvoir.

1. Forbonnais. I, 149 et 150.

CHAPITRE III

Suppression et rétablissement des offices de juré. — Jean Tiriot, maître maçon à Paris, construit la digue de la Rochelle. — Démolition des forteresses féodales ordonnée en 1626 et exécutée dans toute la France avec enthousiasme. — Grands travaux à Paris et par suite agglomération sur ce point des ouvriers maçons de la province. — Avilissement de la main-d'œuvre. — Multiplication déréglée des constructions nouvelles. — Défense de bâtir. — Constructions monumentales du règne de Louis XIV. — Rareté des ouvriers. — On y supplée par les prisonniers de guerre. — Abus des maîtres maçons dans ce temps de prospérité de leur industrie. — Mesures sévères prises contre eux. — Bourgeois experts autorisés à remplir les fonctions de juré près la Chambre royale des bâtiments, ponts et chaussées de France. — Inconvénients de cette mesure. — Révocation de l'édit de Nantes. — La dette publique. — Système de Law. — La banqueroute de 1721. — Règlement des limites de la ville de Paris en 1724. — Avénement de Louis XVI. — Édit de février 1776 qui supprime les maîtrises. — Révocation de cet édit. — Curieuse pétition adressée au roi en 1788 par les juges et consuls de la ville de Compiègne. — Réformes de 1789. — Abolition de tous les priviléges.

Le 14 mai 1610, Louis XIII, âgé de neuf ans, monta sur le trône sous la tutelle et la régence de sa mère ; mais les premières années de ce règne furent des temps de troubles et d'agitations peu favorables aux affaires. Ce ne fut qu'au jour où l'autorité de Richelieu ne fut plus contestée qu'elles commencèrent à refleurir avec le calme et la tranquillité.

En 1622, un arrêt du parlement vint autoriser tous les maîtres maçons et les charpentiers de la ville de Paris à remplir les fonctions de juré près la Chambre royale des bâtiments, ponts et chaussées de France, de même que les jurés déjà pourvus d'office ; en 1639, sur la plainte de ces derniers, cet arrêté fut rapporté et les offices de juré, qui étaient à Paris en 1574 au nombre de quinze pour les maçons et de neuf pour les charpentiers, furent élevés alors à cinquante-deux et les greffiers de l'écritoire à neuf. Mais cette limite, ainsi que nous le verrons, ne fut pas longtemps conservée.

En 1627, Louis XIII, voulant réduire à l'obéissance les protestants révoltés, avait mis le siége devant La Rochelle. On sait que la reddition de cette place ne fut pas uniquement l'œuvre des travaux ordinaires de siége et qu'elle fut due surtout à la construction d'une digue en maçonnerie de sept cent quarante-sept toises de longueur que le cardinal de Richelieu fit élever, à l'exemple de celle qu'Alexandre le Grand avait fait construire autrefois devant Tyr pendant qu'il assiégeait cette ville. Cette digue, en coupant les communications entre les assiégés et les Anglais, réduisit la flotte de ces derniers à l'impuissance et obligea les Rochellois à capituler.

Pour la construction de ce grand travail confié à la direction de Jean Tiriot, maître maçon à Paris, Richelieu avait fait venir des ouvriers de la Marche et du Limousin ; et c'est à partir de cette époque que les ouvriers maçons de ces provinces prirent l'habitude de quitter chaque année leur pays pour aller chercher de l'ouvrage au loin. Cet exemple fut suivi plus tard par les maçons et les tailleurs de pierre bordelais, normands, picards et autres, et c'est principalement à Paris que venaient ces ouvriers ; aussi leur grande agglomération sur ce point ne tarda pas à provoquer des plaintes, et le bon marché de la main-d'œuvre, qui en fut la conséquence forcée, fit multiplier les constructions dans des proportions telles, que le 20 mars 1633 parut une déclaration du roi enregistrée au parlement le 27 juin suivant : « portant défense de bâtir tant en la ville que faux bourgs de Paris, avec révocation de tous brevets et lettres portant don de places ; et défenses à tous maçons et charpentiers d'y contrevenir sur peine de *quinze cents livres d'amende* pour ceux qui la pourront payer, *et du fouët* pour ceux qui n'en auront le moyen; avec règlement pour cet effet [1]. » Le 15 janvier 1630, deuxième arrêt du conseil « portant défense de faire nouveaux bâtiments, tant en la ville que faux bourgs de Paris ».

Malgré les prescriptions rigoureuses de ces arrêts, qui ne furent sans doute pas scrupuleusement observées, Paris n'en continua pas moins de s'agrandir en raison, sans nul doute, de sa position exceptionnelle et du voisinage des nombreuses carrières de toute nature qui l'entourent.

Le despotisme du cardinal de Richelieu fut favorable à l'industrie, parce qu'il lui donna la sécurité dont elle avait besoin. Les rigueurs de ce ministre ne descendirent pas jusqu'à la classe ouvrière, dont il n'avait rien à craindre, et celle-ci ne recueillit que les bienfaits de sa sévère justice. La démolition seule des forteresses féodales, ordonnée en 1626 et exécutée dans toute la France avec enthousiasme, fut un immense service rendu à la liberté du commerce.

---

1. *Code de la voirie de MDCCXXXV*, folio vj.

Les beaux arts trouvèrent en Richelieu un protecteur, et l'architecture surtout lui doit de sérieux encouragements. Il fit bâtir le Palais-Cardinal, aujourd'hui le Palais-Royal, qu'il enrichit d'une salle de spectacle. A cette époque, Jacques de Brosse construit le palais du Luxembourg pour la reine mère, Lemercier donne les plans de la Sorbonne, et Sublet des Noyers, secrétaire d'État, ordonnateur général des bâtiments et manufactures du roi, imprime aux arts une vigoureuse impulsion.

Par les soins du cardinal, des ordonnances furent publiées pour rendre navigables les rivières de l'Ourcq, de Dreux, d'Étampes et de Chartres, ce qui devait singulièrement développer les moyens de transport. L'enceinte de Paris fut agrandie et l'on y renferma tous les quartiers compris entre le Carrousel, la place des Victoires, la rue des Fossés Montmartre, la place de la Concorde et la place de la Madeleine. En 1635, on construisit le pont Marie, et en 1639 le pont au Change ; puis les statues de Henri IV et de Louis XIII furent élevées et de nombreuses constructions vinrent embellir la capitale en donnant du travail à une foule d'ouvriers.

Richelieu mourut le 4 décembre 1642, et la mort de Louis XIII suivit de près celle de son ministre. Louis XIV, héritier du trône, n'était encore, en 1643, qu'un enfant couronné, et sous sa minorité la France se vit de nouveau exposée à toutes les agitations d'une régence. La prospérité s'arrêta dans son élan, le désordre se mit dans les finances et la détresse du trésor entraîna le gouvernement à des mesures fâcheuses qui pesèrent lourdement sur le commerce et sur toute la classe industrielle. On imagina alors, pour battre monnaie, de vendre des lettres de maîtrise, et l'on créa des offices de judicature des arts et métiers qui furent donnés moyennant finances. Ces mesures n'étaient pas de nature à ramener la confiance, et, en ébranlant des positions acquises, elles rendirent les affaires de plus en plus languissantes.

Il en fut ainsi jusqu'à la mort du cardinal Mazarin en 1661. A cette époque, Louis XIV, maître absolu de la France pacifiée, comprit que son premier devoir était de faire refleurir le commerce et l'industrie, et en 1664 il réorganisa le conseil du commerce qu'avait créé Henri IV.

Dix-huit villes, Dunkerque, Calais, Abbeville, Amiens, Dieppe, le Hâvre, Rouen, Saint-Malo, Nantes, La Rochelle, Bordeaux, Bayonne, Tours, Narbonne, Arles, Marseille, Toulon, Lyon, furent appelées à nommer chacune, tous les deux ans, deux marchands parmi les plus notables ; et entre les dix-huit premiers élus, le roi en choisissait trois qui formaient près de sa personne le conseil du commerce ; les dix-huit seconds élus s'assemblaient partiellement dans les provinces quand ils étaient convoqués et faisaient connaître au conseil les besoins du commerce [1].

Cependant, l'industrie du bâtiment ne fut pas dégagée des liens dont les arrêts des 20 mars 1633 et 15 janvier 1638 l'avaient entravée à Paris, et le 31 mars 1664 intervient un troisième arrêt du conseil *interdisant de bâtir dans la ville et faux bourgs de Paris, au delà des bornes pres-*

----

1. Voir M. Joubleau. I, 264

crites par cet arrêt. Les 18 janvier 1670 et 30 avril 1672 parurent deux autres arrêts confirmatifs de l'arrêt précédent. Ces deux arrêts qui, sous le prétexte spécieux de remédier à quelques abus, arrêtaient cette industrie dans ses développements, ne furent heureusement pas mieux observés que les précédents.

Bientôt, sous l'impulsion toute-puissante de Louis XIV qui aimait les bâtiments non-seulement par politique comme Henri IV, mais par goût, les constructions monumentales prennent un développement si considérable que les ouvriers deviennent rares à Paris. Trop nombreux naguère, ils furent alors insuffisants, et l'on dut recourir aux prisonniers qu'avait donnés la guerre pour exécuter une partie des gigantesques travaux projetés à Versailles, à Marly, à Maintenon, etc.

Pour donner à ces travaux des directeurs dont l'intelligence pratique s'appuyât sur une étude sérieuse de l'art de bâtir, l'Académie d'architecture, composée de huit membres, fut créée ; sa fondation date de 1671 et c'est de son sein que sortirent les hommes éminents auxquels sont dus les édifices qui illustrèrent cette époque. Mais on voudra bien le remarquer, jusqu'à la création de l'Académie des beaux arts, les architectes, les sculpteurs et les peintres faisaient partie de la corporation de Saint-Luc, érigée en 1391, et ils y étaient confondus avec les badigeonneurs. Il fallut même, pour acheter une émancipation incomplète, mettre dans la nouvelle Académie les prud'hommes du corps de métier, et le peintre Lebrun eut pour collègues des ouvriers qui maniaient le marteau et la truelle [1] !

1. *Le Travail*, par Jules Simon, page 97.

Paris vit alors s'élever le palais Mazarin, la colonnade du Louvre, l'arc de triomphe de la porte Saint-Martin, et c'est alors aussi que surgit tout un nouveau quartier sur l'emplacement de l'ancien faubourg Saint-Germain. Blondel construit la porte Saint-Denis ; Levau, la Salpêtrière ; Libéral Bruant, les Invalides, et un grand nombre d'églises et de châteaux s'élèvent grâce à la munificence de Louis XIV. A partir de 1686, Jules Hardouin-Mansard fut surintendant des bâtiments après avoir été longtemps premier architecte du roi. C'est lui qui construisit la chapelle des Invalides et celle du palais de Versailles. En 1670, il eut la direction générale des travaux du palais de Versailles, tandis que le Nôtre en dessinait le parc.

A ce moment de prospérité, les maîtres maçons, forts de leurs priviléges, se livrèrent à des abus que l'autorité fut obligée de réprimer. Pour les empêcher de commencer des travaux et de les abandonner avant de les avoir terminés, l'on prit contre eux des mesures sévères dont quelques-unes rappelaient la loi fort ancienne dont nous avons relaté, d'après Haiménopulus, les principales dispositions.

Ces mesures ne furent pas les seules qui furent prises contre les maîtres maçons ; on leur interdit encore de construire des maisons pour les vendre tout achevées les clefs en mains, et un arrêt leur défendit expressément de se prévaloir du titre d'architecte du roi ; « afin, y est-il dit, de les contenir dans leur état et pour que le public en soit mieux servi. »

La sévérité était à l'ordre du jour à cette époque, et les maîtres maçons n'en furent pas les seules victimes ; ce n'est pas néanmoins sans étonnement que nous lisons aujourd'hui les prescriptions sévères de l'édit royal rendu à l'instigation de Colbert le 24 décembre 1670 : « Les étoffes manufacturées en France, disait cet arrêt, qui seront défectueuses et non conformes aux règlemens, seront exposées sur un poteau de la hauteur de neuf pieds avec un écriteau contenant le nom et le surnom du marchand ou de l'ouvrier trouvez en faute ; lequel sera posé devant la principale porte où les manufactures doivent estre visitées et marquées, pour y demeurer les marchandises jugées défectueuses pendant deux fois vingt-quatre heures, lesquelles passées, elles en seront ostées, par celui qui les y aura mises pour estre ensuite coupées, déchirées, brûlées ou confisquées suivant qu'il aura été ordonné. Et en cas de récidive, le marchand ou l'ouvrier qui seront tombez pour la seconde fois en faute sujette à confiscation seront blâmés par les maistres et gardes ou jurez de la profession en pleine assemblée du corps, outre l'exposition de leurs marchandises sur le poteau..... et pour la troisième fois, mis et attachez audit carcan avec des échantillons des marchandises sur eux confisquées pendant deux heures [1]. » Comment croire en vérité à ces rigueurs draconiennes ? Quoi ! un fabricant, un ouvrier mis au pilori comme un voleur, pour avoir fait, l'un bien probablement à la demande de son client, et l'autre sur l'ordre de son maître, un genre d'étoffe que les règlements n'avaient pas prévu ! Voilà qui est inoui et nous donne la mesure des excès dans lesquels peut tomber un gouvernement absolu pour faire prévaloir des règlements odieux qu'il

---

1. *Rec. des reg.*, 1,524.

croit de très-bonne foi appelés à perfectionner l'industrie.

C'est encore à cette époque que Colbert institua dans toutes les provinces des inspecteurs généraux qui entravèrent singulièrement l'industrie par leur gênante surveillance. Mais, ces règlements, Colbert ne les avait pas inventés, ils existaient avant lui dans les corps de métier et, par conséquent, il n'avait fait qu'accepter l'organisation que les travailleurs s'étaient donnée eux-mêmes de temps immémorial.

Il avait cru devoir interposer l'autorité royale pour faire respecter des lois sans cesse méconnues et qu'il croyait utiles et il l'avait fait avec la vigueur qui était le propre de son administration ; mais les hommes versés dans ces matières et les artisans eux-mêmes, tout en reconnaissant en principe la nécessité de certains règlements, se plaignaient amèrement de la rigueur de ceux imposés par Colbert.

Cependant, il faut bien en convenir, la grande industrie pouvait difficilement naître dans le sein de la corporation, et d'un autre côté, en dehors de la corporation, elle ne pouvait vivre que défendue par la protection royale contre la jalousie des corps de métier auxquels elle portait ombrage. Il fallait donc ou abolir les priviléges des corporations, ce qu'alors on ne pouvait pas songer à faire, ou bien élever privilége contre privilége, monopole contre monopole, et c'est ce que fit Colbert.

Le titre de Manufacture royale mettait l'industriel qui l'avait obtenu à l'abri des saisies, des procès et de la jalouse surveillance des corps de métier. La manufacture royale ne relevait ni des jurés, ni des syndics ; elle relevait directement de l'État, qui la soutenait de son argent et de ses faveurs, qui accordait des indemnités nombreuses aux ouvriers et aux maîtres et qui la surveillait par ses inspecteurs. Avec ces manufactures, dont les priviléges ne furent pas toujours bien justement départis, la grande industrie prit enfin racine en France. Toutefois, cette industrie avait quelque chose de factice et d'éphémère qui n'inspirait pas une grande confiance dans l'avenir et Guy Patin écrivait en 1678 : « On dit que si M. Colbert vient à mourir il faut dire adieu à toutes les manufactures qu'il a fait établir en France. » Une partie de cette prédiction se réalisa !

Le 23 mars 1673, paraît un édit qui imposait sur les métiers déjà constitués une taxe pour confirmation de leurs statuts et priviléges. Les architectes entrepreneurs étaient imposés à cinq cents livres par tête[1]. Ce même édit constituait en communauté tous ceux qui ne l'avaient pas été jusque-là et incorporait toutes les maîtrises des faubourgs aux communautés de Paris moyennant cent livres par maître. En sorte que le nombre des corporations, qui était de soixante à Paris, fut de quatre-vingt-trois et quelques mois après, en 1691, il s'élevait à cent vingt-neuf[2]. C'est alors que les artisans du faubourg Saint-Antoine obtinrent la permission de rester indépendants et sans maîtrises[3].

En 1677, une ordonnance du roi, relative à la juridiction des bâtiments, donne permission aux juges et aux parties

---

1. M. S. Delam. *Arts et mét.*, l. LVI.
2. *Encyclopédie méthodique*, voir *Communauté*.
3. Voir un arrêt du 5 août 1710 qui condamne les menuisiers de Paris pour avoir voulu faire des visites chez les ouvriers du faubourg Saint-Antoine. Coll. Rond. 539.

de nommer des bourgeois experts pour remplir les fonctions de juré près la Chambre royale des bâtiments et ponts et chaussées de France ; mais il arriva que l'on fit si souvent choix d'hommes incapables et il en résulta de tels abus qu'une réforme devint bientôt nécessaire. C'est dans ces circonstances qu'un édit en date du mois de mai 1690, révoquant toutes les anciennes charges, créa cinquante experts pour la ville de Paris, dont vingt-cinq bourgeois, c'est-à-dire vingt-cinq architectes, et vingt-cinq entrepreneurs.

Cette juridiction ainsi constituée fonctionna jusqu'à la promulgation de la loi des 2-17 mars 1791 qui supprima les corporations, maîtrises et offices de tous genres pour aboutir en 1803 et 1807 à l'organisation judiciaire établie par les Codes civil et de commerce.

D'autres ordonnances et déclarations furent successivement rendues sous Louis XIV pour déterminer les règles auxquelles les maîtres maçons devaient se conformer dans l'édification des maisons, et ces ordonnances prévinrent les fréquentes contestations que les propriétaires et les maîtres maçons avaient autrefois avec l'administration civile.

Une ordonnance de 1700 complète l'organisation du conseil du commerce, constitué en 1664, mais antérieurement créé par Henri IV, ainsi que nous l'avons déjà dit. Cette ordonnance constitue un conseil du commerce où douze négociants devaient siéger à côté du chancelier et du contrôleur général des finances [1]. Vers la même époque

1. Rouen, Bordeaux, Lyon, Marseille, La Rochelle, Nantes, Saint-Malo, Lille, Bayonne et Dunkerque avaient chacune un représentant ; Paris en avait deux. Les autres membres en 1700 étaient d'Aguesseau, Chamillart,

furent organisées dans la plupart des grandes villes de France des Chambres de commerce dont les membres électifs devaient correspondre avec le conseil central et éclairer le gouvernement sur la situation et sur le besoin de leurs provinces [1]. Mais la révocation de l'édit de Nantes en 1685, la plus grande et la plus impolitique des fautes que l'histoire a le droit de reprocher à Louis XIV, porte un coup funeste à l'industrie. Les protestants bannis du territoire privèrent le pays de cinq cent mille de ses enfants les plus industrieux qui emportèrent de France des centaines de millions [2] et, ce qui est plus regrettable encore, allèrent donner des leçons d'industrie à toute l'Europe, en sorte que la Flandre, la Suisse, l'Angleterre et la Prusse [3] s'enrichirent du fruit de leurs travaux.

La mort de Colbert, la vieillesse du roi, la révocation de l'édit de Nantes et les deux dernières guerres que subit le pays, en multipliant les impôts sous toutes les formes, ruinèrent le commerce et l'industrie ; la détresse était

---

Pontchartrain, Amelot, Hernolhon, Bauyn, d'Angevilliers. — Ord. du 29 juin 1700. — *Rec. des reg.* (*Histoire des classes ouvrières en France*, par Levasseur, t. II, p. 284.)

1. Marseille avait, depuis le 3 nov. 1650, une Chambre de commerce. Voici la date de l'institution des autres : Dunkerque (février 1700), Lyon, Lille, Bordeaux, Rouen, La Rochelle, Nantes, Saint-Malô, Bayonne, une ville du Languedoc (30 août 1701), Lyon (20 juillet 1702), Rouen (19 juin 1703), Toulouse (26 déc. 1703 , Montpellier (15 janv. 1704), Bordeaux (23 mai 1705), La Rochelle (21 oct. 1710), Lille (31 juillet 1714), Bayonne (15 janv. 1726). *Rec. des reg.* I, 181-276. (*Histoire des classes ouvrières en France*, par Levasseur, t. II, p. 284-285.)

2. Macpherson (*Annales du com.*, t. II, p. 617) évalue à près de cent millions de francs les richesses métalliques importées en Angleterre par les réfugiés.

3. « A l'avénement de Frédéric-Guillaume à la régence, dit un écrivain allemand, un prince de la maison de Brandebourg, on ne faisait dans ce

alors générale et la banqueroute semblait partout imminente dans le gouvernement, dans les communautés d'artisans, dans les manufactures. Et tandis que l'Angleterre et la Hollande empruntaient à trois ou quatre pour cent, les traitants faisaient payer l'argent au roi de France, dix, vingt et jusqu'à cinquante pour cent. C'est alors que Louis XIV demande au crédit la réparation des erreurs et des prodigalités de son règne. Mais Louis XIV meurt. La dette publique s'élevait alors à plus de 3 milliards et la banqueroute paraissait impossible à éviter. Elle fut même proposée au régent qui la rejeta noblement et se borna à établir une commission (la fameuse commission du *visa*) pour examiner la validité des droits des divers créanciers de l'État. C'est à ce moment que Jean Law, génie téméraire qui avait une foi trop absolue dans la puissance du crédit et qui eut le tort commun à tous les hommes de sa trempe d'avoir raison cent ans trop tôt, c'est à ce moment, disons-nous, qu'il séduisit le régent par ses brillantes promesses et que, s'écartant des sentiers battus, il appela à lui tous les esprits aventureux qui ne craignaient pas de promettre au commerce un brillant avenir.

Le 2 mai 1716, Law obtint l'autorisation de créer une

pays ni chapeaux, ni bas, ni serges, ni aucune étoffe de laine ; l'industrie des Français nous enrichit de toutes ces manufactures. Ils établirent des fabriques de draps, de serges, d'étamines, de petites étoffes, de droguets, de bonnets et de bas tissés sur des métiers, de chapeaux de castor, de poil de chèvre et de lapin, de teintures de toutes les espèces. Quelques-uns de ces réfugiés se firent marchands et débitèrent en détail l'industrie des autres. Berlin eut des orfèvres, des horlogers, des sculpteurs, et les Français qui s'établirent dans le plat pays y cultivèrent le tabac et firent venir des fruits et des légumes excellents dans les contrées sablonneuses, qui par leurs soins devinrent des potagers admirables. »   (*Hist. de Blanqui*, t. I, p. 293.)

banque au capital de six millions. Cette banque, d'abord établissement privé, se confondit bientôt avec l'État et fut déclarée banque royale par arrêt du 4 décembre 1718. Elle ouvrit inconsidérément les écluses du crédit au pays épuisé et fit circuler de nouveau avec l'argent et les billets, l'activité industrielle. Mais cette activité n'eut qu'une courte durée. Les ressorts du crédit, trop tendus, se brisèrent, et la crise, que le système de Law avait suspendue pendant quelque temps, éclata tout à coup plus terrible et se dénoua par l'épouvantable banqueroute de 1721.

L'industrie de la construction dut alors se ralentir et le 18 juillet 1724 parut une déclaration du roi, registrée au Parlement le 4 août suivant. Cette déclaration avait pour but de régler les limites de la ville de Paris, et l'article 14 s'exprimait en ces termes : « Ceux qui auront contrevenu à quelques-unes des dispositions de notre présente déclaration, tant pour l'ouverture des rues que pour la construction des maisons, seront condamnés en trois mille livres d'amende, dont moitié applicable au dénonciateur et l'autre moitié à l'hôpital général ; les maisons par eux construites contre la disposition des présentes seront rasées, les matériaux confisqués et les places réunies à notre domaine, et à l'égard des ouvriers qui y auront travaillé, l'entrepreneur ou autre qui a conduit l'ouvrage, ensemble les maîtres maçons, charpentiers et ouvriers qui y auront travaillé, seront condamnés chacun en mille livres d'amende applicables comme dessus et déchus de leur maîtrise [1], sans pouvoir y être rétablis par la suite. »

1. En 1766, quarante-deux ans plus tard, la maîtrise valait de 13 à

Cette déclaration, pour justifier les prescriptions sévères qui précèdent, s'appuyait sur des considérations qui nous ont paru assez curieuses pour intéresser le lecteur. « Pour renfermer notre bonne ville de Paris dans de justes limites et prévenir les inconvéniens qui seroient à craindre de son trop grand accroissement, les Rois, nos prédécesseurs, ont fait en différens temps des défenses de bâtir aucunes maisons dans les fauxbourgs, lieux prochains et hors les portes, ni même au dedans de la dite ville en aucune place nouvelle ou ancienne; le feu Roi notre très-honoré seigneur et bisayeul, par sa déclaration du 30 avril 1672, renouvela ces mêmes défenses, imposa des taxes considérables sur ceux qui avoient bâti au delà des limites réglées en 1638 et ordonna qu'il seroit marqué de nouvelles limites dont l'étendue seroit désignée par des bornes qui seroient posées à cet effet. Mais la façon dont il a été procédé en exécution de la dite déclaration a accru le mal au lieu de le diminuer ; on a regardé ces bornes qui ne doivent être que la marque de l'extrémité de chaque fauxbourg comme des alignemens sur lesquels on devoit tracer une nouvelle ville, et l'on s'est faussement persuadé que tout le terrein qui étoit renfermé dans l'enceinte formée par des lignes tirées d'une borne à l'autre faisoit partie de la nouvelle enceinte de la ville, ce qui fait un espace qui n'est point encore bâti, dont la plus grande partie est actuellement en marais et même en terre labourable qui égalerait en grandeur plus des deux tiers de la dite

1400 liv. (*Le guide du corps des marchands et des communautés des arts et métiers, tant de la ville et fauxbourgs de Paris que du Royaume,* p. 306.)

ville en l'état qu'elle est aujourd'hui. L'attention particulière que nous donnons, à l'exemple des Rois nos prédécesseurs, à ce qui concerne la capitale de notre Royaume, nous oblige à prendre les mesures nécessaires pour empêcher le cours de cet agrandissement qui seroit un jour le principe de sa perte ; nous estimons même qu'au point de grandeur où elle est parvenue et où elle peut encore se soutenir par nos soins, on ne sçauroit y souffrir de nouvel accroissement sans l'exposer à sa ruine. Le nombre des habitants qui est déjà si considérablement augmenté et qui augmenteroit à proportion des nouveaux bâtiments feroit croître encore le prix des denrées et les difficultés des approvisionnements ; la consommation excessive des matériaux en causeroit à la fin la disette, après en avoir tellement augmenté le prix, qu'il mettroit également hors d'état, et les particuliers de fournir aux réparations nécessaires à leurs maisons, et les prévost des marchands et échevins de faire et d'entretenir les ouvrages publics pour la décoration et la commodité de la ville. L'ordre public en souffriroit par l'impossibilité qu'il y auroit à distribuer la police dans toutes les parties d'un si grand corps ; l'éloignement des quartiers détruiroit les facilités de la communication que doivent trouver entre eux les habitans d'une même ville par rapport aux différentes affaires qui les appellent souvent en un même jour dans différents quartiers fort éloignés, et il seroit à craindre d'ailleurs que les bâtiments de l'intérieur de la ville ne fussent négligés pendant qu'il s'en élèveroit de nouveaux au delà de ses bornes et de ses limites. Après avoir fait soigneusement examiner les moyens les plus sûrs pour prévenir un si grand mal, il ne nous en a pas paru de plus convenable que de distinguer l'enceinte de la ville de celle des fauxbourgs et en resserrant la ville dans de justes bornes, quoique fort étendues, d'y laisser la liberté entière aux particuliers sur la forme et la grandeur des édifices qu'ils voudroient faire construire, sans pouvoir cependant percer de nouvelles rues; de borner les fauxbourgs à la longueur des rues ouvertes jusqu'à présent et à la dernière maison bâtie dans chaque rue, etc., etc.. Nous conserverons par ce moyen les grands édifices pour l'intérieur de la ville dont ils sont l'ornement et où il reste des terreins plus que suffisants à cet effet, et nous empêcherons d'ailleurs que les principaux habitans allant s'établir dans l'extrémité des fauxbourgs n'attirent par leur exemple et à leur suite un grand nombre de gens qui multiplieroient les maisons des fauxbourgs pendant que le milieu de la ville se trouveroit à la fin désert et abandonné. A ces causes, etc., etc... »

Le 22 septembre 1724 une ordonnance fut rendue par les trésoriers de France en conformité de la déclaration ci-dessus et les 29 janvier 1726 et 23 mars 1728 parurent deux autres déclarations du roi, apportant des modifications à la déclaration du 28 juillet 1724, dans un sens moins restrictif. En sorte que Paris continua toujours de s'agrandir.

Cependant les idées libérales commençaient à prendre faveur et à jeter quelque lumière sur les questions industrielles et commerciales. On se demandait quelle était la valeur d'un régime institué par des édits qui se perdaient dans la nuit des temps ; les esprits les plus sages n'étaient pas éloignés de reconnaître que ce régime n'était plus en harmonie avec les aspirations et les besoins de l'état social actuel.

De toutes parts, on attaque les priviléges sous toutes leurs formes; les compagnies, les corps de marchands, les communautés d'arts et de métiers sont assaillis à la fois et l'on met à nu tous les vices de ces institutions oppressives et surannées. Les académies elles-mêmes s'inspirent de ces idées dans le choix des sujets de leurs concours, et en 1757 l'Académie d'Amiens couronne un mémoire sur les corps de métier qui n'hésitait pas à signaler comme cause principale de la mendicité l'existence des corporations et proposait pour remède de supprimer à la fois inspecteurs, maîtrises, jurandes et communautés !

Le 10 mai 1774 Louis XV meurt, Louis XVI lui succède, et Turgot, d'abord nommé secrétaire d'État au département de la marine, remplace le 24 août 1774 l'abbé Terray au contrôle général. Ce ministre, partisan déclaré des réformes administratives, commerciales et industrielles, obtint du roi, en février 1776, six édits dont l'un portait l'abolition des jurandes et des maîtrises. Cet édit proclamait les droits du travail en termes si remarquables que nous croyons devoir les rappeler ici.

Voici comment s'exprime le préambule de cet édit : « Nous devons à tous nos sujets de leur assurer la jouissance pleine et entière de leurs droits ; nous devons surtout cette protection à cette classe d'hommes qui, n'ayant de propriété que leur travail et leur industrie, ont d'autant plus le besoin et le droit d'employer dans toute leur étendue les seules ressources qu'ils aient pour subsister. Nous avons vu avec peine les atteintes multipliées qu'ont données à ce droit naturel et commun des institutions anciennes, à la vérité, mais que ni le temps, ni l'opinion, ni les actes même émanés de l'autorité qui semble les avoir consacrées n'ont pu légitimer. » Et plus loin : « Dieu, en donnant à l'homme des besoins, en lui rendant nécessaire la ressource du travail, a fait du droit de travailler la propriété de tout homme et cette propriété est la première, la plus sacrée et la plus imprescriptible de toutes.

« Nous regardons comme un des premiers devoirs de notre justice et comme un des actes les plus dignes de notre bienfaisance d'affranchir nos sujets de toutes les atteintes portées à ce droit inaliénable de l'humanité.

« Nous voulons en conséquence abroger ces institutions arbitraires qui ne permettent pas à l'indigent de vivre de son travail ; qui repoussent un sexe à qui la faiblesse a donné plus de besoins et moins de secours et qui semblent, en le condamnant à une misère inévitable, seconder la séduction et la débauche ; qui éteignent l'émulation et l'industrie et rendent inutiles les talents de ceux que les circonstances éloignent de l'entrée d'une communauté ; qui privent l'Etat de toutes les lumières que les étrangers y apporteraient ; qui retardent les progrès de ces arts par les difficultés multipliées que rencontrent les inventeurs auxquels différentes communautés disputent le droit d'exécuter des découvertes qu'elles n'ont point faites ; qui, enfin, par la facilité qu'elles donnent aux membres des communautés de se liguer entre eux, de forcer les membres les plus pauvres à subir la loi des riches, deviennent un instrument de monopole et favorisent des manœuvres dont l'effet est de hausser au-dessus de leur proportion naturelle les denrées les plus nécessaires à la subsistance du peuple ! »

Ces éloquentes considérations, dictées par le bon sens le plus absolu et par la plus stricte équité, soulevèrent l'ardente opposition de tous ceux qui se sentaient menacés, depuis le noble qui redoutait d'avoir à payer un impôt sur sa terre jusqu'au plus petit maître qui tremblait que son ouvrier ne vînt s'établir librement à ses côtés. Dans cette lutte passionnée, les privilégiés de tout ordre s'unirent contre Turgot.

Le Parlement se fit leur organe : « établir entre les hommes une égalité de devoirs, disait-il, et détruire ces distinctions nécessaires, amèneroit bientôt le désordre, suite de l'égalité absolue, et produiroit le renversement de la société civile, dont l'harmonie ne se maintient que par cette gradation de pouvoirs, d'autorités, de prééminences et de distinctions, qui tient chacun à sa place et garantit les États de la confusion [1]. » Et le Parlement ne consentit à enregistrer que le seul édit concernant la suppression de la caisse de Poissy.

Turgot tint tête à l'orage, et le roi qui l'estimait et qui disait : « Il n'y a que M. Turgot et moi qui aimions le peuple » le soutint contre le Parlement, en obligeant celui-ci à enregistrer les six édits dans un lit de justice tenu à Versailles le 12 mars 1776. Le Parlement obéit ; mais au moment même où il obéissait, il protestait par la

---

1. *Archives impériales, registres du conseil secret.* X, 8553, p. 537.

bouche de l'avocat général Séguier. « Ce genre de liberté, disait cet avocat général en parlant de la liberté de l'industrie, n'est autre chose qu'une véritable indépendance ; cette liberté se changerait bientôt en licence ; ce serait ouvrir la porte à tous les abus et ce principe de richesse deviendrait un principe de destruction, une source de désordre, une occasion de fraudes et de rapines dont la suite inévitable serait l'anéantissement total des arts et des artistes, de la confiance et du commerce.

« Tous vos sujets, Sire, sont divisés en autant de corps différents qu'il y a d'états différents dans le royaume ; ces corps sont comme les anneaux d'une grande chaîne dont le premier est dans la main de Votre Majesté, comme chef et souverain administrateur de tout ce qui constitue le corps de la nation.

« La seule idée de détruire cette chaîne précieuse devrait être effrayante. Les communautés de marchands et artisans font une portion de ce tout inséparable qui contribue à la police du royaume ; elles sont devenues nécessaires et, pour nous renfermer dans ce seul objet, la loi, Sire, a érigé des corps de communautés, a créé des jurandes, a établi des règlements, parce que l'indépendance est un vice de la constitution politique, parce que l'homme est toujours tenté d'abuser de la liberté.

« Le but qu'on a proposé à Votre Majesté est d'étendre et de multiplier le commerce en le délivrant des gênes, des entraves, des prohibitions introduites, dit-on, par le régime réglementaire. Nous osons, Sire, avancer à Votre Majesté la proposition diamétralement contraire ; ce sont ces gênes, ces entraves, ces prohibitions, qui font la gloire, la sûreté, l'immensité du commerce de la France.....

« Dès que l'esprit de subordination sera perdu, l'amour de l'indépendance va germer dans tous les cœurs. Tout ouvrier voudra travailler pour son compte ; les maîtres actuels verront leurs boutiques et leurs magasins abandonnés ; le défaut d'ouvrage et la disette qui en sera la suite ameutera cette foule de compagnons échappés des ateliers où ils trouvaient leurs substances, et la multitude, que rien ne pourra contenir, causera les plus grands désordres.

« D'ailleurs, donner à tous vos sujets indistinctement la faculté de tenir magasins et d'ouvrir boutique, c'est violer la propriété des maîtres qui composent les communautés. La maîtrise, en effet, est une propriété réelle qu'ils ont achetée et dont ils jouissent sur la foi des règlements ; ils vont la perdre, cette propriété, du moment qu'ils partageront le même privilége avec tous ceux qui voudront entreprendre le même trafic sans en avoir acquis le droit aux dépens de leur patrimoine ou de leur fortune [1]. »

Le lit de justice du 12 mars fut le dernier effort de Louis XVI qui n'était pas fait pour la lutte. Aussi le triomphe de Turgot fut-il éphémère ; bientôt abandonné par le roi, il succomba sous les efforts des ennemis que ses réformes avaient soulevés contre lui. Cependant, il n'en poursuivit pas moins son œuvre avec la fermeté et le calme d'un sage. Il ne voulut pas déserter un poste où il avait la conscience de n'avoir fait que le bien : il attendit sa démis-

----

1. *Œuvres de Turgot*, édit. Guillaumin. II, 333 et suiv , en note.

sion. Elle ne se fit pas longtemps attendre. Le 12 mai 1776, il reçut l'ordre de se retirer et il dut partir sans avoir pu même voir le roi !

Trois mois s'étaient à peine écoulés depuis la retraite de Turgot que l'édit de février 1776 sur la suppression des maîtrises et des jurandes était rapporté, et cette fois le Parlement ne marchanda pas son assentiment. Puis, le 20 mai 1782, le Roi donna aux maîtres de la communauté des maçons de la bonne ville de Paris les lettres patentes ci-après :

« Louis, par la grâce de Dieu, Roi de France et de Navarre, à tous ceux qui ces présentes Lettres verront ; SALUT. Les Maîtres de la Communauté des Maçons de notre bonne ville de Paris, créée et rétablie par notre Edit du mois d'août 1776, nous ayant fait présenter, en exécution de l'article xxxix du dit Edit, un projet de nouveaux Statuts concernant la police des Bâtiments et l'administration intérieure de la dite Communauté, nous l'avons fait examiner en notre Conseil, et nous avons bien voulu revêtir de notre autorité celles des dispositions des dits Statuts qui nous ont paru conformes à nos intentions, tant pour l'avantage de cette Communauté que pour la sûreté publique. A CES CAUSES, et autres à ce nous mouvant, de l'avis de notre Conseil, qui a vu les dits Statuts, la délibération de la dite Communauté, en date du 10 mai 1782, ensemble l'avis du Lieutenant Général de Police, et de notre Procureur au Châtelet, le tout attaché sous le contre-scel des présentes, nous avons statué et ordonné ce qui suit :

ARTICLE PREMIER.

« Les Maîtres composant la Communauté des Maçons, créée et rétablie par notre Edit du mois d'août 1776, jouiront seuls, et à l'exclusion de tous autres, du droit de travailler à la construction et réparation de toutes sortes d'édifices, et à tous ouvrages de maçonnerie, en la ville et fauxbourgs de Paris ; défendons à tous Compagnons, ou autres gens sans qualité, de s'immiscer en la dite profession, à peine de confiscation de leurs outils, équipages et matériaux, de tels dommages et intérêts qu'il appartiendra envers la dite Communauté, et de cent livres d'amende envers nous. N'entendons défendre les entreprises en bloc et la clef à la main, lesquelles ne pourront être faites que par Maîtres Maçons ou Maîtres Charpentiers. Pourront néanmoins lesdits Maîtres Maçons ou Charpentiers prendre pour associés, et donner pour cautions des dites entreprises, toutes sortes de personnes indistinctement.

II.

« Les Maîtres de la Communauté auront pareillement seuls, et à l'exclusion de tous autres, le droit de faire commerce et de tenir magasin de balcons en pierres, appuis de croisée, marches d'escaliers, pierres à laver, auges et bancs, gargouilles, bornes et autres ouvrages de pierres non sculptées, servans à la construction des édifices, maisons et bâtiments, sans que les Compagnons du dit métier, ou autres Particuliers, puissent s'entremettre au dit commerce, sous les peines portées en l'article précédent. N'entendons néanmoins empêcher les Tourneurs, Sculpteurs en pierres et

Marbriers, de tenir magasin et de vendre les ouvrages en pierre qu'ils auront tournés ou sculptés, et devant servir à l'ornement des édifices et maisons.

III.

« Il sera loisible aux Bourgeois et Habitans de la ville et faux bourgs de Paris, de faire travailler pour leur compte et par économie, à tous ouvrages de maçonnerie, par des Compagnons Maçons à la journée, à la charge néanmoins par lesdits Bourgeois de leur fournir les matériaux et tous les équipages nécessaires, et de déclarer préalablement au Bureau de la dite Communauté, la nature et la qualité des ouvrages qu'ils voudront construire ou réparer, et le nombre des Compagnons qu'ils se proposeront d'y employer. Les dites déclarations seront inscrites sur un registre à ce destiné, et il sera payé trois livres, au profit de la dite Communauté, pour chacune des dites déclarations, dont il sera donné sans frais un extrait aux Bourgeois, et seront tenus les Syndics de donner chaque mois un extrait du dit registre au Procureur du Roi en la Chambre des Bâtiments.

IV.

« En cas de fausse déclaration, ou faute de l'avoir faite, les Bourgeois et Compagnons seront solidairement condamnés en tels dommages et intérêts qu'il appartiendra envers la Communauté, et en l'amende de cent livres envers nous, sans préjudice de la confiscation des outils, équipages et matériaux.

V.

« *Dispensons* de faire aucune déclaration les Bourgeois qui n'employeront qu'un ou deux Compagnons ou Manœuvres l'espace de deux jours au plus, à faire quelques menues réparations.

VI.

« Les Maîtres Maçons qui se chargeront de continuer des ouvrages commencés par un autre Maître demeureront garans et responsables des vices de construction qui pourroient se trouver dans les dits ouvrages, ainsi que de ce qui pourrait être dû pour raison d'iceux au premier Maître, ses Ouvriers ou Fournisseurs ; et il ne pourra être déchargé des dites garanties, qu'après que la visite des dits ouvrages commencés aura été faite par les Maîtres de la Police, et après s'être fait représenter la quittance des premiers Entrepreneurs, ou du moins le toisé de leurs ouvrages, fait contradictoirement avec eux.

VII.

« Les Femmes et les Filles ne pourront point être admises dans la dite Communauté. A l'égard des Veuves de Maîtres, elles auront seulement la faculté de faire achever, sous l'inspection d'un Maître à leur choix, les ouvrages commencés par leurs maris, sans pouvoir en entreprendre d'autres par la suite.

VIII.

« Les Maîtres, les Compagnons et les Bourgeois seront tenus de se conformer, en toute espèce de construction, aux Règles de l'Art, à la Coutume de Paris et aux Règlemens de Police, à peine contre les Maîtres d'être garans et responsables des défectuosités, démolitions et réparations, d'être condamnés aux dommages-intérêts, tant envers les Bourgeois qu'envers la Communauté, et à telle amende envers nous qu'il appartiendra. A l'égard des constructions qui auraient été faites par les Compagnons au compte des Bourgeois, les démolitions et reconstructions des ouvrages défectueux seront à la charge du Bourgeois, lequel sera solidairement responsable de l'amende et des dommages-intérêts.

IX.

« Les vingt-quatre Députés qui doivent représenter la Communauté, aux termes des articles 18, 19 et 20 de notre Édit du mois d'août 1776, seront choisis dans l'Assemblée générale qui sera tenue chaque année par le sieur Lieutenant Général de Police, au jour qui sera par lui indiqué et en la forme prescrite par le dit Edit; et ils resteront en place pendant deux années, au moyen de quoi il n'en sera choisi que douze chaque année. Voulons qu'il y ait toujours parmi les dits Députés quatre Jurés Experts Entrepreneurs, et que tous les autres Députés ne puissent être élus que parmi les Maîtres qui auront au moins dix années de réception, au nombre desquels seront compris les Maîtres de la Trinité. Voulons pareillement que les douze Députés qui seront nommés chaque année ne puissent exercer leurs fonctions qu'après que la délibération, contenant leur nomination, aura été enregistrée en la Chambre des Bâtiments, lequel enregistrement sera fait sans frais.

X.

« Toutes les affaires de la Communauté seront régies et administrées par les Assemblées ordinaires, lesquelles seront composées des Syndics et Adjoints, et de vingt-quatre Députés et Représentans. Elles seront tenues le premier Vendredi de chaque mois, de relevée, sauf aux Syndics et Adjoints d'en convoquer d'extraordinaires, en cas de nécessité, dont il sera rendu compte au sieur Lieutenant Général de Police.

XI.

« Les délibérations qui seront prises dans les Assemblées ne seront valables qu'autant que deux des Syndics et Adjoints, et plus de la moitié des Représentans auront assisté aux dites délibérations. Les Syndics et Adjoints seront tenus de veiller à ce que tout se passe dans les dites Assemblées, avec l'ordre, la décence et la tranquillité convenables, et d'en rendre compte au sieur Lieutenant Général de Police, pour y être pourvu en cas de trouble.

XII.

« Les Syndics et Adjoints seront choisis chaque année dans une des Assemblées ordinaires des Députés, qui sera tenue, ainsi que par le passé, en la Chambre des Bâtiments, en présence de notre Procureur en la dite Chambre auquel il sera payé vingt-quatre livres pour son droit d'assistance. Ceux qui auront été ainsi choisis, prêteront serment en la dite Chambre de veiller exactement à tout ce qui concerne la police des Bâtiments, leur solidité, bonne construction et sûreté publique, et ils ne pourront entrer en fonctions ni présider aux Assemblées, qu'après avoir prêté serment, entre les mains de notre Procureur au Châtelet, de bien et fidèlement remplir leurs fonctions, relativement à la police intérieure de leur Communauté et l'administration de ses revenus.

XIII.

« Les Syndics et Adjoints rendront compte aux Assemblées ordinaires de toutes les affaires qui intéresseront la Communauté, et il y sera délibéré à la pluralité des suffrages. Ils seront pareillement tenus d'y rendre compte des procès-verbaux de contravention qui auront été dressés dans les visites de police du mois précédent, de justifier des poursuites qu'ils auront faites contre les contrevenans, des jugements qui auront été rendus ; et dans le cas où aucun des dits contrevenans seroit insolvable, l'Assemblée pourra, après avoir obtenu l'agrément du sieur Lieutenant Général de Police, autoriser les Syndics à surseoir ou à transiger pour raison du recouvrement des frais et dommages-intérêts, sans néanmoins qu'il puisse être sursis aux poursuites à faire pour le rétablissement des ouvrages dans lesquels il se seroit trouvé des malfaçons ou vices de construction.

XIV.

« Il sera distribué pour honoraires et droit d'assistance aux Assemblées ordinaires : sçavoir, à chaque Syndic et Adjoint deux jetons d'argent de la valeur de quarante sols ; à chaque Député un jeton de pareille valeur ; ceux qui ne se trouveront point à l'Assemblée à l'heure indiquée, ou qui se retireront avant qu'elle soit finie, ainsi que ceux qui ne signeront pas les délibérations qui y auront été prises en leur présence, seront privés des dits jetons, lesquels seront partagés entre les présents.

XV.

« Les deux Syndics et les deux Adjoints pourront nommer un d'entr'eux, dont ils seront solidairement respon-

sables, pour faire la recette des revenus de la Communauté
pendant leur année d'exercice ; le dit Receveur sera tenu,
chaque jour d'Assemblée, de représenter à ses collègues les
deniers qu'il aura reçus, et seront les dits deniers, déposés
sur-le-champ dans la caïsse commune, sous trois clefs différentes, dont une restera au dit Receveur, et les deux autres
aux deux anciens Syndics ou Adjoints, à la déduction néanmoins de la somme qui sera jugée nécessaire de laisser entre
les mains du Receveur pour les dépenses courantes.

XVI.

« Les Aspirants à la Maîtrise, avant d'être admis, seront
tenus de se retirer au Bureau de la Communauté, pour subir
un examen sur les différentes parties relatives à la construction des bâtimens, lequel examen sera fait par les Syndics
et Adjoints, trois Députés en exercice pris à tour de rôle, et
deux Experts Entrepreneurs, lesquels seront aussi pris à
tour de rôle. L'Aspirant sera tenu de répondre, dans une
séance dont la durée sera de trois heures, au moins, à toutes
les questions relatives à l'Art, même de tracer les traits
géométriques qui lui seront demandés. Les Examinateurs
décideront à la pluralité des voix, si l'Aspirant a la capacité
et l'expérience suffisantes et requises, pour être admis à la
Maîtrise ; et il sera distribué par le dit Aspirant à chacun
des Examinateurs, pour leurs honoraires ou droit d'assistance au dit examen, deux jetons d'argent de la valeur de
quarante sols chacun. Ils payeront en outre aux Syndics
vingt-quatre livres pour être employées aux menues nécessités de la Chambre, laquelle somme sera déposée au Greffe
de la Chambre.

XVII.

« Lorsque l'Aspirant aura été jugé capable, les Syndics
et Adjoints se feront représenter la quittance des droits de
réception, et ils le conduiront ensuite devant le Procureur
du Roi au Châtelet, pour être par lui admis s'il y a lieu, en
justifiant de ses bonnes vie et mœurs par le témoignage de
deux Experts ou Maîtres Maçons et deux notables Bourgeois
dignes de foi et non suspects, après quoi l'Aspirant sera
conduit en la Chambre de la Maçonnerie par les Syndics et
Adjoints, pour, d'après la certification de capacité par eux
donnée, prêter par lui serment de bien et fidèlement exercer sa profession suivant les règles de l'art, de faire gratuitement et à son tour les visites de police et d'en faire son
rapport en son âme et conscience. Aussitôt que l'Aspirant
aura prêté serment, il sera reçu par les Syndics et Adjoints,
et par eux inséré au tableau des Maîtres, et au moyen duquel
serment les Maîtres Maçons seront dispensés d'en prêter un
nouveau, tant pour les visites de Police, que pour les autres
procès-verbaux qu'ils seroient dans le cas de dresser relativement à leur profession.

XVIII.

« Les droits qui seront dus par les Aspirants aux Officiers
de la Chambre de la Maçonnerie pour leur réception à la
Maîtrise, seront, sçavoir : au Juge en exercice la somme de
dix-neuf livres quatre sols, et douze jetons d'argent de la
valeur de deux livres chacun, au Procureur du Roi les deux
tiers, et au Greffe la moitié des droits attribués au Juge, et
à chacun des trois Huissiers la somme de onze livres. Voulons

que les droits attribués aux dits Officiers soient pour toutes les vacations, actes et expéditions relatives aux dites réceptions, sans que les dits Officiers puissent exiger ni recevoir aucuns autres droits et honoraires, sous quelque prétexte que ce puisse être, sous peine de restitution.

XIX.

« Les Maîtres qui ont été reçus dans la dite Communauté et ont prêté serment devant notre Procureur au Châtelet, depuis la publication de notre Edit du mois d'août 1776, seront tenus de faire enregistrer leurs lettres de Maîtrise au Greffe de la Chambre des Bâtiments, et de payer pour le dit enregistrement, sçavoir : douze livres au Juge, huit livres à notre Procureur au dit Siége, et six livres au Greffier. Vous lons en conséquence qu'après l'expiration de trois mois, à compter du jour de la publication des présentes, ils ne puissent continuer l'exercice de leur profession sous les peines portées par l'article premier contre les Ouvriers sans qualité, tant que leurs lettres de Maîtrise n'auront point été enregistrées de la manière ci-dessus ordonnée.

XX.

« La Communauté des Maîtres Maçons sera tenue de veiller, comme par le passé, sous l'inspection des Officiers de la Chambre des Bâtiments à l'exécution des Règlements concernant l'Art de la Maçonnerie. Voulons en conséquence qu'aucun Maître ne puisse commencer la construction ou reconstruction d'aucun édifice, refaire gros murs, planchers et cheminées de fond, et faire reprise sous-œuvre qui nécessiteroient chevalement et contre-fiches, dans la ville et faux-

bourgs de Paris, sans avoir fait déclaration au Greffe de la
Chambre du lieu où est situé le dit édifice, et du jour auquel
il se propose d'y mettre ses Ouvriers, à peine de vingt livres
d'amende envers nous, et de tous dépens, dommages et intérêts
envers la Communauté.

XXI.

« Les dites déclarations seront reçues et inscrites par
ordre de date sur un registre à ce destiné par le Greffier de
la Chambre, ou autre par lui préposé, lequel sera tenu d'en
donner tous les deux jours des extraits aux Syndics et Adjoints, et il sera payé par les Maîtres dix sols pour chaque
déclaration, dont moitié restera au Greffier pour ses peines
et soins, et l'autre moitié sera par lui remise à la Communauté pour subvenir à ses charges.

XXII.

« Il sera procédé tous les mois par la Chambre des Bâtiments en la manière accoutumée, à la nomination de huit
Maîtres qui seront chargés de faire pendant le mois suivant,
une fois par chaque semaine, la visite de tous les bâtiments,
maisons et autres édifices qui seront construits et réparés
dans la ville de Paris ; les dits Maîtres seront choisis chacun
à leur tour suivant l'ordre du tableau, sçavoir : deux parmi
les vingt-quatre Députés en exercice, deux parmi les Experts
Entrepreneurs, deux dans le nombre des Maîtres qui auront
plus de dix ans de réception et deux jeunes. Les dits Maîtres
ainsi choisis ne pourront se dispenser des dites visites, à
peine de douze livres d'amende pour chaque fois; et dans le
cas où l'un d'eux serait malade ou absent pour cause

légitime, il sera tenu de se faire remplacer, à ses frais, par un Maître de sa classe. Les sexagénaires, ou ceux qui seroient attaqués de quelque infirmité habituelle duement constatée, seront dispensés des dites visites.

XXIII.

« La Chambre indiquera, lors de la dite nomination, les jours aux quels seront faites les visites du mois suivant ; et afin que ceux qui auront été nommés ne puissent en prétendre cause d'ignorance, voulons que l'Ordonnance du Juge soit signifiée sans frais à chacun des dits Maîtres, ainsi qu'aux Syndics et Adjoints.

XXIV.

« Les Syndics et Adjoints, et les huit Maîtres qui auront été ainsi choisis, seront tenus de se rendre au Bureau de la Communauté, aux jours indiqués, avant huit heures en hiver, et avant sept heures en été ; et après avoir vérifié sur le registre des déclarations les différens bâtiments qui seront dans le cas d'être visités, ils conviendront de la marche des huit Commissaires, et dans le cas où les Syndics et Adjoints jugeroient que le grand nombre et la distance des bâtiments à visiter ne permettroient pas aux dits Commissaires de s'y transporter tous ensemble, les Syndics et Adjoints pourront requérir qu'ils se partagent, de manière néanmoins qu'ils soient quatre ensemble et qu'il y en ait un de chaque classe.

XXV.

« Les Maîtres qui procéderont aux dites visites se feront accompagner par un Huissier de la Chambre des Bâtiments,

lequel recevra le procès-verbal qui lui sera dicté par un des
Experts, ou en cas d'absence par le plus ancien des Commissaires, lequel contiendra la marche et la visite qui aura
été faite des différens bâtiments, ainsi que les vices, malfaçons et autres contraventions qui auront été reconnues
par les dits Commissaires ; le dit procès-verbal sera déposé
au Greffe de la Chambre des Bâtiments, et communiqué à
notre Procureur à la dite Chambre, et seront tenus les dits
Huissiers de délivrer copies de leurs procès-verbaux aux
Syndics de la Communauté.

XXVI.

« Les Maîtres ou Compagnons, ainsi que les Bourgeois
faisant travailler à leur compte, qui auront été trouvés en
contravention, seront assignés pour comparaître à la dite
Chambre à la requête de notre Procureur, poursuite et dili-
gence des Syndics et Adjoints. Voulons qu'il soit statué sur
les dits procès-verbaux à l'audience, sommairement, sans
délai et sans frais, en présence de l'un des trois Commissaires de Police, deux Experts, de l'un des Syndics et Adjoints
et des Parties intéressées, ou elles duement appelées.

XXVII.

« Dans le cas où, en prononçant sur un procès-verbal de
contravention, il serait ordonné que les ouvrages défectueux
seront démolis ou rétablis selon les règles de l'Art, les dites
démolitions ou réparations ne pourront être faites qu'en
présence d'un Commissaire qui sera nommé par le même
Jugement dans le nombre des huit Maîtres de la Police du
mois précédent, pour veiller aux démolition et rétablisse-

ment, et sera tenu le dit Commissaire de se faire assister d'un Huissier, lequel recevra son procès-verbal et sera tenu de le déposer au Greffe de la Chambre, aussitôt après que le rétablissement aura été achevé.

XXVIII.

« Lorsqu'en procédant au rétablissement ordonné, il s'élèvera quelques difficultés entre le Commissaire et le Propriétaire, ou l'Ouvrier qui aura construit le bâtiment, le dit Commissaire, pour éviter des frais, appellera les Maîtres chargés de la Police, lesquels, conjointement avec lui et du consentement des Parties, pourront faire les changements qui seront requis, et qu'ils aviseront plus utiles aux Propriétaires, et plus conformes à la sûreté publique, dont il sera fait rapport à la Chambre de la manière portée en l'article précédent ; et dans le cas de contestation, ils en référeront à la dite Chambre pour être statué ce qu'il appartiendra.

XXIX.

« Les Maîtres chargés des dites visites pourront, pendant le mois de leurs exercices, visiter toutes sortes de bâtiments où il y aura des Ouvriers de leur profession, quels que soient les Propriétaires, et soit que les dits ouvrages soient faits par des Maîtres de la Communauté, par des Maçons privilégiés ou par des Compagnons à la journée. Faisons défense à tous Particuliers, Propriétaires, Entrepreneurs, Ouvriers ou autres, de refuser l'entrée des dits bâtiments aux dits Maîtres, ou de les troubler dans les visites, sous peine de cent livres d'amende, même d'être procédé contre eux extraordinairement en cas de violence.

XXX.

« Les Maîtres Maçons seront pareillement tenus, au nombre de quatre, lesquels seront nommés par la Chambre des Bâtiments, à tour de rôle, de faire au moins une fois chaque mois la visite des Carrières, Fours et Magasins à Plâtre dans la ville, les faux bourgs et la banlieue de Paris, à l'effet de veiller à ce qu'il soit fabriqué et mesuré suivant les règlemens concernant l'Art de la Maçonnerie ; l'Huissier recevra les procès-verbaux de contravention, et il y sera statué en la dite Chambre en la forme prescrite par les articles précédens.

XXXI.

« Les frais de visites de Police prescrites par les articles ci-dessus, et ceux des procédures aux quelles elles donneront lieu, et des jugemens qui interviendront sur icelles, seront avancés par les Syndics et Adjoints, les quels seront tenus de poursuivre le recouvrement des dépens et autres condamnations qui auront été adjugés à la Communauté, et de s'en charger en recette. Ne pourront les dits frais et dépens leur être passés en dépenses, qu'en rapportant les procès-verbaux, Jugement de condamnation, exécutoires de dépens, et autres pièces suffisantes, ensemble les exécutoires de dépens, ou les mémoires de Procureurs arrêtés en la forme ordinaire.

XXXII.

« Toutes les contestations qui s'élèveront à l'occasion de la construction des Bâtiments ou du défaut de qualité de la part de l'Entrepreneur, seront portées à la Chambre des

Bâtiments. Quant à celles qui concerneront l'administration de la Communauté, celle de ses revenus et les contraventions aux Règlemens de Police, elles seront portées au Châtelet devant le sieur Lieutenant Général de Police.

XXXIII.

« Enjoignons aux Compagnons Maçons, Tailleurs et Scieurs de pierres, et Manœuvres, de porter honneur et respect aux Maistres de la Communauté, et particulièrement à ceux qui seront commis pour les visites de Police et l'exécution des Jugemens de la Chambre : leur défendons de s'attrouper, ni cabaler pour faire la loi aux Maîtres, et augmenter le prix des ouvrages et journées, sous peine de punition exemplaire. Si donnons en mandement à nos amés et féaux Conseillers les Gens tenant notre Cour de Parlement à Paris, que ces présentes ils ayent à faire enregistrer, et le contenu en icelles garder et observer pleinement et paisiblement, cessant et faisant cesser tous troubles et empêchemens, et nonobstant toutes choses à ce contraires : Car tel est notre plaisir ; en témoin de quoi nous avons fait mettre notre scel à ces dites présentes. Donné à Versailles le vingt Mai mil sept cent quatre-vingt-deux, et de notre règne le huitième. Signé Louis. Et plus bas : Par le Roi, Amelot. Et scellées du grand sceau de cire jaune.

Registrées, ce consentant le Procureur Général du Roi, pour jouir par les Impétrans de leur effet et contenu, et être exécutées selon leur forme et teneur, suivant l'Arrêt de ce jour. A Paris, en Parlement, le trois septembre mil sept cent quatre-vingt-deux.

Signé, Dufranc.

Lues et publiées à l'Audience, et enregistrées au Greffe de la Chambre des Bâtiments au Palais à Paris, en exécution de la Sentence de la Chambre de cejourd'hui vingt-sept septembre mil sept cent quatre-vingt-deux.

Signé, Forestier. »

Cependant les espérances et les aspirations que l'édit de Turgot avait fait naître ne disparurent pas avec lui, et de ce moment, en effet, nous voyons le commerce s'émouvoir, réclamer plus de liberté et demander son admission aux États généraux, ainsi que le constate la pétition suivante adressée au roi en novembre 1788 par les juge et consuls de la ville de Compiègne, siége d'un des plus anciens tribunaux consulaires du royaume.

Cette pétition nous a paru intéressante à plus d'un titre, et c'est pourquoi nous croyons devoir en donner l'extrait suivant :

« Au roi et aux notables,

« Sire,

« Les juge et consuls de la ville de Compiègne n'auraient jamais osé espérer l'honorable et flatteuse occasion de vous adresser directement leurs modestes réflexions. Votre bonté et votre justice sont venues au devant de leur désir à cet égard par différents arrêts et notamment par celui du 5 octobre dernier où vous exprimez votre disposition à entendre toutes les classes de vos sujets. Nous répondrons avec d'autant plus de confiance à votre franche invitation, Sire, qu'ayant eu le bonheur, hélas! trop rare et trop ancien de vous posséder dans nos murs et l'avantage d'admirer de près des vertus que le reste des Français et toute l'Europe ne connaissent que par la renommée, nous savons quel puissant attrait a pour vous la vérité et que le plus sûr moyen de vous plaire est de vous la dire.

. . . .

« Votre Majesté, Sire, est trop instruite pour ignorer les progrès que le commerce a faits depuis près de deux siècles dans vos États. Par quelle fatalité cependant arrive-t-il que, malgré la protection constante que vous et vos prédécesseurs lui avez accordée, malgré les richesses et les ressources naturelles de votre vaste royaume, malgré l'activité et l'industrie de vos nombreux sujets, ce commerce soit encore demeuré fort au-dessous de ce que nous le voyons dans deux États voisins, privés de la plupart de nos avantages ? Il ne faut pas, Sire, chercher d'autres causes que *l'éloignement continuel où on a tenu en France les négociants de toutes ces opérations politiques qui concernaient le commerce,* tandis que dans les États cités, non-seulement ils sont consultés dans les plus importantes circonstances, comme lors de la rédaction des traités de commerce ou de l'assise de nouveaux impôts souvent plus onéreux aux négociants que productifs au fisc ; mais *ils ont même des députés subsistants, attentifs à toutes les démarches de l'administration* qui pourraient nuire à leur organisation et par une suite immédiate compromettre la cause publique.

« Oui, Sire, le commerce est devenu le principal mobile de la puissance des souverains et le soutien des empires. Colbert et tous les ministres qui, comme lui, ont pensé et agi en grand, en ont été bien convaincus. Le généreux étranger que Votre Majesté vient d'approcher une seconde fois de son trône, par une nouvelle preuve de son amour pour son peuple attendri d'un tel bienfait, est infailliblement pénétré de la même vérité et fonde sur le commerce ses plus hautes espérances, comme la nation met les siennes en lui. Nos prétentions, en matière politique, ne sont pas bien ambitieuses. Nous ne faisons pas d'excursions indiscrètes sur des objets qui nous sont étrangers ; attachés par état et par goût au commerce, nous ne nous occupons que de ce qui y a trait, de tout ce qui peut lui donner plus d'impulsion et plus d'influence sur l'intérêt public. C'est à ce but unique que se rapportent les travaux et les études de tous les vrais négociants. *Leur expérience doit donner plus de confiance en leurs avis qu'aux spéculations ingénieuses et séduisantes des simples politiques.* Que dans des siècles où le commerce existait à peine, où il n'y avait d'instruit que le haut clergé, la souveraine magistrature et les hommes d'État, on ait négligé dans les assemblées générales de la nation d'appeler des négociants, nous n'y voyons pas d'injustice, mais aujourd'hui que, protégé de tous les souverains, le commerce jette le plus brillant éclat et embrasse tout le globe, aujourd'hui que les princes ne mettent plus leur gloire à régner sur l'ignorance et connaissent le prix d'une obéissance éclairée, aujourd'hui surtout que, par la faveur spéciale que Votre Majesté accorde à tous les établissements d'éducation, à tous les corps académiques, les connaissances et les lumières se sont répandues dans toutes les classes de votre royaume, ce serait faire un affront et une injustice au corps puissant et nombreux du commerce que de ne lui pas accorder des représentants pris dans son sein; ce serait, Sire, contredire le vœu connu et les intentions équitables de Votre Majesté ; ce serait trahir les intérêts de la patrie, puisqu'on se priverait des moyens d'augmenter ses ressources.

« Nous ne doutons pas, Sire, que les vertueux notables qui ont déjà si bien mérité de la patrie, et dont la nouvelle réunion nous donne tant de confiance, ne conviennent de la justice de notre humble requête et ne l'appuient auprès de vous de toute leur éloquence et de tout leur crédit.

« Ce considéré, il plaise à Votre Majesté, Sire, décider qu'à la prochaine assemblée des États généraux de votre royaume, *le commerce enverra au moins deux députés par province*, pris soit dans les Chambres qui lui sont propres, soit dans les juridictions consulaires, et élus par les suffrages libres de tous les membres réunis qui les composent, et les suppliants continueront leurs vœux pour la conservation des jours précieux de Votre Majesté et pour la prospérité de son règne.

« Présenté en novembre 1788 [1]. »

1. Singulier rapprochement ! Dans le journal *l'Union nationale du commerce et de l'industrie* du 10 janvier 1870, c'est-à-dire à quatre-vingt-deux ans de distance, on lit : « L'évolution gouvernementale, définitivement dessinée par la constitution du nouveau ministère, en conviant les citoyens à l'exercice de leur droit leur impose un nouveau devoir. Celui des industriels et commerçants est de sortir de leur effacement politique et d'apporter dans la direction des affaires du pays l'influence proportionnelle à la grandeur des intérêts qu'ils représentent.

« Étrange anomalie ! L'industrie, c'est-à-dire l'agriculture et la fabrication, le commerce qui fait circuler les produits, sont la force, la vie même des peuples modernes ; c'est une vérité vulgaire qu'ils constituent, en fin de compte, leur supériorité relative, et en France, ils sont à peine ou point du tout représentés dans les grands corps de l'État. Il ne faut pas chercher ailleurs les causes qui ont jusqu'aujourd'hui perpétué les luttes et enrayé le progrès..... (NOTELLE). »

Que devint cette pétition ? Nous l'ignorons, et nous ne sommes que trop porté à croire qu'elle subit le sort de toutes les pétitions semblables, c'est-à-dire qu'elle fut enfouie dans les oubliettes administratives, nous voulons dire dans les cartons ministériels d'alors.

Cependant l'agitation des esprits qui, à cette époque troublée, provenait de causes multiples, allait toujours en augmentant ; elle s'emparait des questions commerciales et industrielles aussi bien que des questions politiques et sociales, et l'année suivante, dans la nuit du 4 août 1789, l'Assemblée nationale, supprimant dans un moment d'enthousiasme tous les priviléges, abolissait définitivement cette fois les maîtrises, les jurandes, ainsi que la vénalité des charges, mais sans rien reconstituer à la place !

La promulgation de la loi des 2-17 mars 1791, en révoquant sans restriction toutes les lois réglementaires de l'industrie, mit fin au régime industriel qui existait précédemment en France, et l'on vit tout à coup, à une réglementation excessive, succéder une liberté sans limites !

Quel fut le résultat d'un changement aussi radical ?

Nous l'avons ainsi défini dans notre compte rendu des travaux de la Chambre syndicale des entrepreneurs de maçonnerie en 1866 :

· « A l'ordre dans les affaires succède le désordre, et à une concurrence régulière, une concurrence déréglée et sans frein qui vint jeter le commerce et l'industrie dans un trouble si profond, que les conséquences s'en font encore sentir aujourd'hui.

« Les idées reçues jusqu'alors furent bouleversées, et des

gens en trop grand nombre se rencontrèrent aussitôt qui ne virent plus dans les professions industrielles et commerciales des carrières honorables devant être honorablement parcourues, mais seulement un assemblage de moyens divers, mis à la portée de tous, pour faire rapidement fortune. On pouvait tout entreprendre librement et sans contrôle ; chacun, dès lors, put se croire apte à tout faire. De là ces évolutions téméraires et désastreuses à la fois, d'une foule de chercheurs industriels sans industrie et de prétendus commerçants sans connaissances commerciales, se jetant du jour au lendemain d'une profession languissante qu'ils connaissaient à peine dans une autre profession qu'ils connaissaient enore moins, mais qu'ils supposaient devoir être plus prospère ; de là encore ces malfaçons imprudentes, ces contrefaçons audacieuses et ces falsifications incroyables, jadis inconnues et qui portèrent alors une si fatale atteinte à la loyauté commerciale. »

La loi des 2-17 mars 1791 fut donc trop radicale en faisant brusquement table rase de tout le régime économique qu'avait créé le passé, et elle eut le très-grand tort de n'en rien laisser subsister, car il ne faut pas craindre de dire la vérité; tout, dans cet ancien régime, n'était pas absolument mauvais. Il n'était pas nécessaire, suivant nous, de détruire entièrement les corporations pour en corriger les abus. L'ancien régime est d'autant plus décrié qu'il est moins connu de ses détracteurs, et nous n'hésitons pas à croire qu'un examen plus approfondi inspirerait plus de réserve à la critique. Il nous paraît superflu d'ajouter que nous n'entendons parler ici que du régime économique, industriel et commercial, et nullement du régime politique.

Au lieu de détruire complétement les corporations, les maîtrises, les jurandes et le compagnonnage, les hommes de 89 auraient bien mieux fait, suivant nous, de chercher à utiliser ce que ces institutions avaient de bon et de vital en les reconstituant conformément aux idées nouvelles, c'est-à-dire en les laissant tout simplement vivre sans monopole, sans priviléges, comme nos voisins les Anglais ont eu le bon esprit de le faire ; car il est bien évident que tout en elles ne devait pas être condamné, puisqu'elles répondaient *à ce sentiment profond de leur faiblesse qui porte les hommes à chercher un soulagement et un appui dans l'association.*

Mais, sous l'effervescence passionnée, irréfléchie, des idées que la Révolution venait de faire naître, ce qu'avait de bon ce passé était alors méconnu, et l'on n'en voulait voir que les mauvais côtés. Dans cette disposition des esprits, on comprend que l'on n'ait pas songé à en conserver quoi que ce soit, car ainsi que l'a dit fort justement M. Alexis de Tocqueville dans son dernier ouvrage, *l'Ancien régime et la Révolution* : « Les Français ont fait en 1789 le plus grand effort auquel se soit jamais livré un peuple, afin de couper en deux, pour ainsi dire, leur destinée, et de séparer par un abîme ce qu'ils avaient été de ce qu'ils voulaient être désormais. Dans ce but, ils ont pris toutes sortes de précautions pour ne rien emporter du passé dans leur condition nouvelle, ils se sont imposé toutes sortes de contraintes pour se façonner autrement que leurs pères ; ils n'ont rien oublié enfin pour se rendre méconnaissables. »

L'ancien régime industriel et commercial, que les idées

nouvelles avaient condamné, devait donc disparaître entièrement ; il devait faire place à un régime nouveau ; et ce régime nouveau, nous allons maintenant le voir et l'apprécier à l'œuvre.

CHAPITRE IV

L'industrie de la construction sous la République, le Directoire et le premier Empire. — Promulgation du Code Napoléon et du Code de commerce. — Création du bureau des charpentiers et des maîtres maçons de Paris. — Homologation des statuts de cette nouvelle création par la préfecture de police. — La Restauration. — Pétition au garde des sceaux et à la Chambre des députés demandant le rétablissement des anciennes communautés des maçons et des charpentiers et celui de la Chambre des bâtiments et ponts et chaussées de France. — Accueil fait à cette pétition par la Chambre des députés. — Révolution de 1830. — Ralentissement des travaux. — Création de la Chambre syndicale des entrepreneurs de maçonnerie de la Seine en remplacement du bureau des maîtres maçons de Paris. — Fortifications de Paris, développement des travaux de construction de 1840 à 1847. — Établissement des grandes lignes de chemins de fer. — Révolution de 1848.—Cessation des travaux.—Ouverture des ateliers nationaux. — Suppression des ateliers nationaux et insurrection de juin. — Présidence de la République. — L'Empire. — Transformation de Paris. — Prospérité de la construction. — Enquête industrielle de 1860 par la Chambre de commerce de Paris. — L'exposition universelle de 1867, récompenses illusoires accordées à l'industrie de la construction. — L'organisation industrielle du nouveau régime vieillit. — Réformes demandées et obtenues. — Réformes à obtenir. — Développement des Chambres syndicales. — Rapport ministériel du 20 mars 1860 approuvant leur formation et leur fonctionnement. — Jugement du Tribunal civil de la Seine en faveur des dites Chambres. — Tendances hostiles de l'administration contre les Chambres syndicales. — Circulaire du garde des sceaux au président du Tribunal de commerce, invitant le Tribunal à cesser d'envoyer ses arbitrages aux Chambres syndicales. — Réponse à cette circulaire.

En supprimant les maîtrises et les jurandes, la loi des 2-17 mars 1791 avait frappé de mort l'ancien régime industriel et commercial ; désormais, la liberté allait régner partout et pour tous. Mais la liberté ne peut assurer la prospérité du commerce que si elle s'appuie sur l'ordre et la tranquillité, et, malheureusement, la Révolution avait détruit l'un et l'autre.

Au moment où la Convention, succédant à l'Assemblée nationale, proclamait la République le 22 septembre 1792, la totalité des assignats en circulation s'élevait à deux milliards trois cents millions et des créations successives augmentant encore cet énorme chiffre et discréditant de plus en plus ce papier, il était arrivé promptement aux dernières limites de la dépréciation. Les industriels et les commerçants, obligés de livrer les objets de leur commerce et de leur industrie en échange d'un papier sans valeur, préféraient renoncer à leur profession, et bientôt toutes transactions furent anéanties.

Lorsque la Convention fit place au Directoire, la vie commerciale sembla vouloir renaître ; mais ce fut seulement sous le Consulat que le calme et la sécurité de ce nouveau régime ramenèrent quelque peu la confiance et le crédit, et à leur suite, la reprise des affaires.

La Chambre royale des bâtiments, ponts et chaussées de France avait disparu avec l'ancien régime, et ce fut l'administration préfectorale d'alors qui prit en main la police des bâtiments. Elle régla la hauteur des édifices, donna les alignements des constructions nouvelles et remplaçales anciens jurés par les agents voyers.

Bientôt le Consulat dote la France du Code civil ; peu après, sous l'Empire, le Code de commerce est promulgué et la juridiction administrative est créée. De ce moment, toutes contestations pour faits de constructions sont ren-

vovées à l'appréciation des diverses juridictions qui doivent
en connaître conformément à la législation nouvelle.

C'est alors que le commerce et l'industrie semblent vouloir
se relever, mais dans l'industrie de la construction l'on s'a-
perçoit bien vite que la suppression des corporations laisse
un vide qu'il serait urgent de combler et, dès lors, l'on se
met à rechercher les moyens d'y parvenir sans toutefois
entrer ouvertement en lutte avec les idées nouvelles.

Le 7 septembre 1808, les maîtres charpentiers de Paris se
constituent en bureau. Qu'était-ce que ce bureau? une
timide tentative de reconstitution de la corporation des
charpentiers qui aboutit plus tard, ainsi que nous le verrons,
à la création de la Chambre syndicale de cette industrie.

Le 19 août 1809, c'est-à-dire un an après, M. le préfet de
police invite les maîtres maçons de la ville de Paris à se
réunir à son secrétariat pour les constituer en bureau
comme les charpentiers. Vingt-trois entrepreneurs sur vingt-
quatre qui avaient été convoqués répondirent à cet appel et
séance tenante ce bureau fut officiellement organisé.

Le 1er septembre suivant, les membres élus se réunirent et
rédigèrent le projet de leur règlement intérieur qui fut dis-
cuté et arrêté en assemblée générale, puis soumis à l'agrément de M. le préfet de police le 13 janvier 1810.

Ce règlement comportait trente-trois articles et il fut homologué sans aucune modification par ce magistrat. En sorte
que l'organisation nouvelle, qui était appelée de ce jour à régir les entrepreneurs de maçonnerie, émanait de l'autorité de
M. le préfet de police, et cette organisation, fort pâle reflet
des anciennes corporations, hâtons-nous de le dire, ne donna

alors satisfaction à personne. Aussi voyons-nous peu après les maîtres maçons et les maîtres charpentiers de Paris demander de concert le rétablissement officiel de leurs corporations respectives. Mais l'invasion arrive, l'Empire succombe et la Restauration succède à l'Empire. Dès que la tranquillité fut rétablie, les maçons et les charpentiers, pensant'que le moment était propice pour obtenir la reconstitution de leurs corporations qu'ils désiraient toujours, rédigèrent immédiatement à cet effet une pétition demandant le rétablissement des anciennes communautés des maçons et des charpentiers conformément aux lettres patentes du 20 mai 1782, registrées au Parlement le 3 septembre suivant, relatées plus haut.

Cette pétition, que le délégué des maîtres maçons fut chargé de remettre à Son Excellence le garde des sceaux le 17 novembre 1814 s'appuyait sur ce que la mesure sollicitée présentait un moyen certain de remédier à nombre d'abus, *car*, disait-elle, *l'homme qui tient à un corps craint beaucoup plus de se compromettre que l'homme isolé*. Cette pétition demandait aussi le rétablissement du tribunal spécial qui connaissait autrefois de tous les délits relatifs aux constructions et elle sollicitait en outre des lois répressives contre ceux qui refuseraient de se conformer aux statuts définitifs qui seraient régulièrement arrêtés et ordonnés.

Le ministre de l'intérieur, auquel le garde des sceaux renvoya cette pétition, y répondit le 31 décembre 1814 ; et reconnaissant que l'objet de cette demande était de nature à mériter une attention particulière, il promit qu'elle serait examinée sérieusement, et que sur le compte qui lui en serait rendu, il prendrait une décision dont les pétitionnaires seraient informés.

Cette réponse évasive à une demande provoquée par le vain espoir d'un retour vers des idées que l'on ne pouvait plus faire revivre n'était pas sérieuse, et malgré les services rendus par les corporations au commerce et à l'industrie dans des temps éloignés, on n'avait point encore oublié qu'elles avaient engendré la féodalité de l'atelier ; et l'on avait bien de la peine à le leur pardonner. Cependant les corporations avaient de profondes racines dans l'esprit des masses ; et si elles ont été modifiées ou ébranlées à toutes les époques où la civilisation a fait un pas en avant, toutes les fois aussi que le mouvement humanitaire a paru stationnaire ou rétrograde elles ont été redemandées. Turgot les supprime et sa chute les rappelle ; la Révolution et l'Empire les détruisent sans retour et en 1814 des pétitions, une entre autres assez curieuse rédigée par M. Levacher-Duplessis [1], en demandent le rétablissement. Mais le retour de

---

1. Voici cette pétition :

REQUÊTE AU ROI.

Les marchands et maîtres artisans de la ville de Paris.

SIRE,

« Depuis l'heureux retour de Votre Majesté dans son royaume, voici la première fois que les marchands et artisans de votre bonne ville de Paris ont l'honneur d'être admis en votre présence. Permettez, Sire, que nous commencions par exprimer notre vive reconnaissance et le sentiment profond d'amour et de respect dont nous sommes pénétrés pour votre personne sacrée.

« Sire, le commerce de la ville de Paris s'est toujours fait gloire de son dévouement pour ses Rois ; il reconnaît avec orgueil que c'est à eux seuls qu'il a dû, pendant plusieurs siècles, sa prospérité et sa

l'île d'Elbe et les cent jours ajournent indéfiniment des espérances trop légèrement conçues et le succès de ces tentatives en faveur du passé.

A la chute définitive de Napoléon, le retour de Louis XVIII fait renaître la confiance et les affaires de construction de-

splendeur, et c'est encore, en ce moment, dans les vertus et la bonté de son Roi qu'il met toutes ses espérances.

« Sire, nous avions reçu de vos augustes prédécesseurs des institutions sages à l'ombre desquelles ont fleuri longtemps le commerce et l'industrie de votre capitale. Séparés, suivant nos diverses professions, en corporations et en communautés différentes, nous exercions sur nous-mêmes une surveillance utile ; nous maintenions parmi nous la bonne foi, la décence des mœurs, l'amour de nos Souverains et le respect pour notre sainte religion ; nous jouissions ainsi d'un état fixe et paisible, dans lequel nous pouvions élever honorablement nos familles, et laisser à nos enfants, après plusieurs années de travail, une fortune modeste dont nous n'avions pas à rougir. En remplissant ainsi nos devoirs dans l'état où le Ciel nous avait placés, nous avions acquitté notre dette envers notre Roi et notre patrie.

« Ces institutions, Sire, ouvrage de la sagesse de saint Louis, avaient été maintenues et perfectionnées par nos plus grands Rois, Henri IV et Louis XIV. Les ministres les plus renommés, le chancelier de l'Hôpital, Sully, Colbert, avaient toujours regardé leur existence comme inséparable de la sûreté du commerce, de la perfection dans les arts, ainsi que du bon ordre et de la tranquillité de la société

« L'esprit novateur du dernier siècle s'était surtout déchaîné contre les corporations, parce qu'elles étaient un moyen puissant d'ordre et de moralité publique. Elles ont succombé sous ses efforts et péri avec la monarchie.

« Depuis cette époque, Sire, les professions industrielles et commerciales ont été livrées à la plus honteuse licence ; on ne connaît plus ni règle, ni frein, ni police ; l'insubordination dans les ateliers, la mauvaise foi la plus insigne dans le commerce en détail ont pris la place de l'ordre et de la probité. Dans la capitale, Sire, le mal est arrivé à son comble ; les moyens les plus scandaleux sont employés tous les jours pour tromper le public et abuser de son inexpérience. Enhardis par la liberté de confondre ou de cumuler les professions souvent les plus opposées, des hommes, la honte du commerce, se livrent impunément aux manœuvres les plus humiliantes ; la délicatesse et la prudence sont bannies des affaires, les banqueroutes succèdent aux banqueroutes, et la confiance est perdue sans retour.

« Les honnêtes marchands, témoins de ces désordres qu'ils ne peuvent arrêter, gémissent et se ruinent ; le commerce seul d'improbité prospère.

viennent de plus en plus actives. Aussi la période de 1820 à 1829 fut-elle, pour l'industrie de la construction, une ère de prospérité. Dans ces conditions, il nous semble que les maçons et les charpentiers auraient dû faire honneur de cette prospérité, en partie du moins, aux idées nouvelles

« Dans les arts et métiers, d'autres désordres se manifestent, l'autorité domestique des maîtres est détruite et l'indiscipline des simples ouvriers ne connaît plus de frein. L'apprentissage, si nécessaire à la propagation et au perfectionnement des arts mécaniques, est presque abandonné, parce que les règlements qui en déterminaient les conditions et la durée ne sont plus exécutés. Sans habileté dans son art, sans capitaux pour faire les premières avances, le compagnon se hâte de s'établir maître. L'ignorance s'introduit ainsi tous les jours dans les ateliers, la main-d'œuvre s'altère, et le commerce est inondé d'ouvrages mal fabriqués, qui déshonorent l'industrie française.

« Tel est, Sire, le triste, mais fidèle tableau du commerce et de l'industrie dans votre capitale. Les bornes que nous nous sommes imposées dans notre humble requête ne nous permettent pas d'entrer dans de plus grands détails, mais les faits et les preuves sont développés dans le Mémoire que nous supplions Votre Majesté de permettre que nous mettions sous ses yeux.

« Sire, lorsqu'à des époques plus reculées les désordres dont nous nous plaignons aujourd'hui se manifestaient dans le commerce et l'industrie, soit parce que les anciens règlements n'étaient plus en vigueur, soit parce que la police des corps avait été abandonnée, les Rois, vos prédécesseurs, ne connurent pas de plus sûr remède que de rappeler les corporations au principe et au but de leur institution primitive.

« Sire, c'est ce même remède que nous invoquons aujourd'hui, en suppliant humblement Votre Majesté de rétablir, dans la ville de Paris, les corps de marchands et les communautés d'artisans.

« Lorsqu'il ne sera plus permis ni de cumuler ni de confondre les professions ou les commerces les plus opposés ; lorsque ceux que les mêmes occupations et les mêmes intérêts rapprochent seront réunis ; qu'ils pourront se choisir des chefs qui, sous l'autorité des magistrats, exerceront une police sévère sur les membres de leurs corporations, nous osons, Sire, l'assurer à Votre Majesté, bientôt les abus disparaîtront, on verra renaître parmi nous la probité et les bonnes mœurs, et le commerce et l'industrie retrouver la confiance et la considération qu'ils ont perdues.

« Sire, nous ne sollicitons pas ici des priviléges qui donneraient des chaînes au commerce et à l'industrie. Qui sait mieux que nous que la liberté est l'âme du commerce, et que l'industrie ne doit pas connaître d'entraves ? Mais nous demandons, Sire, qu'on réprime la licence, qui

qui les régissaient depuis 1789. Loin de là, ils les considérèrent comme un obstacle à un plus heureux développement des affaires et, persistant dans leur désir de rétablissement de leurs communautés, ils présentèrent en 1829 une nouvelle pétition à la Chambre des députés. Cette pétition avait le même objet que celle remise au garde des sceaux le 17 novembre 1814 et la Chambre des députés, sur le rapport de l'honorable M. de Schonen, renvoya cette pétition aux ministres de l'intérieur et de la justice et au bureau des renseignements.

Sur ces entrefaites, la révolution de juillet 1830 éclata, toutes les affaires furent instantanément suspendues, et il va sans dire que la pétition de 1829 ainsi que celles qui l'avaient précédée restèrent ensevelies, perdues dans les cartons des ministères.

Le 9 août 1830, Louis-Philippe est proclamé roi des Français, l'ordre et les affaires se rétablissent peu à peu ; toutefois l'industrie de la construction reprend lentement à Paris et en raison seulement de l'extension et de l'embellissement progressif de la ville.

La révolution de 1830, on ne saurait le méconnaître,

---

a tué la liberté, cette liberté qui ne peut produire d'heureux effets que lorsqu'elle est tempérée et réglée par la loi.

« Telles sont, Sire, les humbles supplications que les fidèles sujets de Votre Majesté exerçant, dans votre bonne ville de Paris, les professions commerciales et industrielles, viennent déposer au pied de son trône. Ils savent, Sire, que rien de ce qui peut contribuer au bonheur public n'échappe aux regards paternels de Votre Majesté, et leur confiance dans votre sagesse et votre bonté est sans bornes, comme leur profond respect et leur amour. »

Trente-quatre professions commerciales et industrielles ont concouru à la signature de cette requête.

était une victoire du libéralisme et un retour vers les idées de 89 ; on eût donc été fort mal venu alors à vouloir imposer des mesures impliquant un retour vers un passé que les événements venaient encore une fois de condamner ; aussi les maçons et les charpentiers renoncèrent-ils dès ce moment à l'espoir du rétablissement des anciennes corporations, et c'est alors seulement que l'on songea sérieusement à créer les Chambres syndicales.

En 1834, les statuts du bureau des maîtres maçons, homologués le 13 janvier 1810 par M. le préfet de police, furent révisés et, cette révision faite, l'on crut devoir soumettre les nouveaux statuts à l'homologation du successeur de ce magistrat. Mais le temps avait marché et les idées du gouvernement s'étaient singulièrement modifiées. En effet, en 1809, la préfecture de police provoque l'organisation du bureau des maîtres maçons de Paris et préside à l'installation de ce bureau ; en 1829, la Chambre des députés prend en considération la demande du rétablissement des corporations des maîtres maçons et des charpentiers, et en renvoie l'examen aux ministres compétents ; mais en 1834, pour toute réponse à la demande d'homologation des nouveaux statuts qui lui était faite, M. le préfet de police fait notifier aux entrepreneurs de Paris, par le commissaire de police du quartier de l'Hôtel de ville, qu'il ne s'opposait pas à ce que leurs réunions, qui avaient lieu depuis nombre d'années rue de la Mortellerie, continuassent comme par le passé, que cependant il n'entendait nullement, par la présente autorisation, confirmer leur règlement du 13 janvier 1810, homologué par un de ses prédécesseurs ; ce règlement lui paraissant prohibé par la loi de mars 1791 qui défend l'existence de tout syndicat ou corporation! Ainsi, toute la bienveillance du gouvernement d'alors se borne à tolérer la réunion des entrepreneurs de maçonnerie, mais il ne veut pas reconnaître l'existence de leur chambre syndicale et en homologuer les nouveaux statuts.

En 1838, ces mêmes statuts furent remaniés à nouveau et adoptés le 25 avril 1839 par les principaux entrepreneurs de Paris qui, n'ayant pas oublié la réponse du préfet de police en 1834, ne crurent plus, avec raison, devoir les soumettre à l'homologation de ce magistrat, et le 2 mai suivant leur mise en vigueur fut votée.

Ce vote mit fin à l'existence du bureau des maîtres maçons de la ville de Paris, fondé et organisé les 19 août 1809 et 13 janvier 1810 par M. le préfet de police ; il donna naissance à la Chambre syndicale des entrepreneurs de maçonnerie de Paris et du département de la Seine, et ce fut, en effet, à partir de ce jour-là seulement que cette chambre fut constituée, mais non pas reconnue par le gouvernement.

Ces nouveaux statuts, aussi judicieux que sages, sont bien franchement de leur temps ; ils ne comportent aucune mesure répressive, et la chambre n'a plus d'autre moyen d'action sur tous ceux qui exercent la profession d'entrepreneur de maçonnerie que la confiance qu'ils veulent bien avoir en sa sagesse et en son expérience. C'est donc uniquement sur la raison et sur l'intérêt bien entendu de chacun ainsi que sur l'union de tous, qui peut seule lui donner l'autorité morale nécessaire, que la chambre va compter désormais pour sauvegarder les intérêts et l'honneur de la profession.

Nous avons suivi pas à pas la marche progressive des faits qui ont amené la création de la Chambre syndicale des entrepreneurs de maçonnerie de la Seine ; la voilà fondée, non officiellement reconnue, mais acceptée en fait ; et la voilà enfin appelée à remplacer la corporation, sans cependant lui succéder dans aucun de ses priviléges qui ont disparu complétement et pour toujours. En effet, le perfectionnement des machines, les découvertes modernes et les principes de 89, ravivés en 1830 et confirmés bientôt plus énergiquement en 1848, vinrent alors, en développant les sentiments de liberté et d'esprit d'initiative si fort enracinés dans nos mœurs, anéantir définitivement toute pensée de retour aux idées de protection d'autrefois, et ce ne sont certainement pas les chambres syndicales, qui répudient franchement tous les priviléges corporatifs, tout en regrettant ce que les corporations avaient de bon et de pratique, qui songeront jamais à les faire renaître de leurs cendres.

Mais l'année 1840 arrive, et les fortifications de Paris sont votées et ordonnées par les Chambres des pairs et des députés. A partir de ce moment, les travaux de construction prennent un très-grand développement accru encore par l'établissement des grandes lignes de chemins de fer, lorsque tout à coup surgit la révolution de 1848. Aussitôt les travaux de construction s'arrêtent et le premier soin de l'autorité est de prendre des mesures immédiates pour empêcher l'arrivée à Paris d'un trop grand nombre d'ouvriers qui seraient restés sans ouvrage.

L'agitation des esprits était telle alors que la reprise des affaires devenait de plus en plus impossible et l'un des plus puissants obstacles qu'elle rencontrait était l'existence des ateliers nationaux, composés d'un nombre d'ouvriers qui allait croissant de jour en jour. Maintenir cette création, c'était proscrire indéfiniment les travaux utiles et productifs, car les prétendus ouvriers des ateliers nationaux étaient payés pour travailler, mais ils ne travaillaient pas. L'Assemblée nationale l'ayant compris, substitua dans ces ateliers. par son décret du 30 mai 1848, le travail à la tâche au travail à la journée, ce n'était que juste, mais ce n'était pas ainsi que l'entendaient la plupart des hommes des ateliers nationaux et, quelques jours après, éclatait la terrible insurrection de juin.

Lorsque le calme eut succédé à cette insurrection sanglante, l'Assemblée nationale, qui était animée des meilleures intentions, rendit, le 4 juillet 1848, un décret tendant à secourir tout d'abord les différentes industries qui se rattachaient au bâtiment dans la persuasion, comme on le dit proverbialement, que lorsque *le bâtiment va, tout va.* Ce décret vint en effet aider à la reprise des affaires qui, cependant, ne commencèrent à prendre une réelle animation que sous la Présidence.

Le 1er février 1850, un décret du président de la République avait convoqué les membres du conseil général de l'agriculture, des manufactures et du commerce. Ils se réunirent le 7 avril suivant sous la présidence du ministre du commerce. Le président de la République assistait à l'ouverture de la session ; il prononça une allocution dans laquelle on remarque le passage suivant : « Bien des industries languissent, elles ne se relèveront comme l'agriculture et le commerce, que lorsque le crédit public lui-même sera rétabli. Le crédit, ne l'oublions pas, c'est le côté moral des intérêts matériels ; c'est l'esprit qui anime le corps. Il décuple par la confiance la valeur de tous les produits, tandis que la défiance les réduit à néant. »

Les 21 et 22 novembre 1852, la France déclare par un plébiscite qu'elle veut le rétablissement de la dignité impériale dans la personne de Louis-Napoléon Bonaparte, avec hérédité dans la descendance directe, légitime ou adoptive. Par suite de ce plébiscite, Louis-Napoléon Bonaparte est proclamé empereur des Français et le décret de promulgation paraît le 2 décembre suivant.

A partir de ce moment, l'industrie de la construction, que les grands et admirables travaux des chemins de fer, ainsi que ceux de jonction du palais des Tuileries au Louvre, avaient déjà singulièrement développée, prend un essor inconnu jusqu'alors.

Le 22 juin 1853, M. Haussmann, préfet de la Gironde, est nommé préfet du département de la Seine.

Le 2 mai 1855, le Corps législatif vote la loi qui autorise le dégagement des abords de l'Hôtel de ville, la construction de la caserne Napoléon et l'ouverture de l'avenue Victoria, et en 1858, en réduisant à cinquante millions la subvention de l'Etat, il autorise l'ouverture de vingt et une voies nouvelles rayonnant dans tous les quartiers de Paris, l'achèvement du boulevard de Sébastopol et de la place qui entoure l'arc de triomphe de l'Étoile.

Tous ces grands travaux, tous ces grands percements augmentèrent considérablement la prospérité de l'industrie

de la construction ; et c'est alors que, parvenue à son apo-
gée, elle prit enfin dans le commerce et l'industrie le rang
qui lui appartient.

Dans l'enquête industrielle faite en l'année 1860 par la
Chambre de commerce de Paris, on a évalué annuellement
l'importance générale des affaires de l'industrie parisienne
à trois milliards, trois cent soixante-neuf millions, quatre-
vingt-douze mille, neuf cent quarante-neuf francs et l'on a
divisé en dix groupes principaux toutes les industries de la
ville de Paris. Dans cette classification, établie avec une
remarquable intelligence, le groupe du bâtiment figure
pour un chiffre d'affaires de trois cent quinze millions, deux
cent soixante-six mille, quatre cent soixante-dix-sept francs.

Si l'on recherche maintenant la place qu'occupe dans
cette enquête le groupe industriel du bâtiment, on trouve
que cette industrie arrive en quatrième ligne pour l'importance des affaires ; et, comme la province reflète à peu près
exactement tout le mouvement industriel de Paris, il en
résulte que l'industrie de la construction se trouve en France
au quatrième rang.

Dans cette enquête, on lit ce qui suit (page 106) : « Les
industries du bâtiment, et notamment la maçonnerie, n'ont
pas cessé de prendre un accroissement considérable. Mettant
à profit les découvertes de la science moderne, la maçonnerie a imprimé à ses travaux une rapidité inconnue jusqu'à
nos jours : elle utilise la lumière électrique pour éclairer
ses chantiers pendant la nuit ; elle emploie les machines
nouvelles pour monter ses matériaux, et se sert, pour les
transporter d'un point à l'autre du bâtiment en construc-

tion, de rails posés sur des ponts volants; les machines à vapeur lui prêtent leur aide pour sécher plus vite le sol destiné à recevoir les fondations, enfin l'air comprimé lui devient une ressource pour poser et bâtir les piles des ponts malgré la violence des courants.

« Grâce à ces moyens d'accélération, la maçonnerie a pu bâtir en quelques années ces nombreux monuments, églises, palais, ponts, gares de chemins de fer, théâtres, casernes, édifiés depuis l'avénement de l'empire, et toutes ces maisons bourgeoises élevées à l'alignement des rues et des boulevards percés dans le vieux Paris ou tracés dans les quartiers nouveaux. »

C'est donc une grande et féconde industrie que l'industrie de la construction. Mais, cette industrie si féconde a-t-elle rencontré des encouragements en rapport avec son importance et son utilité? nous ne le croyons pas, et c'est à grand'peine en effet qu'elle a pu se faire recevoir à l'Exposition universelle de 1867; encore n'a-t-elle obtenu ses entrées que collectivement et sous le couvert de la Chambre syndicale des entrepreneurs de maçonnerie de la Seine, que l'on n'a pas cru pouvoir refuser [1]. Cette admission de l'industrie de la construction à l'Exposition universelle, même sous la forme collective, n'a pas eu lieu sans difficulté. Cette industrie si multiple n'a été acceptée qu'en un seul groupe, et ce groupe, quelle récompense a-t-il obtenue? une médaille d'argent! Que représentait ce groupe? l'entreprise

---

1. Constatons ici avec regret que les entrepreneurs de chemins de fer qui ont exécuté de si grands et de si admirables travaux en France n'ont pas cru devoir se rallier au groupe des entrepreneurs de Paris.

des travaux publics et des bâtiments civils et particuliers de Paris, qui, s'associant avec confiance à la puissante impulsion imprimée alors par le gouvernement à la transformation de Paris, a exécuté ces immenses et remarquables travaux que l'étranger admire et nous envie. Une médaille d'argent pour tout cela ; en vérité, si modeste que l'on veuille se faire, on a droit de trouver que c'est peu [1].

La progression rapide et la prospérité actuelle de toutes les industries, et en particulier de l'industrie de la construction, sont-elles dues au régime inauguré au commencement de ce siècle ? Nous ne saurions l'affirmer ; mais ce que nous savons très-bien, c'est que l'on s'accorde à reconnaître depuis longtemps déjà que l'organisation nouvelle, sous laquelle, il faut bien en convenir, toutes les industries ont progressé et prospéré, a vieilli, et qu'elle n'est plus maintenant en parfaite harmonie avec nos besoins, et peut-être avec nos mœurs.

Différentes modifications ont été successivement apportées à cette organisation ; ainsi, l'on a créé à Paris les Conseils de prud'hommes ; la contrainte par corps en matière commerciale a été abolie ; la loi sur les sociétés a été remaniée ; la loi sur les coalitions, adoucie en 1849, a été définitivement abrogée dans ces derniers temps, ainsi que la loi du 22 juin 1854 sur les livrets et enfin l'art. 1781, qui stipulait que le maître était cru sur son affirmation, a disparu du Code civil ; cependant ces réformes ne suffisent déjà plus !

---

1. Reconnaissons toutefois qu'antécédemment et à propos des travaux de jonction du Louvre aux Tuileries, deux entrepreneurs ont été décorés, un entrepreneur de maçonnerie et un entrepreneur de plomberie.

L'on se préoccupe en ce moment de réviser le Code maritime, de modifier la loi sur les faillites et celle du 3 septembre 1807 sur le taux de l'intérêt de l'argent. On étudie la réorganisation des Conseils de prud'hommes sur des bases nouvelles, on veut étendre les attributions des Chambres de commerce; toutes sortes de projets de lois intéressant le commerce et l'industrie sont actuellement à l'étude et l'on vient de remanier le mode électoral appliqué aux élections consulaires et à celles des Chambres de commerce.

Mais ces études et ces projets de réformes ne devront pas, nous l'espérons, faire perdre de vue à nos gouvernants que la protection donnée aux sociétés coopératives et la promulgation de la nouvelle loi sur les coalitions ont engagé les intérêts du commerce et de l'industrie dans une voie qui n'est pas exempte de périls. Ne craignons pas de le dire, la coalition, sanctionnée par la loi, met une arme dangereuse dans des mains inexpérimentées. La preuve n'en ressortira que trop clairement des considérations que nous exposerons plus loin, lorsque nous traiterons des grèves, des coalitions et de la société l'*Internationale*. D'une part, la concurrence violemment surexcitée par la rapidité des transports, par la facilité prodigieuse des communications, et, d'autre part, la création de Chambres syndicales d'ouvriers que l'on ne saurait logiquement entraver, tout cela, selon nous, présente des enseignements qu'il ne faut pas négliger et fait craindre de graves éventualités pour l'avenir, dont il serait imprudent de ne pas tenir compte.

Heureusement, le monde industriel l'a fort bien compris ;

il a senti que, pour modérer la marche envahissante de
l'esprit de société, contenir les excès de la concurrence,
conjurer les périls de la coalition devenue permise, et surtout pour lutter utilement contre la société l'Internationale [1],
la seule arme assez puissante c'est l'union de tous, et l'on
s'est dit que les Chambres syndicales pouvaient seules donner à cette union un centre, une prépondérance suffisante
et une vitalité durable.

C'est, nous n'en doutons pas, sous l'influence de ces considérations que les Chambres syndicales ont pris le développement dont nous avons été tous témoins dans ces derniers
temps; c'est dans cet esprit qu'est intervenu le rapport
ministériel du 30 mars 868, approuvant la formation et le
fonctionnement des dites Chambres, et c'est encore lu
qui nous paraît avoir inspiré le Tribunal civil de la Seine
lorsqu'il rendait le 20 avril 1870, en faveur de la Chambre
syndicale de la boucherie demanderesse, bien que non officiellement reconnue, un jugement disant et proclamant que
les Chambres syndicales sont instituées dans un but de
confraternité et de défense collective [2].

1. Voir ci-après le manifeste de la société *l'Internationale.*

2. Ce jugement qui a été rendu par la deuxième chambre, conformément aux conclusions de M. l'avocat impérial Vaney, sous la présidence
de M. Feugère des Forts, est ainsi libellé :

« Le Tribunal,

Attendu que le 5 novembre 1869, les commerçants bouchers de la
ville de Paris se sont réunis en assemblée générale ;

Que les membres adhérents de la Chambre syndicale avaient été convoqués ;

Que Couder, président de la Chambre, avait été également invité à
cette réunion, à laquelle il s'est abstenu de se présenter, se bornant
à une protestation ;

Que le dit Couder a été déchu de ses fonctions par deux décisions

Malheureusement, ces bonnes dispositions du pouvoir en faveur des Chambres syndicales semblent ne devoir pas durer, et une circulaire récente de M. le Garde des sceaux, ministre de la justice, vient d'informer M. le Président du Tribunal de commerce « qu'il considère que le Tribunal, en désignant une Chambre syndicale comme arbitre rapporteur, n'observe pas *les termes de l'art.* 429 *du Code de procédure civile, d'après lequel il doit être nommé un ou trois arbitres, et d'après lequel, par conséquent, les désignations doivent être* INDIVIDUELLES [1]. M. le Garde des sceaux ajoute que « l'usage suivi enlève, en outre, indirectement

unanimes émanant, la première, de l'assemblée générale, la seconde, des membres de la Chambre présents à la réunion ;

. . . .

Que les Chambres syndicales sont instituées dans un but de confraternité et de défense collective;

Qu'il répugne à leur nature qu'elles puissent être tenues de subir, pendant une période de temps prolongée, un président devenu incapable ou indigne ou ayant même seulement, comme dans le cas actuel, perdu la confiance de ses commettants par des agissements purement commerciaux considérés par eux comme contraires aux intérêts de la corporation;

Qu'en droit, ce mandat est essentiellement révocable ;

. . . .

Par ces motifs,

Dit qu'à l'avenir Couder ne pourra plus prendre le titre de président de la Chambre syndicale de la boucherie ;

Dit que, dans la quinzaine à dater de ce jour, il devra remettre au président actuel, sur son simple récépissé, les registres, documents et deniers appartenant à la Chambre et dont il peut être détenteur, faute de quoi, il sera fait droit;

Déclare Couder mal fondé en ses conclusions reconventionnelles ;

L'en déboute et le condamne aux dépens. »

Ce jugement n'a été frappé d'appel ni par le ministère public, ni par les parties ; il a donc acquis l'autorité de la chose jugée !

[1]. Le mot *individuel* ne figure pas dans le texte de l'art. 429 du Code de procédure que voici exactement :

« S'il y a lieu à renvoyer les parties devant des arbitres, pour examen de comptes, pièces et registres, il sera nommé un ou trois arbitres pour aux parties en cause la faculté de récusation qui leur est accordée par l'art. 430 du même Code » et il invite le Tribunal à cesser de pratiquer un mode de désignation « contraire au texte de la loi et au vœu du législateur ».

Le motif sur lequel s'appuie M. le Garde des sceaux pour recommander au Tribunal de ne plus confier la mission d'arbitre rapporteur aux Chambres syndicales, en tant que collectivité, se borne donc tout simplement à ceci : c'est que, suivant lui, les Chambres syndicales qui sont collectives n'ont qu'une individualité collective, tandis que les désignations des arbitres doivent être individuelles, que par conséquent l'usage adopté jusqu'à ce jour d'admettre comme arbitres les Chambres syndicales enlève aux parties en cause la faculté de récusation à laquelle elles ont droit. Suivant nous, ce motif est plus spécieux qu'il n'est fondé ; car, il est bien évident que les parties ont le droit de récuser les Chambres syndicales, comme elles ont le droit de récuser tels ou tels arbitres ou experts individuellement nommés, et ce droit a toujours été exercé et respecté sans conteste, on ne saurait le nier, pas plus que l'on ne saurait se refuser à reconnaître aux sociétés civiles de fait comme aux sociétés commerciales, revêtues des formalités légales, une individualité réelle qui leur est propre, bien qu'elle soit collective ; cette individualité se

entendre les parties, et les concilier, si faire se peut, sinon donner leur avis.

« S'il y a lieu à visite ou estimation d'ouvrages ou marchandises, il sera nommé un ou trois experts.

« Les arbitres et les experts seront nommés d'office par le Tribunal, *à moins que les parties n'en conviennent à l'audience.* »

résume et se personnifie dans le nom qu'elles ont choisi, et elles sont admises sous ce nom à ester en justice ; donc, lorsqu'en fait d'arbitrage ou d'expertise, l'une des parties en cause refuse l'arbitrage ou l'expertise de l'une de ces sociétés, elle récuse tous les membres faisant partie de cette société, et le Tribunal, jusqu'au jour de la réception de la circulaire de M. le Garde des sceaux, y a toujours fait droit, de même que jusque-là il n'avait jamais refusé de renvoyer les litiges aux arbitres ou aux experts acceptés à l'audience par les parties, alors même que les parties désignaient une Chambre syndicale. Disons-le donc, lorsque la récusation des Chambres syndicales est demandée au Tribunal, elle n'est jamais refusée ; mais, affirmons par contre que, bien plus souvent, les parties demandent elles-mêmes leur renvoi devant les Chambres syndicales, parce que, devant elles, l'arbitrage est moins coûteux et parce que, surtout, le grand crédit dont elles jouissent amène presque toujours les parties à transiger amiablement entre elles.

En définitive, la faculté de récusation n'est pas et n'a jamais été enlevée aux justiciables par le fait de la nomination d'une individualité collective, ainsi que M. le Garde des sceaux semble le croire ; tandis que, par la mesure prise à son instigation par le Tribunal, nous ne voyons pas trop comment à l'avenir le Tribunal pourra donner satisfaction aux parties, lorsque, s'appuyant sur ce même article 429 qu'invoque M. le Ministre, les parties conviendront à l'audience du renvoi de leur litige à l'arbitrage ou à l'expertise d'une Chambre syndicale.

Depuis plus de trente ans, l'ordre de choses que vient de

réformer M. le Garde des sceaux existait et rendait des services auxquels presque tous les Présidents du Tribunal de commerce, pour ne pas dire tous, ont successivement rendu justice. Pourquoi aujourd'hui la modification intempestive contre laquelle nous croyons devoir protester ? C'est, dit-on, parce que les agissements de certaines Chambres l'ont motivée. Admettons que cela soit exact pour quelques Chambres ; n'eût-il pas été plus simple et plus juste, dans ce cas, de rayer ces Chambres de la liste des arbitres du Tribunal de commerce [1] ?

1. Comme arbitres, les Chambres syndicales rendent des services que les *arbitres individuels* ne pourront jamais rendre, et pour en être bien convaincu, il suffira de lire avec attention la copie du compte-rendu publié en 1873 par la Chambre syndicale des entrepreneurs de maçonnerie de la Seine, en ce qui touche les commissions judiciaires de cette Chambre.

« Pendant les années 1867, 1868, 1869, 1870, 1871 et 1872, les commissions judiciaires de la Chambre ont examiné de nombreuses affaires litigieuses dont nous allons donner le résumé année par année :

« De 1867 à 1872, les dites commissions ont été saisies, savoir :

En 1867	265 affaires
En 1868	305 »
En 1869	358 »
En 1870	208 »
En 1871	118 »
Enfin en 1872	206 »
Soit au total . .	1460 affaires.

Ces 1460 affaires avaient été envoyées :

Par le tribunal civil	5 affaires
Par le tribunal de commerce . . .	1406 »
Par différentes justices de paix . .	17 »
Par les parties d'accord entre elles .	32 »
Total semblable	1460 affaires

Sur ces 1460 affaires :

Ont été conciliées	893 affaires
Ont donné lieu à des rapports . .	439 »
Ont été non suivies	110 »
Sont en cours d'examen	18 »
Total égal	1460 affaires

C'est un généreux mouvement que celui qui nous pousse sans cesse à la recherche du mieux ; mais on l'a dit, souvent avec raison, le mieux est quelquefois l'ennemi du bien! Pourquoi faut-il que nous en trouvions la preuve dans la mesure imposée par M. le Garde des sceaux au Tribunal de commerce en janvier 1875 ? Mais espérons-le, cette mesure intempestive, sur laquelle il est inutile de nous appesantir

« L'étude de ces affaires litigieuses constitue pour les commissions judiciaires un très-grand travail, dont ces commissions s'occupent avec le plus grand zèle, en se considérant avant tout comme un tribunal de conciliation, mais non pas de conciliation quand même, car alors elles auraient perdu de vue le but qui les a toujours dirigées l'équité dans le droit.

« C'est ainsi que sur la quantité des affaires qui ont été confiées à leur examen, soit par les tribunaux, soit par les parties d'accord entre elles, 893 *affaires ont été conciliées sur* 1460, *soit donc plus des trois cinquièmes de la totalité de ces affaires*, et cela amiablement, bien entendu, et sans grands frais pour les plaideurs et, il faut le dire hautement, les conciliations amiables ainsi obtenues et souvent au moyen de concessions mutuelles, volontairement consenties par les parties, ont cet immense avantage de rapprocher les plaideurs entre eux, au lieu de les éloigner les uns des autres pour toujours et d'en faire des ennemis irréconciliables, ce qui arrive trop souvent à la suite des procès sur lesquels les tribunaux sont obligés de se prononcer.

« Plus de trois affaires sur cinq conciliées, c'est là, il faut bien en convenir, un grand résultat obtenu, applaudi par les différents présidents qui, pendant les six années qui viennent de s'écouler, se sont succédé au tribunal de commerce.

« Les affaires renvoyées à l'arbitrage de ces commissions, qui siégent consécutivement pendant deux mois, sont examinées en section deux fois par mois. Devant la section, les parties expliquent leurs différends ; s'il n'y a pas lieu à conciliation, un des membres de la section se charge du dossier de l'affaire, convoque de nouveau les parties si cela est nécessaire, consulte les collègues qui avec lui ont entendu les parties dans les débats contradictoires et fait ensuite un rapport conformément à la décision adoptée par la majorité de la commission.

« La composition et l'organisation des commissions judiciaires offrent donc toute garantie aux justiciables, et la confiance que leur accorde la magistrature consulaire est bien méritée. » (*Compte-rendu des travaux de la Chambre syndicale des entrepreneurs de maçonnerie en* 1873, page 87.)

davantage, bien qu'il y ait encore beaucoup de choses à en dire, ne tardera pas à disparaître.

Quoi qu'il en soit, il ne faut pas nous dissimuler que nous n'avons pas encore atteint la perfection que le commerce et l'industrie désirent et qu'il nous reste encore à parcourir une bien longue route sur la voie du progrès. Nous croyons que la comparaison entre autrefois et aujourd'hui, qui fera l'objet du chapitre suivant, en fournira la démonstration manifeste, bien que dans ce travail, ne voulant pas nous écarter de notre sujet, nous nous soyons placé uniquement au point de vue de l'industrie de la construction. Cette comparaison, en passant en revue un passé trop ignoré, nous permettra de faire connaître ce qu'il avait de bon et elle nous fournira en même temps l'occasion de démontrer combien le présent si vanté laisse encore à désirer.

ⵜ

DEUXIÈME PARTIE

—

CHAPITRE PREMIER.

L'INDUSTRIE DE LA CONSTRUCTION ; CE QU'ELLE ÉTAIT AUTREFOIS,
CE QU'ELLE EST AUJOURD'HUI.

L'industrie de la construction sous l'ancien régime. — Juridiction de
cette industrie avant 1789. — Chambre royale des bâtiments, ponts et
chaussées de France. — Le maître général des bâtiments du roi. —
Juridiction multiple de la construction sous le nouveau régime. —
Conséquence de cet état de choses. — La loi sur les faillites. — Questions
de petite et de grande voirie. — Malfaçons. — Vices de construction
soumis à la Chambre royale des bâtiments et ponts et chaussées de
France. — Architectes et maîtres maçons remplissant office de
jurés. — Législation nouvelle. — Les experts et les expertises. —
Séries de prix, libres autrefois. — Nouvelle série établie sans contrôle par l'Administration des bâtiments civils. — Répartition non-
uniforme de l'impôt entre les entrepreneurs de travaux publics et les
entrepreneurs de travaux particuliers. — Métreurs jurés, décret du
11 juin 1811. — Règlements de police et de grande et petite voirie. —
Sévérité excessive des articles 471 et 474 du Code pénal en matière de
contravention de simple police. — Pourquoi les grèves, si rares autrefois, sont-elles si fréquentes aujourd'hui. — Relations de patron à
ouvrier. — Appréciation des institutions industrielles privilégiées de
l'ancien régime par M. Louis Blanc. — La liberté et la protection au
point de vue du commerce et de l'industrie.

Autrefois, c'est-à-dire avant la loi des 2-17 mars 1791,
l'industrie du bâtiment, comme toutes les autres industries,
était protégée, limitée ; c'est-à-dire que pour l'exercer, il
fallait être propriétaire d'une maîtrise, et pour obtenir une
maîtrise, il fallait tout d'abord prouver, ainsi que l'exigeaient
formellement alors les statuts de toutes les corporations,

que l'on avait « *de coi* »[1]. Cette preuve faite, il fallait en-suite être reçu et accepté par la corporation.

Si cette protection, contraire à la liberté, nous le re-connaissons, est actuellement peu regrettable, l'on ne saurait nier néanmoins qu'elle opposait alors une digue efficace à la concurrence que rien n'arrête plus à présent, puisqu'aujourd'hui, quiconque le veut peut entreprendre à ses risques et périls n'importe quel commerce et exercer n'importe quelle industrie. Or, l'industrie du bâtiment, si importante qu'elle soit, présente bien autrement de facilités qu'une foule d'autres industries à ceux qui veulent l'exercer. De là une concurrence désordonnée et sans bornes, ruineuse pour ceux qui professent cette industrie et contre laquelle les Chambres syndicales qui en ressortent ne peuvent plus opposer maintenant qu'une influence morale, c'est-à-dire nulle ; mais ainsi le veut la liberté et personne assurément n'oserait ni ne voudrait y contredire.

Autrefois, les maçons de Paris étaient organisés en com-munauté avec les plâtriers et les mortelliers. Leurs anciens statuts, remontant à saint Louis, les ont régis jusqu'en 1539. A cette époque, cette antique communauté fut reconstituée par François Ier et ses nouveaux statuts, confirmés à diverses reprises par lettres patentes de Charles IX, de Henri IV, et par arrêts du conseil sous Louis XIII, Louis XIV et Louis XVI, maintenaient des priviléges actuellement disparus. En regard de ces priviléges, nous l'avons déjà dit, les pénalités édictées contre les maîtres maçons et du reste aussi contre les autres

1. Voir p. 71, ch. ii, ci-devant.

commerçants et industriels étaient excessives, mais elles étaient plus ou moins motivées, nous ne dirons pas justifiées, par la protection qui leur était accordée. D'ailleurs, elles furent successivement adoucies.

Aujourd'hui, les pénalités comparées à celles du passé sont légères, soit ; mais le commerce et l'industrie étant libres, aucune restriction, aucun privilége ne les protégeant plus, l'on rencontre dans l'exercice des professions industrielles et commerciales des difficultés et des périls plus grands que jadis. Le commerçant et l'industriel, s'ils ont plus de liberté, n'en sont que plus exposés aux chances aléatoires du commerce et de l'industrie, et s'ils sont malheureux mais honnêtes et ne peuvent plus faire honneur à leurs engagements, ils subissent la honte de la faillite et les incapacités civiles qu'elle entraîne à sa suite ; cependant il nous semble que la sévérité de la loi, en ce qui touche les incapacités civiles, pourrait être adoucie, ainsi que nous l'établissons ci-après pages 208 et 209.

Autrefois, et cela dès le xiiie siècle jusqu'à la promulgation de la loi des 2-17 mars 1791, tout ce qui avait quelque rapport à l'entreprise ou construction des bâtiments, tous les litiges pour malfaçons dans l'exécution des travaux et tous débats relatifs à l'industrie du bâtiment, étaient déférés, ainsi que nous l'avons vu [1], à une seule juridiction : à la Chambre royale des bâtiments, ponts et chaussées de France, établie au Palais de justice à Paris, présidée par le maître général des bâtiments du roi, et près de laquelle les *preud'hommes*

____

1. Voir ch. ii, p. 71.

du mestier remplissaient les fonctions de jurés. Il n'y avait d'exception que pour les demandes introduites par les entrepreneurs contre les bourgeois ; dans ce cas, ceux-ci pouvaient décliner la compétence de la Chambre des bâtiments. D'où il résulte que les entrepreneurs n'étaient soumis alors qu'à deux juridictions seulement : la juridiction de la Chambre royale des bâtiments, ponts et chaussées de France, et la juridiction civile.

Aujourd'hui, les entrepreneurs de bâtiments sont soumis à six juridictions différentes, savoir : 1° au tribunal de simple police, pour contraventions de police ; 2° à la justice de paix, pour contestations au-dessous de quinze cents francs; 3° au Conseil des prud'hommes, pour contestations avec leurs ouvriers; 4° au tribunal de commerce, pour discussions avec leurs fournisseurs, leurs sous-traitants et leurs clients faisant acte de commerce ; 5° au tribunal civil, pour litiges relatifs à leurs entreprises avec des propriétaires, ne faisant pas acte de commerce; 6° au Conseil de préfecture pour tous débats avec les administrations publiques ; puis, par voie d'appel seulement, à la Cour d'appel, et enfin au Conseil d'État et à la Cour de cassation formant le couronnement suprême de cette organisation judiciaire si complexe !

Ainsi la justice était rendue autrefois aux entrepreneurs presque uniformément; aujourd'hui, il n'en est plus de même; elle est éparpillée en six juridictions différentes, ressortant du Conseil d'État et de la Cour de cassation. Or, sans nous préoccuper autrement, quant à présent, du tribunal de simple police dont nous parlerons plus loin, nous ne saurions nous abstenir de faire une observation dont on comprendra l'importance ; c'est que si les tribunaux de commerce et de justice de paix, ainsi que les conseils de prud'hommes, ont des formes simples, rapides et peu coûteuses les tribunaux civils et les conseils de préfecture, tels qu'ils sont actuellement organisés, ont, au contraire, des formes tout à la fois lentes, compliquées et fort dispendieuses.

Devant les juridictions des prud'hommes, de la justice de paix et du tribunal de commerce, les entrepreneurs sont presque toujours défendeurs parce que, dans les litiges soumis à l'appréciation de ces diverses juridictions, ce sont eux qui, dans la plupart des cas, sont débiteurs de leurs adversaires, tandis que devant les juridictions civile et administrative, ce sont eux, au contraire, qui sont presque toujours demandeurs, parce qu'ils sont presque toujours créanciers et rarement débiteurs des administrations et des propriétaires dont ils ont entrepris les travaux. En sorte qu'il résulte forcément de cet état de choses que, devant trois de ces juridictions, les créanciers des entrepreneurs obtiennent une justice très-prompte et à bon marché ; tandis que devant les deux autres, c'est-à-dire devant les tribunaux civils et les conseils de préfecture, les entrepreneurs, créanciers à leur tour, ne peuvent obtenir la justice qui leur est due que fort lentement et à grands frais.

Les conséquences de cet état de choses sont trop faciles à saisir, pour que nous insistions longuement sur leur importance. Il ne saurait échapper à personne que d'après les attributions judiciaires sus-énoncées, les affaires appelées

devant la juridiction civile et devant la juridiction adminis-
tive sont, pour les entrepreneurs, les plus nombreuses et les
plus importantes ; or, au regard de l'entrepreneur qui est
commerçant, ce sont ces affaires-là surtout qui tiennent à
l'essence même de son commerce. Eh bien ! ces affaires
toutes commerciales échappent à la juridiction commerciale, tandis que le propriétaire, quoique non-commerçant,
peut, si cela lui plaît, en cas d'inexécution des engagements
contractés par son entrepreneur, faire assigner à son choix
celui-ci, soit devant le tribunal civil, soit, en qualité de
commerçant, devant le tribunal de commerce. Cette faculté
donnée par la loi au propriétaire est d'une extrême gravité ;
car, s'il arrive que, devant cette dernière juridiction, le
propriétaire obtienne des dommages-intérêts plus ou moins
considérables et que l'entrepreneur soit dans l'impossibilité
de les lui payer, le propriétaire, si cela lui plaît, pourra
infliger à l'entrepreneur la honte de la faillite et des incapacités qui en sont la conséquence ; si c'est, au contraire, le
propriétaire qui manque à ses engagements, l'entrepreneur,
après l'avoir traduit devant le tribunal civil, après avoir subi
force remises, délais, expertises et très-grands frais, obtiendra des dommages-intérêts ; soit. Mais si les hypothèques,
les expertises et les frais absorbent tout l'actif de ce propriétaire, que fera l'entrepreneur ? Pourra-t-il à son tour le
faire mettre en faillite ? non ! Et que devient, dans ce cas,
ce grand et salutaire principe de l'égalité de tous devant la
loi ? Il est, ce nous semble, complétement méconnu en cette
circonstance ; et pourquoi ? Est-ce que la faillite est un
vain mot ? Est-ce qu'elle ne comporte plus maintenant de

flétrissure pour celui qu'elle frappe? Tant s'en faut. Ces rigueurs, édictées contre les seuls commerçants et dont les non-commerçants sont affranchis, si rigoureuses qu'elles soient, pouvaient peut-être s'expliquer autrefois par la protection accordée aux corporations sous l'ancien régime; pour pouvoir, alors, exercer une industrie, il fallait être pourvu d'une maîtrise et le propriétaire n'était pas libre de faire sa construction lui-même, ni de la faire exécuter par qui bon lui semblait, il devait forcément, dans ce temps-là s'adresser à l'un des membres de la corporation des maîtres maçons, charpentiers et autres, et l'on comprend fort bien dès lors qu'en échange de la protection qui était accordée à ces entrepreneurs commerçants, l'on ait cru devoir par contre accorder aux propriétaires certaines garanties et certaines prérogatives. Mais aujourd'hui que les propriétaires peuvent faire bâtir par qui il leur plaît, qu'ils peuvent même bâtir eux-mêmes, et ils le font, de nombreux exemples sont là pour le prouver, pourquoi la juridiction n'est-elle pas la même pour les propriétaires et pour les entrepreneurs?

Autrefois, les questions de petite et de grande voirie intéressant la sécurité publique étaient réglées par le maître général des ouvrages royaux et publics présidant la Chambre royale des bâtiments, ponts et chaussées de France, assisté de jurés pourvus d'office, lesquels jurés étaient choisis parmi les architectes et les entrepreneurs le plus en renom; en sorte que ces questions si compliquées et si difficiles à bien apprécier étaient alors étudiées et réglées par des gens *à ce connaissants*; tandis qu'aujourd'hui, c'est l'Administration préfectorale et communale qui les réglemente à son gré.

Or, a dit avec raison un homme d'État autorisé, « les réglementations administratives ne sont presque toujours que des
poisons lents donnés à très-bonne intention, qui détruisent
ou altèrent les deux principaux éléments de la vitalité d'un
peuple, l'initiative et la responsabilité [1] ; » et l'arrêté sur les
conduits de fumée que l'Administration préfectorale a rendu
le 8 août 1874, pour réglementer leur mode de construction,
vient confirmer une fois de plus l'exactitude de cette
observation [2].

1. Discours prononcé par M. Rouher à l'ouverture de la session du
Conseil général du Puy-de-Dôme en 1866.

2. *Note de l'auteur.* — Quant à nous, il nous est impossible de
ne pas protester contre l'arrêté préfectoral du 8 août 1874. Cet arrêté
interdit d'une manière absolue de pratiquer des foyers ou des conduits de fumée dans les murs mitoyens et dans les murs séparatifs
de deux maisons contiguës, qu'elles appartiennent ou non au même
propriétaire; de plus, il interdit de se servir de boisseaux ou pots en
terre cuite ou en plâtre pour la construction des conduits de fumée
engagés dans l'intérieur des murs de refends ou moëllons, et enfin, il
détermine la forme, la dimension des sections et la nature des matériaux
à employer dans ces conduits, etc., etc.

Pour motiver ces prescriptions insolites, l'on a allégué : « Que les
feux de cheminée ont été depuis dix années en moyenne par an de
1149. C'est donc au premier chef une obligation d'ordre public imposée
à l'Administration, de veiller à ce que les conduits de fumée soient construits de manière à résister, etc., etc. » *(Rapport présenté au Conseil
municipal de Paris, par M. Ohnet, sur un projet de réglementation pour la
construction des conduits de fumée des cheminées dans l'intérieur des maisons de Paris.)*

A cette argumentation spécieuse, il a été justement opposé par le même
M. Ohnet, rapporteur de la commission municipale, chargée de l'examen
du projet de réglementation des conduits de fumée, que « *la mauvaise
construction de ces conduits est la cause première* d'une quantité considérable d'incendies. Nous ajouterons, nous, que c'est surtout au
mauvais entretien de ces conduits qu'il faut attribuer la fréquence des
incendies, et non pas à la forme ou au mode de construction adopté par
les bâtisseurs. Donc, pour sauvegarder la sécurité publique en ce qui
touche ces conduits, il suffit de veiller à leur bonne exécution et à leur
bon entretien. Pourquoi alors venir imposer une réglementation nouvelle aux propriétaires et aux constructeurs, alors que cette nouvelle

Autrefois, les cas de malfaçons, les vices de construction reprochés aux maîtres maçons étaient soumis à la Chambre royale des bâtiments, ponts et chaussées de France, et non-seulement les maîtres maçons et entrepreneurs remplissaient l'office de jurés de cette Chambre, mais ils étaient commis par elle pour faire la visite de police des bâtiments et des

réglementation est inutile et vient grever sans raison et fort inopportunément la propriété immobilière de Paris, si grandement éprouvée dans ces .derniers temps ; car il est impossible de ne pas reconnaître avec le rapporteur fort compétent de la commission municipale chargée d'étudier cette question, que là où les terrains ònt acquis une valeur telle qu'un mètre de surface de sol vaut deux fois le prix d'un mètre de construction, obliger les constructeurs mitoyens à renoncer à la possibilité de loger les conduits de fumée des cheminées qui joignent le mur mitoyen, dans l'intérieur de ce mur, mais au contraire à les y adosser, c'est-à-dire à perdre, chacun de son côté, trente-cinq centimètres de terrain occupés par ces adossements, c'est prendre une mesure qui blesse cruellement les intérêts des constructeurs. »

Desgodets, qui fait encore aujourd'hui loi dans la matière, tout en reconnaissant que les murs mitoyens sont une chose commune qui doit rester en son entier et qu'il n'est permis à aucun des propriétaires de l'altérer, dit qu'ils le peuvent faire avec le consentement de leurs voisins ou avec titre, la loi ne défendant ces encastrements que pour la conservation du droit des voisins, et il ajoute que « le père de famille, « propriétaire de deux maisons contiguës, peut encastrer des tuyaux de « cheminées dans le mur séparatif des deux maisons lui appartenant, « car une chambre est bien plus belle et plus grande lorsqu'il n'y a « point de tuyau de cheminée en saillie sur les murs. » (*Lois des bâtiments, suivant la coutume de Paris, enseignée par Desgodets, avec notes de Goupy, architecte expert bourgeois. Édition de MDCCLXVIII, p. 99.*)

La coutume d'Auxerre, art. CXI, autorise le premier constructeur d'un mur mitoyen à y asseoir ses cheminées et « il ne peut être contraint par « l'autre de les ôter ne reculer, pourvu que ce premier assiégeant « laisse la moitié du mur et une chantille pour contrefeu de son côté. »

Quant aux murs de refends intérieurs que l'arrêté dont il s'agit modifie dans leurs conditions économiques, les propriétaires ont toujours eu le droit jusqu'à ce jour d'y encastrer des tuyaux de cheminées. Pour retirer ce droit consacré par un usage immémorial, il faudrait en motiver le retrait sur des raisons sérieuses que nous cherchons vainement dans le rapport de la commission spéciale sur lequel s'appuie l'arrêté préfectoral dont il s'agit. Donc, cet arrêté que rien ne justifie est tout à la fois contraire à la liberté civile, à la liberté commerciale et à la liberté du travail, et de plus, il est en opposition formelle avec l'art. 544 du Code matériaux et vérifier les différents vices et malfaçons qui pourraient se rencontrer dans ces bâtiments et matériaux ; de plus, c'était la communauté des maîtres maçons, entrepreneurs de bâtiments à Paris, qui poursuivait en son nom. les malfaçons reprochables aux membres de la corporation, et il y avait là une garantie à peu près certaine pour ces der-

civil qui régit la propriété et qui stipule que : « La propriété est le droit « de jouir et de disposer des choses de la manière la plus absolue, « pourvu qu'on n'en fasse pas un usage prohibé par les lois et par les « règlements. »

Or, les règlements que l'art. 544 visait alors n'étaient bien évidemment que les règlements en vigueur au moment de la promulgation du Code civil et non pas ceux à venir, que le caprice d'un administrateur quelconque peut enfanter à chaque instant.

Nous ne sommes pas juriste, nous sommes tout simplement un vieux maître maçon, mais nous avons toujours cru jusqu'à ce jour, et nous croyons encore jusqu'à preuve contraire, que, pour faire prévaloir des règlements administratifs nouveaux contre les prescriptions littérales et précises de la loi, il faut plus qu'un simple arrêté préfectoral non accepté et non visé par le Conseil d'État et par l'Assemblée législative, et notre raison se refuse à admettre que la loi puisse être modifiée par une simple réglementation administrative, non revêtue des formalités protectrices voulues par la loi, alors même que les modifications ainsi obtenues seraient considérées comme bonnes et utiles, ce qui ne nous est aucunement démontré dans l'espèce ; et il ne nous l'est pas davantage que l'arrêté du 8 août 1874 ait pour but de protéger, dans un intérêt d'ordre public, la propriété immobilière contre l'incurie des propriétaires et contre la négligence des constructeurs ; car, il est bien évident que la propriété n'a nul besoin de protection, suffisamment défendue qu'elle est, contre l'incurie des uns et la négligence des autres, par les articles 1386-1733 et 1792 du Code civil.

Donc cet arrêté est inutile. Malheureusement il n'est pas que cela, il est en même temps, redisons-le bien haut, contraire à la liberté du travail, et nuisible, par conséquent, et au commerce et à l'industrie de la construction. En effet, il n'admet pas, pour des constructions économiques de peu d'importance ou provisoires, d'autre système moins coûteux que celui qu'il impose; en sorte que les constructions économiques deviendront à l'avenir de plus en plus difficiles à Paris. Et par suite il préjudicie singulièrement à une industrie importante : la fabrication des boisseaux, wagons et poteries. Ainsi cet arrêté fixe les formes et les dimensions de ces marchandises et il détermine les matières premières qui doivent entrer à l'avenir dans leur fabrication; il s'ensuit dès lors niers que les malfaçons qui leur étaient imputées avaient été examinées avec un soin scrupuleux et que la part incombant, soit à l'architecte, soit à l'entrepreneur, avait été rigoureusement établie. On peut donc dire avec toute raison qu'autrefois les entrepreneurs de bâtiments étaient bien réellement jugés par leurs pairs.

Aujourd'hui, ces cas, d'une difficulté si grande à bien connaître et à bien juger, sont soumis à la juridiction civile qui, au préalable, les renvoie ordinairement à l'examen de trois experts uniquement choisis parmi les architectes à l'exclusion des entrepreneurs, mais à Paris seulement, il est vrai !

Pourquoi cette exception ? pourquoi ne donne-t-on pas à

que les approvisionnements de ces marchandises, faits antécédemment à l'arrêté susdit et qui ne sont pas conformes à ses prescriptions, ne pourront plus être employés et devront rester pour compte aux fabricants, aux marchands et aux entrepreneurs, auxquels on aurait bien dû songer en leur accordant un délai suffisant pour les écouler, ce qui était simple et facile. Ne l'ayant pas fait, nous nous demandons si ces expropriés d'un nouveau genre n'ont pas droit à des dommages-intérêts ?

Enfin, et pour tout dire, l'on nous permettra d'insister vivement sur ceci, à savoir : que la singulière tendance de l'Administration à tout réglementer et à ne rien laisser à l'initiative et à la responsabilité privées a pour triste résultat de décourager et de paralyser les chercheurs et les inventeurs qu'elle emprisonne, comme si la science avait dit son dernier mot, dans des réglementations surannées aussi contraires à la liberté qu'au progrès. Et cependant, pour ne parler que des conduits de fumée faisant l'objet de cette note, qui pourrait affirmer qu'un chercheur heureux ne finira pas par trouver un système ou un appareil quelconque, brûlant plus ou moins la fumée et supprimant ou modifiant en conséquence la forme des tuyaux et des conduits ? Personne assurément.

Quoi qu'il en soit, comme l'arrêté préfectoral dont il s'agit n'a pas prévu ce progrès, pas plus du reste que tous les autres dont le temps pourrait amener la découverte et qu'il amènera tôt ou tard bien certainement, il faudra que l'industrie du bâtiment, en ce qui touche la construction de ces conduits, renonce indéfiniment à toute amélioration, à toutes recherches, et se résigne à se traîner officiellement dans les ornières administratives et municipales, jusqu'à ce qu'il plaise à cette Administration de lui permetttre d'en sortir.

Paris une place aux entrepreneurs dans les expertises et
pourquoi les experts sont-ils uniquement choisis parmi les
architectes? Est-ce que l'expérience et les connaissances
spéciales et pratiques des entrepreneurs ne seraient pas fort
utiles en ces affaires si délicates et d'une appréciation exacte
si difficile ? cela n'est douteux pour personne, comment dès
lors s'expliquer leur exclusion systématique de la liste des
experts du Tribunal civil et de la Cour d'appel de Paris,
quand le Tribunal de commerce de la Seine et tous les Tribunaux civils, Cours d'appel et Tribunaux de commerce de
la province acceptent, à leur entière satisfaction, de même
que tous les Tribunaux de paix, les entrepreneurs comme
experts et comme arbitres ; quand surtout, dans la plupart
des procès qui surgissent entre propriétaires et entrepreneurs, c'est, il faut bien le reconnaître, l'architecte et non
pas le propriétaire qui est le véritable adversaire de l'entrepreneur. En effet, ce sont presque toujours les plans de l'architecte, l'évaluation des prix qu'il a fixés et l'interprétation
des devis et des marchés qu'il a établis qui sont l'origine et
la cause des procès ; bien plus, lorsqu'un édifice, construit
à prix fait, périt par la disposition vicieuse du plan, c'est à
l'architecte d'abord qu'en incombe la responsabilité.

L'architecte a donc un véritable intérêt à faire rejeter tous
les torts sur l'entrepreneur, en sorte, et cela se comprend,
qu'il intervient dans les expertises pour assister son propriétaire et qu'il le défend avec énergie devant les experts chargés d'éclairer les juges. Or, ces experts sont ses confrères
et ses camarades d'école ou d'atelier, peut-être même ses
amis, et l'esprit de corps aidant, ne peut-on pas craindre

que, dans le doute et de très-bonne foi d'ailleurs, la religion des experts les plus consciencieux et les plus expérimentés ne soit faussée ou surprise ?

Cette crainte, nous voulons croire qu'elle est excessive, mais le justiciable qui aura été condamné attribuera toujours à cette cause la perte de son procès. Autrefois, il n'en pouvait pas être ainsi et cela surtout pour les cas de malfaçons, puisque c'était la communauté des maîtres maçons, nous ne saurions trop le redire, qui était demanderesse et qui poursuivait, à sa requête, tous les cas de malfaçons. Il y avait donc là, insistons sur ce point, une première garantie incontestable pour tous les entrepreneurs qui en trouvaient encore une seconde dans la composition des jurés appelés à les juger. Ces jurés étaient pris indistinctement parmi les architectes, les maîtres maçons et les maîtres charpentiers.

Autrefois, les entrepreneurs de bâtiments fixaient eux-mêmes les prix de leurs travaux en raison des difficultés du travail fait, de son importance, du quartier où il avait été exécuté et du prix exact de revient qu'eux seuls pouvaient bien connaître.

Aujourd'hui, tous les travaux de bâtiments, quelle que soit la dépense qu'ils ont occasionnée à l'entrepreneur, quel que soit leur emplacement plus ou moins excentrique et quelques difficultés que leur exécution ait entraînées, tous ces travaux sont soumis à une taxe uniforme qu'il est à peu près impossible d'établir avec une rigoureuse exactitude.

Il est vrai que, dans ces derniers temps, le Conseil municipal, l'Administration préfectorale et les Chambres syndicales aidant, on était enfin parvenu, au moyen de commissions mixtes, à établir une série de prix des travaux de bâtiment dans les meilleures conditions moyennes possibles de justice et d'équité. C'était bien, ce n'était plus l'arbitraire administratif contre lequel les Chambres syndicales ont tant protesté, mais ce n'était pas encore la liberté complète dont la libre concurrence devrait être le seul régulateur. Et maintenant que cet arbitraire semblait enfin disparu, voilà qu'on veut le faire revivre. En effet, l'Administration des bâtiments civils vient de publier sans sous-détails une nouvelle série de prix élaborée par elle suivant son bon plaisir, et elle impose cette nouvelle série à tous ses entrepreneurs. Antérieurement, cette Administration prenait pour base de ses adjudications de travaux la série de prix de la ville de Paris qui était alors contestée par les entrepreneurs ; mais à présent que cette série, élaborée dans tous ses sous-détails avec le plus grand soin et avec la plus grande impartialité, ainsi que nous venons de le dire, n'est plus discutée, qu'elle est au contraire acceptée sans conteste par tout le monde, il est regrettable que l'Administration des bâtiments civils la repousse et vienne jeter à la traverse des affaires une série nouvelle ne comportant pas le moindre sous-détail et dont le seul résultat sérieux est de venir inutilement et fort inopinément compliquer et entraver les transactions d'une industrie aussi importante que celle du bâtiment. De deux choses l'une, en effet : ou les prix de la série de l'Administration des bâtiments civils seront supérieurs aux prix de la série de la ville ou ils seront inférieurs, et, dans ces deux cas, les parties en désaccord invoqueront la série qui leur présentera le plus d'avantages et par suite il en résultera toutes sortes de discussions et de procès.

Une unique série n'offre pas ces inconvénients, car en admettant même que les prix de cette série unique fussent trop élevés, il est évident que si les détails de ces prix ont été bien établis, et cela n'est pas douteux pour le service de la ville de Paris, il est évident, disons-nous, que la libre concurrence les ramènera toujours à la vérité, et les intéressés atteindront ce but d'autant plus facilement, que toujours les travaux de construction, soit administratifs, soit particuliers, sont soumissionnés et adjugés au rabais avec concurrence.

Autrefois, la communauté des maîtres maçons était taxée en masse à une capitation fixe et le syndic assignait à chacun sa quote-part, en raison de ses travaux de l'année précédente ; aujourd'hui, c'est-à-dire avant 1871, l'impôt sur la patente était fixé pour les entrepreneurs de travaux publics à un pour cent du montant des travaux qu'ils avaient exécutés l'année précédente, mais jusqu'à concurrence seulement de un million ; passé ce chiffre, l'impôt cessait de croître. Quant aux entrepreneurs de travaux particuliers, l'impôt est fixé pour ceux-ci en raison de la valeur locative des lieux qu'ils occupent ; en sorte que parmi ces derniers, celui qui ne fait rien peut être imposé autant et même plus que celui qui travaille beaucoup. La répartition de cet impôt était donc autrefois plus équitablement faite qu'aujourd'hui entre tous les entrepreneurs de travaux. Pourquoi n'en est-il plus ainsi ? pourquoi la patente ne se perçoit-elle pas sur une base uniforme, quelle qu'elle soit, pour les entrepreneurs de travaux publics et pour les entrepreneurs de travaux particuliers?

Autrefois, les entrepreneurs et les carriers débattaient entre eux leurs intérêts comme ils l'entendaient.

Aujourd'hui, en ce qui touche la quantité de matériaux fournis, ils ne le peuvent plus. Conformément aux prescriptions du décret du 11 juin 1811, des métreurs jurés, nommés par M. le préfet de la Seine, sont chargés du mesurage de la pierre et du moëllon livrés aux entrepreneurs, lesquels paient à ces agents un droit excessif de mesurage de soixante-quinze centimes par chaque mètre cube de pierre et de moëllon. Comment expliquer aujourd'hui et justifier une semblable ingérence dans les transactions particulières? Est-ce que cette ingérence n'est pas aussi contraire à la liberté des transactions qu'à la liberté commerciale? sert-elle en quoi que ce soit les intérêts des entrepreneurs et des marchands carriers? En ce qui concerne les carriers, puisque l'on prétend que tous les carriers l'affirment, cette ingérence est peut-être utile, mais en ce qui touche les entrepreneurs, il nous est impossible de ne pas reconnaître qu'elle est tout à fait illusoire, car, à notre connaissance, tous les entrepreneurs sérieux font toujours refaire à nouveau et quand même le travail, fort inutile dès lors, des métreurs jurés. Toutefois, hâtons-nous de dire que le Conseil municipal de Paris, reconnaissant la parfaite inutilité de ces fonctionnaires, vient tout récemment d'en demander la suppression.

Nous aurions encore à relever bien d'autres réglementations administratives, gênantes et peu libérales, existant aujourd'hui et qui étaient inconnues jadis ; mais en raison de leur peu d'importance, nous ne croyons pas devoir nous y arrêter. Nous ne saurions cependant passer sous silence les règlements de police et ceux de grande et petite voirie municipale, en ce qui touche les constructions en cours. Ces règlements existaient autrefois comme à présent : mais étaient-ils aussi sévères et les exécutait-on aussi strictement qu'aujourd'hui? Nous ne le croyons pas, et voici sur ce sujet le résumé des recherches que nous avons faites.

Le 10 juillet 1595, un jugement de la Chambre du trésor fait défense à tous maçons, charpentiers, etc., de mettre, ni faire mettre étais, auvents, saillies, avances, et ne faire aucune entreprise sur la voirie du roi sans la permission du voyer et qu'il ne soit payé des droits pour ce dus, à peine d'amende et de démolition desdites choses pour la première fois, et pour la seconde fois de prison, dépens, dommages-intérêts en leurs propres et privés noms.

Le 1er août 1609, survient un arrêt du Conseil, portant défense de bâtir, tant en la ville que fauxbourgs de Paris, etc., fait défense à tous maçons et charpentiers d'y contrevenir sous peine de quinze cents livres d'amende pour ceux qui pourront la payer et *du fouet* pour ceux qui n'en auront le moyen. A part ce jugement et cet arrêt, nous voyons dans tous jugements, arrêts, sentences, règlements et ordonnances que nous avons consultés, que les peines édictées pour contraventions de police municipale et de grande et petite voirie comportent des amendes plus ou moins élevées, des confiscations plus ou moins rigoureuses, mais point de prison et point de fouet. Nous avons tout lieu de penser d'ailleurs que les prescriptions imposées en ces matières étaient exécutées fort paternellement alors, et comme cela se pratique encore maintenant dans toute la province.

Nous comprenons fort bien qu'aujourd'hui à Paris, les

exigences soient plus grandes qu'autrefois, en raison de l'immense circulation qui existe actuellement et qu'entraverait fort l'inobservation des règlements de police et de voirie ; mais pourquoi, dans le siècle où nous sommes, les rigueurs inutiles portées à l'art. 474 du Code pénal?

L'art. 471 du Code pénal dit : Seront punis d'une amende depuis un franc jusqu'à cinq, ceux qui auront contrevenu aux règlements légalement faits par l'autorité administrative, et par l'autorité municipale; mais l'art. 474, qui suit, porte : *La peine de l'emprisonnement aura toujours lieu, en cas de récidive, pendant trois jours au plus !*

Quoi, TROIS JOURS DE PRISON pour une simple contravention de police! Voilà, ce nous semble, une sévérité bien excessive pour un si mince délit. Cette sévérité est-elle nécessaire ? Est-elle justifiée? non certainement, et en aucune façon.

Prenons un exemple : Les règlements de police obligent les entrepreneurs à éclairer les matériaux qu'ils ont déposés par nécessité sur la voie publique, ainsi que les clôtures de leurs chantiers qui sont en saillie sur la même voie; or, les contraventions à ce règlement sont très-fréquentes et l'on pourrait presque dire que ce sont, avec celles commises par leurs charretiers, les seules qui soient ordinairement relevées contre les entrepreneurs. Il est fort rare maintenant en effet qu'un entrepreneur n'ait pas en même temps plusieurs chantiers disséminés sur la surface de Paris et, d'autre part, il arrive souvent qu'il ne peut pas faire rentrer dans ses chantiers, avant la nuit, les matériaux destinés à l'approvisionnement de ses travaux. Voilà donc quatre, huit, dix lanternes ou lampions et quelquefois plus, que cet entrepreneur est obligé de faire tenir allumés toutes les nuits. Il charge l'un de ses ouvriers de ces soins, cet ouvrier exécute plus ou moins bien les ordres qu'il a reçus ; puis, un ouragan arrive, ou bien de mauvais plaisants passent, et voilà cinq ou six lanternes éteintes successivement et sur plusieurs points à la fois ; des sergents de ville surviennent avant que les gardiens endormis, s'il y en a, aient eu le temps de voir et de réparer cette contravention fort involontaire et fort imprévue ; et voilà cinq ou six contraventions successives relevées contre le malheureux entrepreneur qui n'en est aucunement reprochable. Cependant, on le rend, non pas civilement, mais directement et personnellement responsable, soit de la négligence de son ouvrier, soit d'un cas de force majeure, soit enfin d'un fait qui ne lui est pas directement imputable ; de plus, comme il y a récidive, puisqu'il y a eu plusieurs contraventions successives, constatées successivement, voilà un honnête commerçant condamné à trois jours de prison ! N'est-ce pas là une condamnation excessive ? Elle l'est d'autant plus qu'elle peut se renouveler fort souvent, et c'est en effet ce que démontre l'expérience !

Que pourrions-nous ajouter à de semblables faits et comment justifier aujourd'hui, dans le siècle où nous sommes, une condamnation à trois jours de prison pour deux lanternes éteintes dans les conditions que nous venons d'indiquer, alors surtout qu'en droit et en équité l'entrepreneur ne devrait jamais être condamné que comme civilement responsable de contraventions qui ne peuvent être imputées qu'à la négligence de ses agents, à la sottise de quelques passants en goguette, ou au hasard, mais jamais à lui personnellement !

Que la responsabilité imposée aux entrepreneurs les expose à des amendes, c'est déjà une pénalité fort sévère ; mais qu'elle les expose à la prison, nous ne saurions assez le répéter, cela ne peut plus se justifier aujourd'hui. Cependant la loi est telle, et bien qu'elle ne soit plus en harmonie avec nos mœurs et avec notre civilisation, on l'applique rigoureusement : *dura lex, sed lex !*

En Angleterre, on laisserait tomber en désuétude l'article 474 du Code pénal qui n'est plus en rapport avec le temps présent ; malheureusement il n'en est point ainsi en France, la loi existe, elle est mauvaise et surannée, tout le monde le reconnaît, peu importe, puisqu'elle existe, il faut l'appliquer et on l'applique quand même, mais à Paris seulement, hâtons-nous de le dire !

Cette loi devrait donc être modifiée, mais comme elle n'intéresse qu'une honnête catégorie de citoyens qui n'osent pas se plaindre et qui d'ailleurs n'en ont pas le temps, on leur inflige rigoureusement les pénalités édictées par cette dure loi, ainsi que le prouvent de récents et nombreux jugements qui sont venus frapper, dans ces derniers temps, de très-honorables commerçants et industriels, et notamment d'anciens magistrats consulaires et d'anciens prud'hommes.

Que n'aurions-nous pas encore à dire sur les injustes conséquences de la responsabilité civile ainsi comprise et sur la sévérité de son application envers les entrepreneurs et autres industriels ? Un charretier brutal, par exemple, maltraite le cheval qui lui a été confié ; procès-verbal est dressé contre ce charretier ; mais en rentrant le soir chez son patron, que fait

notre brutal ? il demande, il exige son compte que le patron
ne peut lui refuser; huit ou quinze jours se passent, et celui-ci
reçoit, au moment où il s'y attend le moins, une assignation
en simple police, comme civilement responsable de son
charretier que la justice ne s'est pas donné la peine de rechercher, et qui, bien entendu, s'empresse de faire défaut ;
en sorte que voilà le pauvre patron, dont le cheval a été
maltraité et battu, condamné à payer tous les frais du procès,
au lieu d'obtenir les dommages-intérêts auxquels il a droit!
En était-il ainsi autrefois ? nous ne le croyons pas [1].

Autrefois, les grèves étaient fort rares, parce que sous le
régime des maîtrises et du compagnonnage, maîtres et compagnons s'entendaient toujours à merveille, les uns et les
autres étant *gens pratiquants et connaissants*. En effet,
pour pouvoir acquérir une maîtrise, on devait au préalable
subir des examens et être agréé par la corporation, à moins
d'être fils de maître, parce que, dans ce cas, nourri dans le
sérail. . . . l'on était censé bien connaître le métier [2]; d'autre
part, pour passer d'apprenti, compagnon, il fallait avoir fait
ce que l'on appelait un chef-d'œuvre. Pour les tailleurs de
pierre, maçons et charpentiers, ce chef-d'œuvre était ordinairement une pièce de trait d'une exécution difficile [3]. En

1. Nous avons encore bien des observations à faire sur l'extension
beaucoup trop excessive, suivant nous, donnée à l'interprétation des
art. 1382 et 1383 du Code civil et nous les résumons ci-après, pages 195,
196 et 197, auxquelles nous renvoyons nos lecteurs.

2. « Suivant l'art. 1er de l'ordonnance de 1672, les enfants des marchands sont exempts d'apprentissage, s'ils demeurent dans la maison
de leurs père et mère et qu'ils aient exercé leur profession jusqu'à dix-
sept ans accomplis, mais ils ne peuvent être reçus qu'à vingt ans. »
(*Guide des corps des marchands et des communautés des arts et métiers*,
publié en 1766.)

3. « Suivant la disposition de l'édit du mois de mars 1691, les chefs-

sorte qu'alors, maîtres et compagnons connaissaient tous très-bien leur métier, ce qui facilitait singulièrement entre les uns et les autres la bonne entente et la bonne harmonie.

Mais aujourd'hui, est maître ou compagnon qui veut, ou plutôt il n'y a plus ni compagnons, ni maîtres, il n'y a que des ouvriers et des patrons ne relevant que d'eux-mêmes et n'offrant plus d'autre garantie que leur valeur personnelle.

Qu'en résulte-t-il? c'est que parmi les patrons, il s'en trouve parfois d'inexpérimentés et quelquefois même de complétement ignorants du métier dans lequel ils se sont peut-être jetés par hasard, et, ces patrons-là, connaissant imparfaitement le prix des choses, croient toujours payer leurs ouvriers trop cher, alors même qu'ils les paient trop bon marché; et, d'autre part, parmi les ouvriers, aujourd'hui que le compagnonnage n'existe pour ainsi dire plus, il y en a un bien plus grand nombre qu'autrefois sachant mal leur métier. Comme ces mauvais ouvriers, moins recherchés et moins payés que les bons ouvriers, veulent être payés autant, si ce n'est plus même que les bons, ils sont toujours les instigateurs des grèves, et il est fort difficile, pour ne pas dire impossible, de pouvoir s'entendre avec eux; car ce n'est pas à

d'œuvre doivent être de nature à être achevés dans l'espace d'un mois; ils doivent être d'usage et susceptibles de pouvoir être rendus par les aspirants à qui ils doivent être remis : défense aux jurés de les retenir et de les faire racheter par les récipiendaires. » L'art. 5 du titre Ier de l'ordonnance de 1673 « défend aux particuliers et aux communautés de prendre ni recevoir des aspirants aucun présent pour leur réception, ni autres droits que ceux qui sont portés par les statuts, sous quelque prétexte que ce puisse être, à peine d'amende qui ne peut être moindre de 100 livres. Défense à l'aspirant de faire aucun festin, à peine de nullité de sa réception. » (*Guide des corps des marchands,* id.)

leur infériorité professionnelle ; ce n'est pas non plus à l'inévitable loi de l'offre et de la demande, et encore moins à la
concurrence sans bornes, auxquelles les ouvriers et les
entrepreneurs sont soumis, que ces instigateurs de grèves
attribuent les chômages et le bas prix des salaires, c'est
uniquement au capital et au patronat qui n'en peuvent
mais ! Or, cette guerre sourde, déclarée de nos jours au capital et au patronat, n'existait pas jadis. Il y avait entre les
patrons et les ouvriers une certaine communauté d'habitudes
et de genre de vie que nous ne voyons plus aujourd'hui.
Ainsi l'ouvrier et le patron travaillaient ensemble au même
atelier et la fête du patron les réunissait à la même table.
Les mêmes lieux publics, cabarets et promenades, étaient
hantés par les uns et par les autres. En un mot, l'ouvrier
était le compagnon du maître et l'apprenti son élève ;
maîtres et ouvriers vivaient comme pairs et compagnons,
ceux-ci respectant ceux-là [1]. Aujourd'hui, il n'est pas rare de
voir des entrepreneurs employer à la fois cinq à six cents
ouvriers et plus, tandis qu'autrefois les maîtres maçons
n'avaient le droit d'avoir que quelques apprentis, et ils ne
pouvaient occuper qu'un nombre restreint de compagnons ;
en sorte qu'alors les patrons et les ouvriers se connaissaient parfaitement bien et la bonne harmonie régnait
toujours entre eux.

Le compagnon prenait les intérêts du maître comme s'ils

---

1. Compagnon vient en effet du mot *compain*, « par lequel, dit Pas-
quier (*Recherches*, liv. VIII, t. I, p. 804), nos ancêtres voulurent représenter celui avec lequel ils vivaient ou (si vous voulez ainsi que je vous
le dis) mangeaient leur pain d'ordinaire.... et nous, du mot *compain*,
fîmes celui de compagnie pour ceux qui mangeaient leur pain ensem-
blement. »

étaient les siens propres. En effet, la devise des compagnons du devoir était celle-ci, nous l'avons déjà dit plus haut :

> Honneur à Dieu, *conserver le bien du patron.*
> Et maintenir les compagnons.

Et cette bonne et fraternelle entente des maîtres et des compagnons excluait alors toute idée de lutte et de grève de l'esprit des ouvriers.

Que voyons-nous aujourd'hui ? En 1869, à Berlin, chez nos vertueux vainqueurs, qui ne l'étaient pas encore alors, nous voyions des ouvriers charpentiers, réunis dans un meeting, voter une adresse de félicitations aux ouvriers de Hambourg qui venaient de saccager deux fabriques appartenant à M. Sarenstein, et ces ouvriers terminaient ainsi ce triste document : « *L'assemblée exprime l'espoir que bientôt tous les travailleurs de l'Allemagne se lèveront avec une pareille énergie pour mettre fin au règne du sac d'argent* [1]. » Dans le même moment, à Paris, des ouvriers peintres en bâti-ments, aveuglés par des utopies irréalisables, ne craignaient pas, pour faire triompher la grève qu'ils avaient déclarée à leurs patrons, de venir les menacer, par la voie des journaux, de « *divulguer certains moyens employés par MM. les entrepreneurs, nous servant d'abord de cette arme, quittes à en prendre de plus énergiques s'il y a lieu* » [2]. Et cependant l'art. 378 du Code pénal stipule que toutes personnes, déposi-taires par état ou profession des secrets qu'on leur confie, qui, hors le cas où la loi les oblige à se porter dénon-

---

[1] Le journal *l'Union nationale du commerce et de l'industrie* du 19 octobre 1869

[2] Lettre adressée au journal *le Travail*, par le secrétaire de la Chambre syndicale du travail des ouvriers peintres en bâtiments.

ciateurs, auront révélé ces secrets, seront punis d'un emprisonnement d'un mois à six mois et d'une amende de cent francs à cinq cents francs. D'autre part, l'art. 418 du même Code dit : « Tout directeur, commis, ouvrier de fabrique, qui aura communiqué à des Français des secrets de la fabrique où il est employé, sera puni d'un emprisonnement de trois mois à deux ans et d'une amende de seize francs à deux cents francs. »

Comment, en présence des dispositions si précises et si justes de la loi que les ouvriers connaissent parfaitement bien, ne pas s'effrayer de voir des ouvriers intelligents déclarer publiquement qu'ils violeront la loi, si leurs patrons se refusent à leur accorder ce qu'ils demandent ? Comment enfin ne pas s'émouvoir de ces tendances hostiles qui vont s'affirmant tous les jours de plus en plus ?

Nous venons de mettre en regard le passé et le présent, qu'en devons-nous conclure ?

Que la sextuple juridiction qui est actuellement imposée à l'industrie de la construction est préférable à la juridiction si simple d'autrefois ?

Que le mode d'expertise d'aujourd'hui, qui n'admet ici à Paris que des architectes pour experts, vaut mieux que celui employé jadis, qui admettait concurremment des architectes et des entrepreneurs ?

Qu'il est logique et normal que la patente des entrepreneurs de travaux publics soit cotée d'une façon et celle des entrepreneurs de travaux particuliers d'une autre ?

Que, dans l'intérêt unique des métreurs jurés inconnus jadis, il est bien que ces agents préfectoraux s'ingèrent, contrairement au   droit et à la liberté commerciale qui régit les commerçants, dans les comptes particuliers des entrepreneurs et des carriers, qui n'ont que faire de leur intervention fort inutile, mais fort coûteuse ?

En un mot et sans nous appesantir sur bien d'autres anomalies que nous passons sous silence, faut-il admettre que les conditions économiques et légales qui régissent actuellement l'industrie de la construction valent mieux que celles du temps passé ? Nous laissons à la sagesse et au jugement de nos lecteurs le soin de répondre à ces questions.

Quant à nous, nous nous empressons de reconnaître que l'industrie de la construction est plus libre aujourd'hui qu'autrefois, que sa prospérité est généralement plus grande que jadis et qu'en définitive, le présent vaut mieux que le passé. Mais sans désirer le retour de ce passé qu'on trouve généralement d'autant plus mauvais qu'on le connaît moins, on ne saurait trop le redire, nous est-il interdit d'avouer que si le présent vaut mieux il est encore fort loin de la perfection et que bien des améliora tions nous restent encore à désirer ? Comment enfin méconnaître que les relations d'ouvriers à patrons ne sont pas actuellement ce qu'elles devraient être ? A cet égard il nous semble permis de regretter le passé, car assurément le pré sent ne le vaut pas.

M. Louis Blanc, que l'on ne suspectera certainement pas de partialité pour l'ancien régime, apprécie ainsi les institutions privilégiées de ce temps : « La fraternité fut le sentiment qui présida, dans l'origine, à la formation des communautés de marchands et d'artisans, régulièrement constituées sous le règne de saint Louis. Car, dans ce moyen âge qu'animait le souffle du christianisme, mœurs, coutumes, institutions, tout s'était coloré de la même teinte ; et, parmi tant de pratiques bizarres ou naïves, beaucoup avaient une signification profonde.

« Lorsque, rassemblant les plus anciens de chaque métier, Étienne Boileau fit écrire sur un registre les vieux usages des corporations, le style même se ressentit de l'influence dominante de l'esprit chrétien. Souvent, la compassion pour le pauvre, la sollicitude pour les déshérités de ce monde, se font jour à travers la concise rédaction des règlements de l'antique jurande.

« Quand les maîtres et jurés boulangers, y est-il dit, iront par la ville, accompagnés d'un sergent du châtelet, ils s'arrêteront aux fenêtres où est exposé le pain à vendre, et si le pain n'est pas *suffisant*, la fournée pourra être enlevée par le maître. Mais le pauvre n'est point oublié, et les pains qu'on trouve trop petits on les distribue au nom de Dieu ; *ceux que l'on trouvera trop petits, li jurés feront doner por Dieu le pain* [1].

« Et si, en pénétrant au sein des jurandes, on y reconnaît l'empreinte du christianisme, ce n'est pas seulement parce qu'on les voit dans les cérémonies publiques promener solennellement leurs dévotes bannières et marcher sous l'invocation des saints du paradis ; ces formes religieuses cachaient les sentiments que fait naître l'unité des croyances. Une passion, qui n'est plus aujourd'hui ni dans les mœurs, ni dans les choses publiques, rapprochait alors les conditions

---

1. *Liv. des métiers* d'Étienne Boileau, dans les documents inédits sur l'histoire de France, titre I, des Talemeliers.

et les hommes : *la charité*. L'église était le centre de tout. Autour d'elle, à son ombre, s'essayait l'enfance des industries. Elle marquait l'heure du travail, elle donnait le signal du repos. Quand la cloche de Notre-Dame ou de Saint-Merry avait sonné l'angelus, les métiers cessaient de battre, l'ouvrage restait suspendu et la cité, de bonne heure endormie, attendait le lendemain que le timbre de l'abbaye prochaine annonçât le commencement des travaux du jour [1].

« Mêlées à la religion, les corporations du moyen âge y avaient puisé l'amour des choses religieuses et la superstition, poésie de l'ignorance ; mais protéger les faibles était une des préoccupations les plus chères au législateur chrétien. Il recommande la probité aux mesureurs, il défend au tavernier de jamais hausser le prix du gros vin comme une boisson du menu peuple, il veut que les denrées se montrent en plein marché, qu'elles soient bonnes et loyales et, afin que le pauvre puisse avoir sa part au meilleur prix, les marchands n'auront qu'après tous les habitants de la cité, la permission d'acheter des vivres.

« Ainsi l'esprit de charité avait pénétré au fond de cette société naïve qui voyait saint Louis venir s'asseoir à côté d'Etienne Boileau quand le prévôt des marchands rendait la justice. Sans doute, on ne connaissait point alors cette fébrile ardeur du gain qui enfante quelquefois des prodiges, et l'industrie n'avait point cet éclat, cette puissance qui aujourd'hui éblouissent ; mais du moins, la vie du travailleur n'était pas troublée par d'amères jalousies, par le besoin de

---

1. *Liv. des métiers.* Règlement des lampiers, charpentiers, maçons, etc.

haïr son semblable, par l'impitoyable désir de le ruiner en le dépassant. Quelle union touchante au contraire, entre les artisans d'une même industrie ! Loin de se fuir, ils se rapprochaient l'un de l'autre pour se donner des encouragements réciproques et se rendre de mutuels services. Dans le sombre et déjà vieux Paris du treizième siècle, les métiers formaient comme autant de groupes. Les bouchers étaient au pied de la Tour Saint-Jacques ; la rue de la Mortellerie rassemblait les maçons; la corporation des tisserands donnait son nom à la rue de la Tisseranderie qu'ils habitaient ; les changeurs étaient rangés sur le pont au Change et les teinturiers sur les bords du fleuve. Or, grâce au principe d'association, le voisinage éveillait une rivalité sans haine. L'exemple des ouvriers diligents et habiles engendrait le stimulant du point d'honneur. Les artisans se faisaient en quelque sorte, l'un à l'autre, une fraternelle concurrence [1]. »

Quel admirable tableau ! Quel magnifique ensemble ! et, ajouterons-nous, quel heureux temps que celui-là, où sans craindre une concurrence déréglée et sûr de son lendemain l'on ne se croyait pas apte à tout faire, à tout entreprendre ! Chacun alors faisait son métier, et rien que son métier afin de le bien faire, et tous bornaient leur ambition à devenir le premier entre leurs égaux, *primus inter pares*. Les corporations, les maîtrises, les jurandes et le compagnonnage comportaient dans ces temps-là des dignités nombreuses, en sorte que toutes les ambitions justifiées pouvaient y trouver

____

1. *Histoire de la Révolution française*, t. Ier, p. 478.

leur place ; aussi, heureux de sa position sûre et tranquille, « le travailleur, comme le dit si bien M. Louis Blanc, n'était pas troublé par d'amères jalousies, par le besoin de haïr son semblable, par l'impitoyable désir de le ruiner en le dépassant, » et malgré nous, nous nous prenons à regretter les corporations, les maîtrises, les jurandes et le compagnonnage que les hommes de 89 n'auraient pas dû détruire, mais bien, au contraire, chercher à utiliser, nous l'avons déjà dit, dans ce qu'ils avaient de bon et de vital, en les reconstituant conformément aux idées du temps et en les réconciliant avec la liberté, car, sans nul doute, la liberté d'aujourd'hui est préférable à la protection d'autrefois.

La protection a toujours été et sera toujours impuissante à augmenter la consommation, et par conséquent, la quantité de travail ; elle ne peut pas davantage augmenter la qualité et le bon marché des produits. La concurrence et la liberté au contraire peuvent le faire, parce que la concurrence provoque et stimule l'émulation ; parce que l'émulation aidée par la nécessité amène les inventions, les améliorations et surtout le bon marché, et, avec le bon marché, une plus grande consommation et plus de bien-être pour tout le monde. « La liberté, dit M. Dunoyer [1], résume les conditions dans lesquelles les forces humaines s'exercent avec le plus de puissance, non-seulement dans les arts qui s'appliquent aux choses, mais encore dans ceux qui ont pour but de perfectionner, soit les facultés affectives, soit les facultés intellectuelles, soit les mœurs, soit les habitudes morales des hommes. »

1. Dunoyer. *De la liberté du commerce*, ch. XIV.

Mais la liberté est-elle bien comprise par tous aujour-d'hui? Il n'est que trop permis d'en douter. C'est donc à la liberté mal comprise que nous croyons devoir attribuer, jusqu'à preuve contraire, le peu de confiance qui règne dans les relations d'ouvriers à patrons, et par suite, l'extension que les grèves ont prise depuis quelque temps, ainsi que le développement des idées socialistes mal définies dont le progrès s'accentue de jour en jour parmi les classes ouvrières. Ne nions pas cependant que l'état actuel des choses a créé des besoins nouveaux pour les patrons et pour les ouvriers ; à ces besoins nouveaux il serait désirable de donner satisfaction dans une juste mesure. Mais comment y parvenir? C'est là ce que nous nous proposons d'examiner dans les chapitres suivants, toujours, bien entendu, au point de vue de l'industrie de la construction.

CHAPITRE II

L'INDUSTRIE DE LA CONSTRUCTION, SES VŒUX ET SES BESOINS
ACTUELS.

Vœux et besoins des entrepreneurs de bâtiments. — Les grèves considérées à l'avenir comme cas de force majeure. — Les experts et les
arbitres des tribunaux civils et de commerce soumis avant leur admission à des examens sévères. – Simplification de la juridiction multiple
en matière de travaux publics et particuliers. — Réorganisation du Conseil des prud'hommes. – Adoucissement des pénalités édictées par les
articles 471 et 474 du Code pénal. — Remaniement des articles 1792-
1793, 2103, 2110, 1382 et 1383 du Code civil. — Modification à apporter
à la loi de 1807 sur les faillites. — Suppression de tous droits sur les
matières premières. — Révision des tarifs de transport des chemins
de fer et canaux. — Réforme de la loi sur le taux de l'intérêt de l'argent. — Chambres de commerce, extension de leurs attributions trop
restreintes. — Nomination par les intéressés des membres des jurys
d'admission et des récompenses des expositions industrielles et commerciales. – Les Chambres syndicales. — Que veulent les ouvriers ?
— Vœux et besoins des délégations ouvrières. — Extraits des rapports publiés par les soins de la commission d'encouragement de
l'exposition universelle de 1867 relatifs aux ouvriers maçons, tailleurs
de pierre, charpentiers, serruriers, couvreurs, menuisiers, marbriers,
fumistes, sculpteurs et peintres en bâtiments. — Résumé des vœux for-
mulés par les ouvriers. — La tyrannie du capital et le salariat.

Les questions économiques et sociales ont été depuis
quelques années l'objet de discussions si diverses, si vives et
si passionnées, elles ont enfanté des systèmes si singuliers
et si contradictoires, qu'aujourd'hui encore elles apparaissent
à beaucoup de bons esprits enveloppées de ténèbres qu'il
n'est pas facile de pénétrer. Nous ne croyons pas cependant
impossible, en ce qui touche l'industrie qui nous occupe,
de dissiper, au moins en partie, cette fatale obscurité, et

nous espérons mettre en lumière quelques idées vraiment pratiques en passant en revue les vœux et les besoins des entrepreneurs et des ouvriers du bâtiment.

Disons d'abord ce que désirent les entrepreneurs, ou plutôt les patrons. Nous n'hésitons pas à l'affirmer, les patrons désirent que la liberté soit égale pour tous, pour eux comme pour leurs ouvriers, ils veulent également pour eux et pour leurs ouvriers une rémunération aussi large que possible de leurs travaux et ils l'attendent de la liberté d'abord et ensuite de certaines réformes qu'ils considèrent comme nécessaires et qu'ils réclament dans l'intérêt de leur industrie.

Quelles sont ces réformes ? Les voici telles que nous les comprenons et les désirons au point de vue de l'entreprise, au nom de laquelle nous n'avons pas la prétention de parler, tant s'en faut ; notre seule prétention étant celle d'exprimer franchement notre opinion personnelle.

Nous voudrions, la loi reconnaissant implicitement aujourd'hui les grèves et ne les réprimant plus comme autrefois, que les grèves fussent considérées à l'avenir, en raison de leur fréquence et de l'impossibilité de les prévoir, comme des cas de force majeure et que par suite tous les marchés quels qu'ils soient fussent de droit modifiés conformément aux conséquences de la grève [1]. Nous voudrions que les juridictions civile et commerciale exigeassent des experts et des arbitres choisis des garanties sérieuses de leurs capacités théoriques et pratiques, nous voudrions en un mot que tous les experts et tous les arbitres fussent astreints, avant leur

---

[1]. Voir ci-après, à ce sujet, la pétition présentée au Sénat, en 1870, par les Chambres syndicales des imprimeurs et des entrepreneurs de maçonnerie de la ville de Paris.

admission, sur la liste des tribunaux civil et de commerce,
à des examens sévères, voire même à produire des attesta-
tions et des preuves irrécusables de leur parfaite compétence
en matière de construction ; nous voudrions que les contestations relatives aux travaux fussent soumises à une juridiction plus uniforme et plus simple, au lieu d'être épar-
pillées comme aujourd'hui en six juridictions diverses dont
la marche, la procédure et les frais sont si différents ; nous
voudrions que la réorganisation des Conseils de prud'hommes
fût ordonnée sur des bases nouvelles [1] ; que l'art. 1792 du
Code civil, qui impose à l'architecte et à l'entrepreneur la
responsabilité décennale d'un édifice construit à prix fait,
fût plus précis, la jurisprudence actuelle laissant au juge,
dans l'appréciation si délicate de cette lourde responsabilité,
un pouvoir *discrétionnaire* et par conséquent trop étendu.
Cette responsabilité, en effet, est fort difficile à bien apprécier. D'abord le juge doit rechercher s'il y a faute, et lorsque
la faute a été reconnue et dûment constatée, il faut alors qu'il
en trouve l'auteur incontesté. Cet auteur, quel est-il ? est-ce
l'architecte, le maçon, le charpentier, le serrurier, le fumiste

1. Ces bases, nous les avons fait connaître dans une brochure que
nous avons publiée en 1868 sous ce titre : *Quelques mots à propos de
l'enquête sur les Conseils de prud'hommes.* Ces bases se résument à
fondre ici, à Paris, les quatre conseils de prud'hommes en un seul et
même conseil divisé de manière à donner satisfaction à tous les besoins
du service ; mais ce que, nous personnellement, nous demandons, mo-
difierait complétement le conseil des prud'hommes qui, dans cette
hypothèse, serait constitué à l'avenir en jury et sur les données de
l'organisation judiciaire admise en matière d'expropriation pour cause
d'utilité publique. Les voies et moyens que nous avons développés et
les considérations sur lesquelles nous nous appuyons pour justifier
notre proposition nous entraîneraient dans de trop longs développements et l'on voudra bien nous excuser de renvoyer à notre brochure
les lecteurs que cette question pourrait intéresser.

ou autres ? Enfin la responsabilité encourue doit-elle porter sur un, ou sur plusieurs répondants ?

Voilà des questions bien complexes et bien graves à résoudre et qui exigent des experts chargés d'éclairer la justice dans ces cas si épineux de nombreuses connaissances théoriques et pratiques. Or ces connaissances ne se peuvent rencontrer que dans la science de l'architecte unie à l'expérience du constructeur. Ces expertises devraient donc être faites et par un architecte et par un entrepreneur constructeur, c'est ainsi que l'avait compris l'ancienne législation qui acceptait les entrepreneurs comme jurés dans ces débats. Cependant aujourd'hui, par une exception inconcevable, aucun entrepreneur ne figure sur la liste des experts du Tribunal civil et de la Cour d'appel de Paris, par suite les juges civils de Paris n'admettent comme experts que des architectes dont l'honorabilité est incontestable, mais dont la compétence peut n'être pas à l'abri de la discussion. Les entrepreneurs sont donc fondés à dire que l'ancienne juridiction, qui les acceptait comme jurés, leur offrait plus de garantie que la jurisprudence actuelle, qui les repousse comme experts !

Nous voudrions donc, faisant droit aux diverses requêtes adressées à la magistrature de Paris, par la Chambre syndicale des entrepreneurs de maçonnerie de la Seine, qu'un certain nombre d'entrepreneurs fût porté sur la liste des experts du Tribunal civil et de la Cour d'appel de Paris et admis à l'avenir, concurremment avec les architectes, dans les expertises concernant les travaux de bâtiment [1].

1. La commission de la Chambre syndicale des entrepreneurs de ma-

Nous voudrions encore, en ce qui touche la responsabilité décennale, que cette responsabilité ne fût plus opposable aux architectes et aux entrepreneurs, lorsque, pendant son cours, les propriétaires auraient fait faire de leur chef et en dehors des répondants, des changements aux constructions primitives, ces changements pouvant déplacer la responsabilité et rendre difficile, pour ne pas dire impossible, la recherche des auteurs auxquels elle est imputable.

Nous voudrions, par les motifs péremptoires développés dans le chapitre précédent, que l'art. 474 du Code pénal ne fût plus applicable aux entrepreneurs. Cet article stipule que pour les contraventions de simple police et de police municipale « la peine de l'emprisonnement *aura toujours lieu*, en cas de récidive, pendant trois jours au plus. » Or, la peine de l'emprisonnement pour ces délits qui ne sont pas reprochables aux entrepreneurs, mais à leurs agents dont ils ne sont que civilement responsables, ne devrait pas atteindre les entrepreneurs, et cependant elle leur est appliquée journellement ! En définitive la peine édictée par la loi est trop sévère ; elle n'est pas en rapport avec le délit qu'elle frappe et elle n'est pas en harmonie avec nos mœurs. Nous demandons donc l'abrogation des prescriptions de l'art. 474, en ce qui touche les contraventions de simple police et de police municipale relevées contre les entrepreneurs.

Nous voudrions que les art. 2103 et 2110 du Code civil, relatifs au privilége du constructeur, fussent remaniés ; l'application dans la pratique industrielle et commerciale

çonnerie de la Seine qui remit au président du Tribunal civil la dernière requête aux fins ci-dessus en rendant compte de sa démarche à la Chambre termine.

en étant bien difficile actuellement, pour ne pas dire impossible [1].

Nous voudrions que l'art. 1793 du même Code fût également revu et remanié. En effet, cet article stipule qu'un architecte ou un entrepreneur, lorsqu'il s'agit de marché à forfait, ne peuvent demander aucune augmentation de prix

ainsi son rapport : « L'accueil fait par M. le Président Aubépin à la commission a été plein de courtoisie. Il a écouté avec la plus grande attention l'exposé des motifs de notre demande ; mais tout en en reconnaissant le bien fondé et en l'admettant en principe, il a exprimé le regret de ne pouvoir pour l'instant y donner une complète satisfaction. La liste des experts ordinairement commis par le Tribunal est trop nombreuse, et dans l'intérêt d'un bon fonctionnement de la justice doit être considérablement réduite. « Pour y arriver, j'ai dû, a dit M. le Président, m'interdire rigoureusement toute nouvelle inscription. Mais les tribunaux peuvent, s'ils le jugent utile, choisir des experts en dehors de ceux commis ordinairement, soit par suite de la nature des affaires, soit parce que les parties leur demandent de désigner tel ou tel expert; dans ce dernier cas, votre demande pourra parfois recevoir satisfaction et je vous promets d'en conférer avec MM. les Présidents de Chambre. »

1. En 1831, le bureau des entrepreneurs de maçonnerie disait à ce sujet dans une pétition adressée aux Chambres : « Le législateur a voulu dans cet article (l'art. 2103 du C. civil), assurer aux entrepreneurs de bâtiments un privilége sur la valeur des constructions par eux faites sur les prix de ces mêmes constructions dont ils n'ont pas été payés. Mais cet article exige, pour l'exercice de ce privilége, des formalités qui sont impossibles à remplir, savoir : qu'il y ait une expertise préalable qui constate la nature des ouvrages à faire avant le commencement des travaux. Il n'est pas un propriétaire qui, avant de construire, veuille consentir à se soumettre à ces formalités ; autant vaudrait lui demander son paiement d'avance. Il en résulte que les entrepreneurs sont forcés moralement de faire leurs travaux sans exiger l'expertise préalable sous peine de perdre leur état et de se voir enlever les travaux qu'on leur propose par d'autres entrepreneurs plus hardis ou plus imprudents. Puis, quand les travaux sont à peine achevés, le propriétaire hypothèque la maison qui vient d'être construite et qu'il n'a pas payée au profit d'un bailleur de fonds ou d'un créancier quelconque qui frustre ainsi les constructeurs de leur privilége. Pour remédier à cet inconvénient, il suffirait de supprimer la nécessité de l'expertise préalable et d'exiger seulement l'inscription au bureau des hypothèques du montant des mémoires des ouvriers, à la réception des travaux, dans les six mois, à partir de la perfection des ouvrages. Lire à ce propos dans le journal *le Bâtiment* des 31 mai, 7 et 14 juin 1874 : «l'*Histoire vraie de la ruine d'un entrepreneur*. »

sous prétexte de changements ou d'augmentations faits sur les plans, si ces changements ou augmentations n'ont pas été autorisés par écrit et le prix convenu avec le propriétaire. Or, cette obligation, que la loi impose à l'architecte et à l'entrepreneur, est blessante pour ceux-ci et elle n'est pas admissible dans la pratique ; car, les architectes et les entrepreneurs ne peuvent pas, ne fût-ce que par convenance, on le comprend, réclamer du propriétaire une autorisation écrite, que celui-ci ne manquerait pas de considérer comme un procédé injurieux, mettant en doute sa bonne foi ; d'ailleurs, le propriétaire n'est pas toujours sur les lieux et les modifications reconnues nécessaires peuvent être parfois d'une urgence qui ne comporte aucun retard. D'autre part, la fixation, *hic et nunc*, du prix des modifications demandées est rarement possible.

Dans cette position, pourquoi refuser aux architectes et aux entrepreneurs le droit de prouver leur bon droit autrement que par la preuve littérale, que, pratiquement, ils ne peuvent pas exiger, ainsi que nous venons de l'établir. Pourquoi mettre deux classes de citoyens, dont l'honorabilité n'est pas contestable, en dehors du droit commun ; car, cette disposition exceptionnelle, contre laquelle nous protestons de toutes nos forces, ne peut se justifier qu'en faisant peser préventivement sur toutes deux une présomption de fraude. Or, la fraude ne se présume pas. Refuser aux architectes et aux entrepreneurs l'application des principes de droit commun c'est évidemment entacher leur profession d'une suspicion de mauvaise foi que rien ne justifie, c'est en un mot les déconsidérer aux yeux de tous, par suite d'une crainte chimérique injustifiable, que la confiance en la justice si éclairée du pays ne devrait plus permettre. D'ailleurs, les architectes et les entrepreneurs sont toujours choisis par le propriétaire dont ils sont les mandataires directs, c'est donc uniquement au propriétaire qu'incombe la responsabilité du choix qu'il a fait. Pourquoi donc, alors qu'il n'y a plus aujourd'hui de priviléges pour personne, l'art. 1793 du Code civil crée-t-il contre les architectes et les entrepreneurs un privilége au profit du propriétaire ? Pourquoi cette atteinte à l'égalité des citoyens devant la loi ?

Nous voudrions encore que les cas de responsabilité tombant sous l'application des art. 1382, 1383. et 1384 fussent mieux et plus clairement définis et qu'à l'avenir les maîtres et les commettants ne pussent être considérés comme civilement responsables des personnes qu'ils emploient, que dans le cas seulement où celles-ci ont exécuté ponctuellement et strictement les ordres de leurs patrons. Mais du moment que ces personnes, ne consultant que leur libre arbitre, substituent leur propre volonté à la volonté du patron et que le fait qui a causé le dommage est le résultat de leur maladresse et de leur désobéissance aux ordres qui leur ont été donnés, elles seules alors doivent supporter la responsabilité des faits ainsi accomplis. En interprétant autrement le texte de la loi, la jurisprudence en fait, suivant nous, une interprétation qui, nous le croyons fermement, n'a jamais été dans l'esprit et dans la pensée du législateur.

Que le propriétaire soit responsable de sa chose ou de son

animal, cela se conçoit ; nous comprenons encore fort bien
la responsabilité du père et de la mère à l'égard de leurs enfants mineurs, et celle de l'instituteur ou de l'artisan à l'é-
gard de leurs élèves ou apprentis, à des enfants que la légèreté de leur âge ou leur inintelligence rendent souvent incon-
scients de la portée de leurs actes, la saine raison indique
que la responsabilité doit incomber à ceux qui ont sur eux
l'autorité morale nécessaire pour s'en faire obéir et dont le
devoir est de les surveiller. Mais des employés, des ouvriers
et des domestiques, qui jouissent dans toute leur pléni-
tude de leurs droits civils et politiques, qui sont électeurs
et éligibles, c'est-à-dire, civilement et politiquement parlant, les égaux des personnes qui les emploient, ceux-là, disons-nous, ne peuvent pas être considérés comme une chose,
comme un animal déraisonnable, ou comme des enfants.
Comment, d'ailleurs, leur imposerait-on l'obéissance et que
faire pour les obliger à exécuter strictement des ordres auxquels ils ne veulent pas se soumettre ? Cela est matériellement impossible ; car, après tout, les ouvriers, les domestiques et les employés savent parfaitement bien qu'ils sont
libres et qu'ils n'ont à répondre de l'exercice de leur volonté que devant Dieu et devant la justice, et ils apprécient
tout aussi bien que les maîtres la portée de leur actes et
les conséquences que ces actes peuvent entraîner. Eux seuls
donc doivent être responsables d'actes émanés de leur seule
volonté et surtout quand ces actes sont le résultat d'infractions
aux ordres et aux prescriptions qui leur ont été donnés.

Le maître n'a plus aujourd'hui sur les personnes qu'il
emploie qu'une autorité morale singulièrement ébranlée,

affaiblie, si tant est qu'il en ait encore une, et il n'a aucun moyen, aucun pouvoir, nous ne saurions trop le redire, pour les contraindre à l'obéissance. Que peut-il faire en effet ? renvoyer les employés ou ouvriers insubordonnés qui sont placés sous ses ordres, soit ; mais la crainte d'être renvoyé arrêtera-t-elle ceux-ci ? Évidemment non : d'ailleurs, lorsque le maître les renverra, il sera trop tard ; leur désobéissance aura causé les dommages dont la jurisprudence actuelle le rendra civilement responsable. Et bien plus, si après son renvoi et pour se venger il passe par la tête de cet insubordonné d'assassiner un individu quelconque à la plainte duquel il croira devoir attribuer son expulsion de l'atelier, le maître pourra être condamné, dans ce cas, comme civilement responsable de l'assassin ; cela s'est vu [1] !

Aujourd'hui que les travailleurs revendiquent avec juste raison tous leurs droits et que, sur leurs protestations unanimes et fort justes, l'art. 1781 a disparu du Code civil, que, sur leur demande, ils ont obtenu la suppression de la loi du 22 juin 1854 sur les livrets, qu'ils sont électeurs et éligibles, qu'ils n'ont plus devant eux des privilégiés, mais des égaux, il est impossible, ce nous semble, sans porter atteinte à leur dignité, de les exonérer de la responsabilité personnelle qui incombe à tous les citoyens en les assimilant à une chose, à un animal déraisonnable, ou à des enfants dont les parents et le maître doivent répondre. Il n'est plus permis de les laisser en une tutelle qu'ils repoussent avec raison, et par conséquent, ils doivent, à l'avenir, demeurer seuls responsables de leurs actes.

1. Affaire du cocher Collignon.

Ce ne sont pas là les seules réformes dont la réclamation nous paraisse légitime. L'une d'elles, fort controversée, préoccupe actuellement très-vivement tous les commerçants : nous voulons parler de la révision de la loi de 1807 en matière de faillite.

Quelques améliorations pratiques pourraient être facilement apportées sans nuire en quoi que ce soit à l'économie de cette loi, et pour n'en citer qu'une seule, on pourrait fort bien, ce nous semble, simplifier sans aucun inconvénient le mode actuel d'affirmation des créances, en supprimant les assemblées publiques qui ont lieu à cet effet. On arriverait ainsi, comme cela se pratique en Belgique, à économiser du temps et des frais inutiles. Mais d'autres modifications également demandées ne sont pas aussi simples, tant s'en faut, et notamment celles relatives au concordat amiable obligatoire et à la réhabilitation.

En 1869 et au commencement de la fatale année 1870, la question des concordats amiables obligatoires, précédant la déclaration de la faillite, avait été agitée dans les Chambres syndicales et dans la presse ; mais, c'est seulement dans ces derniers temps qu'une question non moins importante, celle de la réhabilitation en matière de faillite, fut soulevée. Dans le courant de l'année 1871, la commission parlementaire de l'Assemblée nationale, se préoccupant de la révision de la loi de 1807 qui était réclamée de tous côtés, adressa un questionnaire sur les concordats amiables obligatoires aux Tribunaux, aux Chambres de commerce et aux Chambres syndicales.

Les partisans du concordat amiable obligatoire préten-

daient que la modification à la loi de 1807, qu'ils demandaient, était aujourd'hui reconnue nécessaire, et ils ap-
puyaient leur prétention sur deux considérations principales :
la première, disaient-ils, est toute d'équité, car la mauvaise
foi ne se présume pas et l'on ne peut pas admettre que le
débiteur qui suspend ses paiements soit tout d'abord flétri
quand même, sans distinction entre le débiteur malheureux
et de bonne foi et celui qui n'a cherché qu'à tromper ses
créanciers ; on ne peut pas admettre davantage que le débi
teur qui, par suite d'une délibération de ses créanciers, a
obtenu son concordat et une déclaration d'excusabilité,
puisse demeurer jusqu'à sa réhabilitation, c'est-à-dire indéfiniment dans la plupart des cas, pour ne pas dire dans
presque tous, non-seulement atteint dans son honneur, mais
encore frappé dans ses droits civiques.

La seconde considération reposait sur ce fait, que les intérêts les plus sérieusement engagés sont ceux des créanciers. Or, rien n'est plus juste que de reconnaître aux
créanciers, réunis en syndicat, la qualité de juges on ne
peut plus compétents, du meilleur mode à employer pour
tirer de la situation de leur débiteur le parti le plus favorable à leurs intérêts, et il est non moins juste d'empêcher que l'intérêt de la majorité soit compromis par l'opposition d'une minorité mal inspirée.

A ces considérations, voici ce qu'opposaient les contra-
dicteurs : ils soutenaient qu'une assemblée de créanciers,
délibérant sans vérification ni affirmation préalables des
créances et en dehors du contrôle de la justice, ne pouvait
offrir de garanties assez sérieuses de sincérité pour que la

majorité représentée par la moitié en nombre et les trois quarts en somme pût prendre des décisions obligatoires pour la masse des créanciers ;

Que ce moyen donnerait beaucoup trop de facilités aux débiteurs de mauvaise foi pour organiser une majorité factice et obtenir ainsi frauduleusement leur libération par-. tielle ;

Que le prétendu sentiment d'humanité en faveur des débiteurs malheureux mais honnêtes devait être repoussé, parce que ce louable sentiment, si bon qu'il soit, ne pouvait pas être considéré comme un motif suffisant pour retirer aux créanciers impayés, malheureux aussi en ce cas, et non pas moins honnêtes que leurs débiteurs, les garanties qui leur sont accordées par la loi ; d'ailleurs, comme le dit Renouard dans son *Traité des faillites* : « Entre le créancier qui n'est point payé et le débiteur qui ne paye point, la justice veut que ce soit surtout le malheur du créancier qui excite la pitié et provoque l'intérêt » ;

Que la réprobation qui s'attache à la faillite est bien plutôt dans nos idées et dans nos mœurs que dans la loi ;

Qu'en effet, le public applique cette réprobation à tous les faillis en général, sans distinguer entre ceux qui ont été honnêtes, mais que des circonstances malheureuses ont forcé à déposer leurs bilans, et ceux qui ont fait des opérations aléatoires au-dessus de leurs ressources et qui ont été déloyaux ;

Que cependant, il était impossible de ne pas reconnaître que la loi fait une différence très-grande entre les diverses circonstances de la faillite ;

Qu'elle est un refuge et une protection pour le débiteur honnête contre des créanciers avides, mais qu'elle punit sévèrement le banqueroutier simple et plus sévèrement encore le banqueroutier frauduleux ;

Qu'il suffirait, pour restituer à la loi son vrai caractère de protection au regard des débiteurs malheureux et de bonne foi, de faire une application plus stricte des articles du Code concernant la banqueroute simple et la banqueroute frauduleuse, et les commerçants honnêtes n'auraient plus à craindre alors d'être confondus avec les gens de mauvaise foi qui ont recours à la faillite pour s'exonérer de leurs dettes, et ils n'hésiteraient plus, lorsque leur position financière serait embarrassée, à déposer leur bilan et à liquider leur situation.

L'enquête sur la proposition relative à l'adoption des concordats amiables obligatoires, à laquelle tous les Tribunaux, les Chambres de commerce de France et presque toutes les Chambres syndicales prirent part, fut longue et intéressante, mais cette proposition fut généralement repoussée et définitivement rejetée par l'Assemblée nationale.

Quant à nous, s'il nous était permis d'émettre une opinion sur cette grave question, nous nous bornerions à demander qu'à l'union et au concordat il fût apporté une seule modification, et ce serait celle-ci : Le tribunal de commerce qui a le droit de refuser le concordat aurait également à l'avenir le droit de refuser l'union et de faire bénéficier le failli des avantages du concordat, lorsque le concordat, dont le tribunal l'aurait jugé digne, lui aurait été refusé au détriment de la masse des intérêts des créanciers, par le mauvais vouloir de quelques-uns d'entre eux mal prévenus ou malveillants de parti pris.

Reste maintenant à examiner la question non moins grave de la réhabilitation après faillite.

La Commission parlementaire de l'Assemblée nationale n'a pas cru, que nous sachions, devoir la soulever jusqu'à présent. Quoi qu'il en soit, la réforme demandée est une question brûlante, tous les commerçants s'en préoccupent, un grand nombre la demandent et elle n'est pas moins controversée que celle proposée pour les concordats amiables obligatoires qui a été justement repoussée. Voici, aussi brièvement que possible, les raisons qu'on a fait valoir pour et contre et qui sont venues à notre connaissance.

Ceux qui trouvent trop dures les conditions actuelles imposées à la réhabilitation et qui demandent que ces conditions soient adoucies, soutiennent qu'il ne s'agit aucunement d'amoindrir les garanties que la loi de 1807 donne au commerce, mais de faire que le failli, après avoir subi toutes les formalités qui sont la conséquence de sa faillite et après avoir accompli les conditions de son concordat, ait la faculté de faire appel à la bienveillance de ses créanciers et de la mettre à profit au point de vue de sa réhabilitation. Il ne s'agit donc que de rendre au créancier, seul juge de son intérêt et agissant en toute liberté, le droit de traiter avec son débiteur comme il aurait pu le faire avant la faillite ; or, le débiteur qui a obtenu un concordat amiable avant faillite n'est frappé par la loi d'aucune incapacité. Les créanciers ont agi en toute liberté, ne consultant que leurs convenances et que leur intérêt ; cela les regarde. Pourquoi ne peuvent-ils pas faire après la faillite ce qu'ils peuvent faire avant ? Et en quoi cela blesse-t-il la morale ? Y a-t-il là un péril social ? Nous ne le pensons pas, disent les partisans de la modification demandée. Et ils ajoutent : Le législateur de 1807 a établi certaines incapacités dont le failli ne peut être relevé qu'au moyen de la réhabilitation. Par conséquent, le paiement est le but de la loi, et si l'on paie on est réhabilité. En sorte qu'un tribunal ne pourrait pas refuser la réhabilitation même à un banqueroutier simple qui, ayant subi sa peine, viendrait quelques jours après justifier qu'il a complétement désintéressé tous ses créanciers. Tandis que ce même tribunal serait dans l'obligation de refuser la réhabilitation à un débiteur qui, dix ans après sa faillite, après avoir mené l'existence la plus honorable et la plus laborieuse, aurait pu reconstituer un capital suffisant pour désintéresser ces mêmes créanciers, s'il apprend qu'un seul d'entre eux lui a accordé *quitus*, sans avoir reçu effectivement le principal, les intérêts et les frais relatifs à sa créance.

Si la loi des faillites avait une portée exclusivement morale, elle frapperait également le débiteur civil et le débiteur commerçant, qu'aucun privilége ne protége plus aujourd'hui.

A première vue, cette critique semble juste, mais en y réfléchissant, l'on s'explique bien vite les motifs qui ont guidé le législateur. En effet, la faillite est, ainsi que nous venons de le dire, pour le commerçant malheureux et de bonne foi, un refuge et une protection que ne peut invoquer le débiteur civil ; il est donc de toute justice que celui-ci, qui ne peut pas profiter du bénéfice de la faillite, n'en supporte pas les pénalités. En effet, l'art. 1270 du Code civil aux termes duquel les créanciers ne peuvent refuser au débiteur civil la cession judiciaire de ses biens, si ce n'est dans les cas prévus par la loi, ne libère le débiteur civil, nous croyons l'avoir dit dans le chapitre précédent, que jusqu'à concurrence de la valeur des biens qu'il a abandonnés ; et si ces biens s'étant trouvés insuffisants, il lui en survient d'autres, il est encore obligé de les abandonner, et cela jusqu'à parfait paiement ! Le failli concordataire, au contraire, a la libre disposition de tous les biens qu'il acquiert à partir du jour où il a obtenu son concordat, et après bien entendu qu'il en a exécuté les conditions. La position de ces deux débiteurs n'étant pas la même, il nous est impossible d'admettre que la critique à laquelle nous venons de répondre soit considérée comme fondée.

En définitive, disent encore les adversaires de la loi de 1807, *il n'y a pas trois faillis sur mille qui se réhabilitent ;* et l'on en doit conclure que ce nombre infime est dû à la rigueur des conditions actuelles de la réhabilitation, car, de deux choses l'une, ou les incapacités qui résultent de la loi de 1807 sont insuffisantes pour obliger le failli à se réhabiliter, ou bien ce dernier se trouve en présence de difficultés qu'il ne peut surmonter. En sorte qu'il est maintenant admis et reconnu que souvent le failli obtient pour sa réhabilitation un *quitus* contre paiement partiel ! S'il en est réellement ainsi, il est évident qu'il faudrait mettre au plus tôt la loi d'accord avec la pratique [1].

1. Voir dans le *Recueil* des procès-verbaux des séances du Comité central des Chambres syndicales les séances des 26 février, 26 mars 1874,

Enfin, pour tout dire en faveur des modifications demandées à la loi de 1807, à propos de la réhabilitation, citons
encore l'opinion émise sur ce sujet par l'honorable M. Dan-
saert, président du Tribunal de commerce de Bruxelles, dans
le remarquable discours qu'il a prononcé le 3 mars 1869 à
l'assemblée des notables commerçants de Bruxelles :

« Nous le disons avec conviction, la sévérité de la loi sur
les faillites est excessive ; elle nuit souvent aux intérêts
qu'elle a le devoir de sauvegarder, elle ne distingue pas,
car elle ne ménage pas plus le débiteur honnête que le fri-
pon ; elle est plus impitoyable même que la justice crimi-
nelle qui s'arrête devant la mort de l'auteur d'un crime,
tandis que la loi commerciale inflige le stigmate de la faillite au commerçant décédé et déshonore sa famille après sa
mort.

« La loi est si inexorable, qu'elle ne permet à aucun pouvoir *autre que celui de l'argent* de relever un failli, quelque
méritant qu'il puisse être, des incapacités que la loi lui a
infligées.

« La prérogative royale, qui peut exercer le droit de grâce
en faveur du plus grand des criminels, est tout à fait impuissante lorsqu'il s'agit d'un failli !

« Cette accumulation de rigueur est exagérée ; il serait
plus rationnel, plus humain, de limiter l'application de la
loi et de ne pas enlever gratuitement au débiteur honnête

p. 37, le rapport présenté par M. Célérier, au nom de la commission
chargée de l'examen de la proposition relative à la modification des
art. 604 et suivants du Code de commerce relatifs à la réhabilitation, et la
remarquable réponse faite à ce travail par M. Séguier, ancien juge au
Trib. de comm. de la Seine, membre honoraire dudit Comité

et malheureux, la possibilité de réparer honorablement par son travail les revers qu'il a subis. »

Tels sont en résumé les principaux arguments présentés en faveur des modifications demandées à la loi de 1807 sur les conditions imposées à la réhabilitation après faillite.

A cette argumentation qui nous a fort touché sans cependant nous convaincre, voici ce que répondent les opposants aux modifications demandées :

Les débiteurs faillis, disent-ils, ne sont pas tous malheureux et de bonne foi, rien au contraire n'est plus rare à rencontrer, et l'expérience démontre que, dans la grande majorité des cas, les faillis sont des gens de *bonne foi* dans le sens rigoureux du mot, qui les affranchit de l'accusation d'escroquerie, mais qu'ils ne sont pas toujours *malheureux* dans le sens qui fait appliquer cette épithète à un homme atteint par des revers tout à fait imprévus et par conséquent immérités.

Non, la grande majorité des faillis ne se compose pas de malheureux frappés par des désastres impossibles à prévoir, impossibles à éviter, et en général, il faut bien le reconnaître, la plupart des faillis sont entraînés à la faillite par l'insuffisance de leur capital, par leur incapacité, et surtout par le désordre et l'inconduite.

C'est donc contredire les faits ou leur donner une apparence inexacte que de considérer comme des négociants malheureux injustement frappés par des revers inattendus, des imprudents qui tombent en faillite parce que, sans capacité, sans ordre ou sans conduite, ils se sont établis avec un capital insuffisant; ce n'est pas à la fatalité que ces négociants-là doivent attribuer leur ruine, c'est à eux-mêmes. Ils ont été légers, imprévoyants, incapables et sans ordre quoique honnêtes, nous le voulons bien, mais ils ont succombé par leur faute, il ne faut pas l'oublier, et, dans leur déconfiture plus ou moins prévue, plus ou moins méritée, peut-être ont-ils entraîné des commerçants plus méritants qu'eux et non moins honnêtes qu'eux ?

Est-ce à dire pour cela que, parmi les faillis, il ne se trouve pas de malheureux débiteurs réellement de *bonne foi* et ayant droit aux sympathies de tous? oui, vraiment, il s'en trouve parfois ; mais, à coup sûr, ces faillis-là forment l'exception.

La loi de 1807 ne dit nulle part, ainsi que le vulgaire le croit à tort, que le failli est un malhonnête homme ; cette loi, si controversée aujourd'hui, considère tout simplement le failli comme un commerçant qui a manqué à ses engagements ; elle ne le préjuge pas malhonnête et ce n'est que lorsque l'instruction relève contre lui des actes de fraude et de mauvaise foi que le failli peut devenir l'objet de poursuites correctionnelles ou criminelles ; dans ce cas, lorsque le jugement à intervenir reconnaît que le failli est non coupable, il reste simple failli et il peut prétendre même à la sympathique pitié de ses concitoyens, ce qui arrive assez rarement, notre expérience nous autorise à le dire. Mais lorsque la faillite a été provoquée par des événements en dehors de la prévoyance humaine et lorsque, comme en 1848, en 1870 et 1871, des événements aussi extraordinaires qu'imprévus viennent fondre sur le monde commercial, une législation temporaire et dont le souvenir est encore dans tous les esprits, celle concernant les liquidations judiciaires, vient alors, en exonérant de la qualification de faillis les commerçants obligés d'y recourir, donner une équitable satisfaction à ces malheureux de bonne foi que des désastres inattendus ont entraînés dans une déconfiture imméritée. La rigueur de la loi de 1807, très-sage pour la marche ordinaire des temps, n'est donc pas inflexible, elle est tempérée quand cela est nécessaire par une législation exceptionnelle et transitoire qui tient équitablement compte des circonstances sous le coup desquelles la plus sévère prévoyance devait succomber.

Doit-on conclure que cette loi n'est pas perfectible et qu'il n'y a pas lieu d'y apporter certaines modifications? telle n'est pas notre pensée. Nous avons déjà demandé pour le tribunal de commerce le droit de refuser l'union comme il a celui de refuser le concordat, et nous voudrions en outre que la faillite fût divisée à l'avenir en quatre phases bien distinctes : l'*union*, qui fait sortir définitivement et officiellement le failli du monde commercial dont la faillite l'avait momentanément séparé ; le *concordat,* qui l'y fait rentrer à des conditions déterminées ; *l'exonération*, qui le relève des incapacités civiles et politiques qu'il a encourues; et enfin, la *réhabilitation*, qui lui rend non sans prestige, et cela est de toute justice, son honneur commercial tout entier.

Une fois le concordat obtenu et strictement exécuté, il nous semblerait juste que le failli eût droit à l'exonération, c'est-à-dire qu'il pût se faire relever, par jugement du tribunal de commerce, des incapacités dont la loi de 1807 l'a frappé, en justifiant du paiement de son passif en principal seulement. Dans ce cas, il lui serait permis de transiger avec ses créanciers, et du moment qu'il justifierait que ceux-ci lui ont accordé quitus, à quelques conditions que ce fût qui ne devraient point être recherchées, le failli aurait droit à l'exonération. Quant à la réhabilitation, telle qu'on la demande aujourd'hui, c'est tout autre chose, et dans notre pensée, elle ne devrait jamais être obtenue que conformément aux prescriptions de la loi de 1807.

Vouloir faire entrer dans nos mœurs commerciales la réhabilitation au rabais, c'est vouloir lui retirer tout son prestige, ou plutôt c'est vouloir la supprimer entièrement. En effet, les faillis, réhabilités comme on le demande, c'est-à-dire à n'importe quel taux accepté par la bienveillance de leurs créanciers, seraient tous placés au même niveau et ce serait souverainement injuste pour ceux qui auraient estimé leur réhabilitation à plus haut prix que certains autres et aussi pour ceux qui se seraient trouvés en face de créanciers plus ou moins exigeants. En définitive, les faillis ainsi réhabilités ne seraient jamais considérés que comme des faillis ayant racheté leur honneur à trop bon marché, et l'opinion publique se refuserait toujours et avec raison de voir en eux de vrais réhabilités : par conséquent, la réhabilitation ne serait plus désormais qu'un vain mot.

On a dit que pour la loi, la réhabilitation était une question d'argent : si l'on paie, l'on est réhabilité ; et que s'il en était autrement, un non-commerçant qui ne paie pas ses dettes devrait être frappé comme le commerçant des incapacités civiles et politiques dont la loi prive celui-ci quand il tombe en faillite, la loi devant être égale pour tous. Mais nous ne saurions trop le répéter, la position du commerçant n'est pas celle du non-commerçant. Si le débiteur non-commerçant n'est pas soumis aux pénalités édictées par la loi, il ne profite pas, nous l'avons déjà dit, des avantages que retire le commerçant de son état de failli, car pour ce dernier la faillite est un refuge et une protection. En effet, lorsque le commerçant failli a obtenu son concordat, il retrouve le crédit dont il a besoin pour continuer son commerce auquel ses créanciers l'ont rendu ; et lorsqu'il a payé ses dividendes conformément aux prescriptions de son concordat, ce qu'il acquiert et ce qu'il gagne ne peut plus être recherché par ses créanciers ; tandis que le débiteur civil ne peut rien acquérir, rien posséder, tant qu'il ne s'est pas entièrement libéré de tout ce qu'il doit ; jusque-là, il lui faut vivre au jour le jour sur la part insaisissable de ses honoraires, de ses gages en un mot de son travail personnel.

En définitive, le débiteur civil n'a pas de crédit, commercialement parlant, et il n'en a pas besoin. Le commerçant au contraire, quelle que soit sa position, a toujours besoin de crédit, et ce crédit, il l'obtient assez facilement de ses fournisseurs d'abord et de la Banque ensuite ; pourquoi cela ? parce que le commerçant, quand il manque à ses engagements, est sous le coup de la faillite et que le créancier qui lui a fait confiance le sait fort bien. Or, la faillite, telle que la loi de 1807 l'a réglée, inspire encore, Dieu merci, et l'on doit s'en féliciter, une crainte salutaire. Cette crainte, il faut qu'elle conserve toute sa force, il ne faut rien faire pour l'amoindrir, et c'est pour cela que nous pensons qu'il serait dangereux d'accorder les facilités demandées en faveur de la réhabilitation. En modifier les conditions, serait porter un coup funeste à l'honneur et au crédit commercial. Il faut donc bien se garder de toucher à la réhabilitation ; elle est logiquement ce qu'elle doit être, le temps l'a consacrée, et, dans notre intime conviction, elle doit être conservée telle que le législateur de 1807 l'a sagement établie.

Quelques autres réformes restent encore à signaler. Ainsi, nous voudrions voir disparaître au plus tôt tout ce qui peut nuire à l'extension du commerce et de l'industrie, nous voudrions notamment la suppression de tous droits sur les matières premières, la révision des tarifs de transport par chemins de fer et canaux, celle de la loi sur le taux de l'intérêt de l'argent, l'argent étant aujourd'hui considéré avec juste raison comme une marchandise ; nous voudrions encore voir augmenter les attributions des Chambres de commerce, et nous pensons qu'il serait désirable que le rôle effacé et parfois négatif qu'elles jouent fût modifié de manière à leur permettre de rendre de réels services à notre commerce, ce que l'isolement auquel chacune d'elles est condamnée ne leur permet pas toujours de faire. Dans maintes circonstances cependant, elles ont éclairé le gouvernement et lui ont donné un concours actif et moral qui prouve leur légitime influence. Si les Chambres de commerce ont pu faire beaucoup dans les limites où les enferme une législation beaucoup trop défiante, quel bien ne pourraient-elles pas faire si elles s'éclairaient mutuellement et unissaient leurs ressources et leur influence [1] ?

1. M. Paul Leroy-Baulieu dit à ce sujet dans le *Journal des Débats* du 13 octobre 1874 :

« Il existe en France bien des exemples frappants de l'esprit restricti et soupçonneux de notre administration ; mais, à coup sûr, l'un des

Enfin, ne serait-il pas de toute justice qu'à l'avenir les exposants par groupes d'industries intéressées nommassent eux-mêmes les membres des jurys d'admission et des récompenses dans toutes les expositions industrielles et commerciales quelles qu'elles soient, comme cela se pratique dans les expositions des beaux-arts.

Les grandes foires des anciens temps n'existent plus de nos jours, les expositions sont appelées à les remplacer avantageusement, c'est là un fait économique considérable dont on ne semble pas assez se préoccuper et c'est pourquoi il nous semble indispensable d'entourer les expositions à venir de toutes les garanties désirables au profit des exposants. La mesure que nous réclamons est appliquée aux beaux-arts, nous venons de le dire, pourquoi ne le serait-elle pas au commerce et à l'industrie ?

Nous avons déjà parlé des Chambres syndicales et des

plus curieux et des plus étonnants, c'est la défense qui est faite aux Chambres de commerce de se concerter et de correspondre entre elles. Vit-on jamais marque de défiance aussi injurieuse et aussi puérile ? Cependant, si l'on voulait passer en revue toutes nos lois, on trouverait qu'elles sont pleines de prohibitions de ce genre. Tout ce qui est association, réunion, entente, effraie nos gouvernements, non pas depuis vingt ou depuis cinquante ans, mais depuis plusieurs siècles. Si l'on avait pu séparer l'homme de son ombre, nous croyons que le législateur français s'y serait appliqué, tellement il craint de voir plusieurs corps, plusieurs intelligences et plusieurs volontés s'unir pour une action commune.

« On nous dit que le ministre du commerce actuel veut opérer sur ce point une réforme : il serait disposé à réorganiser les Chambres de commerce et même à instituer un congrès annuel de leurs délégués. Nous applaudissons de grand cœur à cette bonne pensée de M. Grivart, nous souhaitons seulement qu'il se presse et qu'il réalise sans tarder cet excellent projet. C'est vraiment par ce temps de continuelles péripéties ministérielles qu'il faut saisir l'occasion au vol ; car, une fois disparue, elle ne se représentera peut-être que dans un moment moins propice et sous un ministre moins éclairé. »

services qu'elles rendent. Ceux qu'on est en droit d'en attendre dans l'avenir seraient plus grands encore, si leur organisation actuelle était réglementée de manière à leur donner une plus grande force morale, pour qu'à l'avenir elles puissent défendre avec une efficacité réelle l'honneur et l'intérêt des industries qu'elles représentent.

Voilà suivant nous, au point de vue de l'industrie de la construction et des entrepreneurs, les réformes principales sur lesquelles il nous semble urgent d'appeler l'attention de l'opinion publique.

Voyons maintenant ce que veulent, ce que demandent les ouvriers du bâtiment. Ce qu'ils demandent et ce qu'ils veulent, les rapports des délégations ouvrières publiés par les soins de la commission d'encouragement de l'exposition universelle de 1867, dont nous avions l'honneur d'être membre, et que M. Devinck présidait avec tant d'autorité, nous les ont fait connaître.

A part quelques réformes particulières qui se rattachent à certaines spécialités et quelques déclamations aussi naïves que peu pratiques, et à part enfin quelques propositions fort peu libérales qui n'étonneront personne, les aspirations, les vœux et les besoins exprimés par les délégations ouvrières sont à peu près tous les mêmes, et peu d'entre elles, en traitant de matières dans lesquelles il était si facile de glisser les questions sociales, ont su résister à la tentation de donner leur opinion sur ces dangereuses questions. Nous nous bornerons à transcrire ici, aussi brièvement que possible, les passages qui nous ont paru les plus intéressants et les plus caractéristiques des rapports faits par les délégués

des ouvriers maçons, tailleurs de pierre, charpentiers, serruriers, couvreurs, menuisiers, marbriers, fumistes, sculpteurs,
doreurs et peintres en bâtiments appartenant aux principales
industries qui se rattachent à celle de la construction. Ces
citations seront consultées avec fruit, nous le croyons, si l'on
veut bien prendre la peine de les lire malgré les longueurs et
les redites qu'il nous a été impossible d'éviter.

Les délégués des maçons sous ce titre, *Aspirations sociales*,
après avoir déclaré qu'ils empruntent une partie des considérations qui vont suivre au rapport de MM. les délégués
raffineurs disent : « nous respectons toutes les convictions ;
les idées que nous émettons peuvent ne pas être partagées
par les autres ; mais puisque nous sommes appelés à donner
notre avis sur les grandes réformes et sur les besoins qui nous
préoccupent actuellement tous, nous ne voulons nous inspirer que de nous-mêmes en donnant notre avis personnel.....

« Le plus grand des problèmes à résoudre aujourd'hui,
c'est celui de l'amélioration du sort des classes ouvrières.
Tout le monde comprend qu'il est temps d'apporter un
remède qui délivre l'ouvrier de la misère ; tout le monde
est d'accord sur le but à atteindre ; les moyens d'y arriver
seuls diffèrent. Les uns veulent arriver d'un seul coup, les
autres progressivement ; à notre avis, nous savons qu'une
société comme la nôtre ne se réforme pas dans un jour,
qu'il ne suffit pas de démolir, il faut aussi réédifier. En conséquence, nous croyons qu'il faut, en ne brusquant rien,
marcher résolûment en avant en déracinant soigneusement
les abus qui, à un moment donné, pourraient nous forcer à
rétrograder.

« Alors, pour suivre cette route du progrès qui doit conduire les classes laborieuses à leur émancipation, il faut
l'instruction. Il ne faut pas se contenter de demander l'instruction primaire gratuite, il faut encore qu'elle soit obligatoire. Car l'ennemie la plus redoutable de l'ouvrier, c'est
l'ignorance et la routine, elles enfantent les préjugés et
s'opposent à l'esprit de progrès par l'instruction ; cette
ennemie sera obligée de s'en aller de bonne volonté, il n'y
aura pas besoin de recourir à la force pour la chasser.

« Il y a encore un moyen que nous ne saurions trop recommander dans les circonstances actuelles, c'est l'association ; car en présence du dénûment des classes laborieuses, principalement en ce qui concerne les ouvriers
du bâtiment et particulièrement les maçons, il est constant
que l'équilibre est rompu à notre détriment par l'augmentation toujours croissante des loyers et des denrées alimentaires indispensables à la vie ; cette augmentation nous
force périodiquement et même journellement à demander
une augmentation de salaire qui nous est toujours refusée.
Pourquoi nous est-elle toujours refusée, chers collègues ?
Il n'est pas difficile de vous le dire, nous sommes isolés
les uns des autres, aucun lien ne nous rattache, il n'y a
que la grève, et que s'y passe-t-il ? La rougeur de la
colère ne vous monte-t-elle pas au front, rien qu'en y
pensant ? Tandis que nos patrons sont unis par la Chambre
syndicale et possèdent le capital, ils ont une arme et
nous tiennent facilement en échec. Malgré notre intelligence et notre courage, nous succombons infailliblement,
et nous succomberons encore longtemps, si nous ne

nous réunissons pas pour porter remède à cette situation.

« Nous ne saurions trop engager tous nos collègues ouvriers maçons et tailleurs de pierre à se joindre à nous pour former des Chambres syndicales, des sociétés d'épargne et de crédit, pour constituer des groupes coopératifs de production, des sociétés de secours mutuels, des sociétés d'assurances contre les maladies et les accidents et le chômage, pour créer un journal périodique ou quotidien, qui reflètera nos justes aspirations, qui sera pour nous l'indicateur des travaux de notre profession, pour ouvrir des conférences ou cours professionnels, pour créer des écoles professionnelles, des bibliothèques populaires. Quand cette route sera parcourue, que ce progrès sera accompli, nous serons exonérés de la misère. Que ce soit notre vouloir à tous ; ce qui est projet aujourd'hui sera bientôt un fait accompli, et que nos patrons, sourds aujourd'hui à nos justes réclamations, puissent bientôt s'apercevoir que le *non possumus* est toujours fatal à celui qui le prononce.

. . . .

« Nous critiquons vivement aussi l'organisation actuelle du Conseil des prud'hommes et nous demandons que les ouvriers soient entendus devant la commission ; on pourrait même admettre un certain nombre d'entre eux dans la commission elle même chargée par le ministre du commerce du projet de réorganisation.

« Nous résumons ainsi nos vœux :

1° Instruction gratuite et obligatoire ;

2° Droit de réunion pour tous ;

3° Liberté de la presse et liberté de la pensée ;

4° Qu'il ne soit apporté aucune entrave à l'association, soit en sociétés de secours mutuels, soit en sociétés d'épargne et de crédit, soit en l'association coopérative de production ou de consommation par groupes, et à la fédération de ces groupes ;

5° Droit pour tous d'ouvrir des conférences ou cours professionnels, de créer des écoles professionnelles et des bibliothèques populaires ;

6° Égalité des patrons et des ouvriers devant la justice ;

7° Former des Chambres syndicales dans chaque profession ;

8° Réorganisation immédiate du Conseil des prud'hommes;

9° Inviolabilité de l'homme et du domicile, suppression de la détention préventive ;

10° Indemnité à l'innocente victime d'une erreur judiciaire ;

11° Abolition des octrois, réorganisation des impôts d'une manière plus légale.

« Les délégués,

« *Signé* : DAVID, DESPLACES (Auguste), PANNIER, DELCAYRÉ (Pierre). »

Le délégué des tailleurs de pierre formule les vœux et les besoins suivants.

Après avoir protesté contre les erreurs de l'ancienne série de prix, publiée jadis sans contrôle par la commission de vérification de la ville de Paris, le délégué des tailleurs de pierre demande que ceux-ci soient appelés à faire partie de cette commission, parce que, dit-il, *ils sont contraints de donner aux entrepreneurs 10 p. 0/0 de bénéfice net, à moins de conventions contraires ; ainsi jugé par tous les Tribunaux.* Cette assertion est complétement inexacte et l'on nous permettra dans l'intérêt de la vérité de faire remarquer ici que les ouvriers à la journée n'ont jamais à faire remise à leurs patrons d'un *quantum* quelconque sur les prix de leurs journées. Quant aux ouvriers tâcherons, la remise qu'ils consentent sur le prix des travaux qu'ils ont pris à la tâche est toujours déterminée à l'avance par un marché, et à défaut de marché, cette remise est fixée par des experts compétents choisis par les tribunaux. Au surplus, l'Administration préfectorale ayant fait droit à la réclamation faite par les tailleurs de pierre, en les admettant à faire partie de la commission de la série de prix, il est inutile de nous occuper davantage de cette réclamation qui n'a plus d'objet.

Ceci dit, voici ce que demande en outre le délégué des tailleurs de pierre :

« Puisque nous avons cette occasion, chers confrères, de faire connaître ce que nous désirons, je crois que, comme moi, vous souhaitez l'établissement de Chambres syndicales composées d'ouvriers sensés et raisonnables, ne voulant que le possible, et lesquels, dans des conférences avec leurs patrons, arriveraient infailliblement à ce que nous désirons les uns et les autres, une meilleure organisation du travail, qui deviendrait moins intermittent, moins précaire, plus fructueux, enfin, qu'au moment actuel ; on arriverait alors à rendre la vie de l'ouvrier aussi tranquille, aussi enviée que celle du commis et de l'employé qui sont sûrs de voir arriver à jour fixe leurs appointements sur lesquels ils règlent leurs dépenses. Cette fixité, cette régularité dans le gain que l'on peut obtenir pour le travailleur, si on veut se donner la peine de la chercher, diminuera sensiblement le nombre de ceux qui, au lieu de travailler manuellement, aspirent à émarger au budget, poussés de ce côté par de respectables ouvriers, leurs pères, lesquels, au prix de très-grands sacrifices, cherchent à épargner à leurs enfants les angoisses produites par l'incertitude du lendemain, qu'il leur est arrivé de ressentir si souvent dans le cours de leur vie.

« De plus, cette régularité de gain, cette tranquillité sur l'avenir, retiendraient dans les rangs des travailleurs une foule d'ouvriers désireux d'améliorer leur sort, qu'un gain insuffisant pousse à s'établir avec des ressources éventuelles, souvent trop faibles.

« Ils augmentent le nombre infiniment trop grand des entrepreneurs ou fabricants qui, pour se soutenir un moment, se font une stupide et effrénée concurrence, laquelle, sous le masque d'un bon marché menteur, ne leur permet de livrer au client que des matériaux d'une mauvaise qualité mis en œuvre d'une façon déplorable par des ouvriers si maigrement payés, qu'ils ne gagnent pas de quoi vivre même modestement.

« Ce que je dis ici n'est pas particulier à notre profession. Ces petits entrepreneurs ou fabricants, qui ont trop présumé de leurs forces, n'auraient jamais quitté le chantier ou l'atelier si, en y travaillant toujours, ils eussent été sûrs du lendemain pour eux et leurs familles, ils finissent après avoir fait tort à autrui, par ajouter leur faillite à la masse de celles qui déshonorent annuellement notre commerce . . . .

« Finissons l'énumération de nos souhaits par celui de

voir décréter l'instruction publique et obligatoire en y joignant celui de voir ouvrir de toutes parts de nombreuses écoles du soir et professionnelles, dans lesquelles les apprentis et les ouvriers, s'ils n'ont pas été excédés de travail dans la journée, pourront aller apprendre ce qui leur manque pour exceller dans leur profession, ou, tout au moins, ajouter quelques connaissances à celles acquises par eux à l'école primaire, si leurs parents n'ont pu les envoyer qu'à celle-là . . . .

« Espérons qu'ils (les patrons) reviendront à de meilleurs sentiments et qu'au moins l'âge d'argent se rouvrira pour nous, c'est mon vœu le plus sincère, chers confrères et lecteurs, probablement c'est aussi le vôtre.

« Le délégué,

« *Signé* : GAUTHEROT. »

Les délégués des charpentiers de Paris (rive droite) n'émettent aucun vœu et ne font connaître aucun de leurs besoins. Mais les délégués des charpentiers de Paris (rive gauche) expliquent ainsi quels sont leurs vœux et leurs besoins :

« Pour donner un nouvel essor à la charpenterie, il faudrait diminuer les droits d'entrée et de navigation qui pèsent sur les bois . . . .

« Des associations d'ouvriers pourraient exécuter les travaux à bon marché, en concurrence avec le fer, si les architectes et les capitalistes favorisaient ce genre de sociétés.

« Les bois ne manquent pas pour la charpenterie. On pourrait en favoriser le transport des forêts de l'Esclavonie, de Croatie, des frontières de la Hongrie et de la Transylvanie.

« Si on se servait un peu moins de fer et un peu plus de bois, les charpentiers auraient tous des travaux ; c'est la première chose à désirer.

« Un autre vœu que nous formons, c'est qu'on vienne au secours de l'ouvrier blessé, que les sociétés de bienfaisance ne peuvent soutenir qu'un temps limité ; c'est qu'on soulage les veuves, les orphelins d'ouvriers, les vieillards restés pauvres et devenus infirmes.

« Tout le monde le sait, l'ouvrier ne peut pas se faire des rentes ; il dépense chaque jour pour les besoins de la vie l'argent qu'il a gagné la veille, et s'il fait quelques économies, la première maladie qui survient les emporte. Après une vie toute de travail et de privations, lorsque la vieillesse arrive, le plus souvent, la retraite de l'ouvrier, c'est la misère, c'est la mendicité.

« Ne peut-on faire cesser cette calamité qui, depuis tant de siècles, frappe les classes ouvrières ? Ne peut-on donner aux blessés et aux vétérans du travail ce qu'on donne à ceux qui ont vieilli sous les drapeaux ?

« Le temps est venu, croyons-nous, de réaliser cette grande idée, préconisée il y a quelques années déjà, des invalides civils.

« Nous ne parlerons pas ici de l'organisation de cette institution, la place nous manque ; mais si on prenait notre désir en considération, si on nous demandait de donner un plan et de développer notre idée, nous sommes prêts à le faire. Nous n'insisterons pas sur l'idée elle-même, bien convaincus qu'elle trouvera une profonde sympathie chez tous les hommes de cœur et d'intelligence, qui comprendront qu'au lendemain de l'exposition universelle, après avoir donné aux chefs de la grande armée des travailleurs les distinctions que leurs travaux avaient méritées, il n'est pas moins juste de donner aux soldats qui ont pris part à cette bataille de l'industrie, c'est-à-dire aux ouvriers, les récompenses dont ils sont dignes.

« Eh bien ! cette récompense que nous demandons, c'est un morceau de pain et un abri pour la vieillesse.

« *Signé :* T. Francois, J. Fruneau. »

Les délégués des serruriers en bâtiments, sous ce titre : *Questions sociales*, qu'ils font précéder de l'épigraphe suivante :

« Un peuple peut rarement, quand il est pauvre, connaître d'autre
« condition que celle de la servitude; il ne peut avoir l'enthousiasme
« de la liberté quand il n'a rien à défendre, quand il lutte sans cesse
« contre le besoin et qu'une inégalité monstrueuse des rangs et des for-
« tunes ne lui fait connaître dans les lots de la vie d'autre partage
« que l'abjection et l'orgueil, que la misère et le luxe. » *Assemblée nationale*, 1789.

Ces délégués disent :

« La question la plus importante et sans contredit la plus grave à traiter dans notre rapport est la question sociale au point de vue des besoins et aspirations des classes industrielles en général.

« Cette question renferme des difficultés bien graves et ne peut être approfondie sans ménager bien des susceptibilités qu'il faut combattre sans les froisser.

« Chaque profession examine, à son point de vue, ses besoins capitaux, et cependant, toutes ces professions, dans les besoins divers qu'elles étudient, convergent au même point.

« A part quelques réformes administratives et qui se rattachent spécialement à la branche d'industrie examinée, les aspirations et les besoins moraux sont tous les mêmes. Et, en effet, s'appuyant tous sur les mêmes causes, la source d'où partent toutes les calamités qui accablent la classe ouvrière étant la même, comment pourrait-il en être différemment ?

« L'industrie, comme toutes les autres branches du travail, a ses héros, ses hommes illustres ; la science, ses prolétaires, ses martyrs même

« Tout homme qui travaille doit gagner non-seulement de quoi subvenir à ses premières nécessités, mais encore ce qui est utile à sa famille, afin de pouvoir l'élever honorablement sans avoir recours à la bienfaisance, quelle que soit la forme sous laquelle elle se présente.

« Un père de famille ne spéculerait pas sur le produit du travail de ses jeunes enfants, si la rétribution du salaire était en rapport avec les besoins de l'ouvrier, et si l'éducation qui doit ennoblir l'esprit de l'enfance n'était pas si négligée.

« Quand l'homme, de bonne heure, apprend à envisager sa profession sous son aspect véritable, il conçoit mieux l'utilité des métiers et, en les relevant, il sait en tirer d'immenses et légitimes avantages.

« L'instruction gratuite et obligatoire a souvent été examinée ; nous ne pouvons que nous associer aux efforts des penseurs éminents qui l'ont patronnée de tout leur pouvoir.

« Quand on considère sérieusement la route qui est tracée au travailleur et qu'il doit parcourir, quand on le suit à travers les aspérités de sa vie hérissée d'obstacles sans nombre, quand on regarde de près toutes les difficultés qu'il a à vaincre, on frémit en songeant à la tâche qui lui incombe pour éliminer les résistances et sortir vainqueur de la lutte en restant toujours honnête homme et artisan laborieux.

« Turgot a dit : « *Le soulagement des hommes souffrants est le devoir de tous et l'affaire de tous.* »

« Nous ne voulons pas traiter à fond ces importantes questions, nos connaissances pratiques ne nous permettant pas d'indiquer à qui de droit la marche à suivre, mais nous comprenons la grande portée de ce sujet, et nous voulons essayer, sans froisser qui que ce soit, de nous faire l'écho de nos nombreux collègues . . . .

« Il est à peu près impossible à un ouvrier gagnant en moyenne 4 à 4 fr. 75 environ de subvenir à ses dépenses et à celles de sa famille. Nous pourrions citer des chiffres et des détails à l'appui de nos assertions ; ces chiffres et ces détails ont été déjà bien des fois énumérés et nous leur laissons tenir la place qu'ils ont occupée dans d'autres débats.

« Le salaire de l'ouvrier, vu ses besoins et principalement dans notre profession, est donc insuffisant . . . . . .

« Cette situation faite à l'ouvrier, quoique antérieure à notre époque de quelques années, est cependant celle du moment, et nous ne craignons pas d'en reproduire le tableau, car c'est la meilleure argumentation dont nous puissions nous servir.

« En favorisant l'artisan, en l'aidant dans ses besoins, la civilisation aura fait un nouveau pas vers le progrès et, rapetissée par la main de l'homme, l'œuvre de Dieu reprendra sa grandeur primitive et son vrai nom : *humanité.*

« La concurrence étrangère, qui fait de rapides progrès

et qui prend journellement une extension de plus en plus croissante, ne sera plus à redouter lorsque la liberté du travail aura été hautement proclamée ; car, à cet appel, tous se lèveront pour l'acclamer et y répondre.

« Nous nous posons comme ennemis des grèves et de tous ces moyens peu rationnels et violents employés pour faire valoir les droits de l'ouvrier. Réunissons nos efforts pour éviter ces fâcheux désastres dont les calamités qui en résultent retombent toujours sur les faibles.

« Pour prévenir de semblables effets, nous dirons d'abord avec regret que notre profession est en retard sur les autres branches d'industrie, comme sociétés de secours mutuels et comme sociétés de métier. . . . .

« Le taux de la journée du serrurier en bâtiments n'est pas en rapport avec l'obligation qu'il a à remplir, et une amélioration est nécessaire en sa faveur.

« Nous ne pouvons pas fixer un chiffre pour la rémunération du travail ; mais nous demandons en principe que le taux du salaire soit élevé à sa juste valeur, c'est-à-dire à celle du travail, et ne puisse jamais s'abaisser au-dessous d'une limite qui, pour tous, sera une garantie et pour aucun un préjudice ; nous demandons la justice et non l'arbitraire.

« Plusieurs causes entravent l'amélioration des classes ouvrières et grèvent l'artisan de lourdes charges, outre la faiblesse de son salaire.

« L'abolition des octrois sur le combustible et sur les denrées alimentaires serait un bienfait pour tous. . . . . . .

« Nous abordons une autre grave question : nous voulons

parler du marchandage ou travail à forfait, que nous condamnons de tout notre pouvoir. La concurrence au travail, c'est le travail mis à l'enchère.

« Si on reproche aux patrons de s'enrichir aux dépens de l'ouvrier (comme rétribution de salaire), il nous semble bien plus illégal qu'un ouvrier agisse de même envers ses collègues.

« Aux patrons nous tiendrons compte de leurs capitaux mis en jeu et des obligations journalières qu'ils ont à remplir, voire même l'administration et la direction du travail manuel.

« Le marchandage nous paraît une mauvaise organisation et nous donnerons plusieurs raisons à l'appui de nos assertions.

« Ne serait-il pas plus juste pour l'ouvrier d'avoir un salaire stable sur lequel il puisse compter que d'encourir la chance des résultats du travail manuel établi souvent dans de fâcheuses conditions ? que chacun soit rétribué suivant son mérite, rien de plus juste.

« Quelle doit être, en effet, la conséquence d'un travail, de son ensemble même, lorsqu'il est entrepris dans des conditions que l'ouvrier croit défavorables en en commençant l'exécution ? il doit être peu encouragé, le travail lui-même en souffre, et, souvent accompli imparfaitement, il retombe à la charge des patrons responsables envers le client. . . . .

« Une réforme sous le rapport de l'époque de la distribution des salaires serait à désirer. On a déjà cherché à faire comprendre que la paie fixée le premier samedi de chaque mois, c'est-à-dire environ à cinq semaines d'intervalle. était peu en rapport avec les besoins journaliers de l'ouvrier. On a même essayé de faire comprendre que par cet intervalle, lorsque la paie tombait les 6 ou 7 du mois suivant, cette retenue faite au travailleur était une avance que celui-ci faisait à son patron.

« Nous croyons exprimer les vœux de notre profession en disant que la paie des salaires tous les quinze jours satisferait bien mieux toutes les exigences ; car la paie de cinq semaines, voire même celle de quatre semaines, oblige le patron à remettre, à la fin de la première quinzaine, à l'ouvrier un à-compte sur son avoir. Or, cet à-compte étant très-restreint se trouve promptement dissipé pour les besoins du ménage et, la paie arrivant, l'ouvrier touche une somme déjà amoindrie par l'à-compte et qui n'est plus en rapport avec les obligations que lui imposent les besoins des siens. . . . .

« Beaucoup d'institutions et d'associations de secours mutuels fonctionnent déjà depuis très-longtemps. Peu ont failli à leurs devoirs et quelques-unes même ont des capitaux qui leur permettent d'étendre leurs bienfaits.

« Pourquoi ne pas les imiter et suivre leur exemple ?...

« Appuyons de nos suffrages les efforts de nos collègues qui plaident en faveur de la réorganisation des Chambres syndicales si peu en rapport avec nos besoins journaliers.

« Espérons que nos voix seront entendues et que nos observations conduiront à la pratique. Par là tomberont d'elles-mêmes ces institutions abusives que nous critiquons de toute notre force, quelque peu d'influence que nous ayons.

« Terminons par une citation : « Partout où les sociétés « de secours ont été établies, on a déjà pu apprécier les « excellents effets sous le rapport de l'ordre public et de la « diminution des pauvres dans les hôpitaux.

« Elles réalisent au plus haut degré les conditions d'un « bon système de secours. » (M. de Rémusat, ministre de l'intérieur, 1840.)

« *Fait à Paris, le 26 janvier* 1868.

« Les délégués,

« *Signé :* P. Gamois, H. Moneand, E. Delaitre, A. Coupry, Cochin, F. Huard. »

Les délégués des couvreurs s'étendent en de longues considérations générales que nous ne croyons pas devoir relater *in extenso ;* nous nous bornerons à rappeler ici comment ces délégués appuient la question des associations et des salaires.

En ce qui touche les associations, ils disent :

« L'industrie, qui n'est si puissante que par la coopération des efforts, est essentiellement favorable à l'esprit d'association qui guide les ouvriers en 1867. A quoi sont dus les chemins de fer, les canaux, les banques, les assurances, et tant de puissants instruments de prospérité publique, si ce n'est aux associations? Il n'est pas une seule des manifestations de l'activité humaine à laquelle l'esprit d'association ne se soit appliqué. Mais ce que nous devons examiner, c'est l'association dite ouvrière, c'est l'association des travailleurs entre eux en vue de la production.

« D'abord, quel est le but de l'association ? Pour nous, c'est de supprimer l'entrepreneur, appelé patron, et de substituer au salaire une part de bénéfice dans le cas où l'entreprise réussit ; voyons donc, à notre point de vue, les difficultés et les avantages de ce mode d'entreprise.

« Il exige de l'ouvrier une moralité plus haute, une capacité supérieure à la moyenne. En y entrant, l'ouvrier s'expose à des risques et périls sous le rapport du gain, tandis que sous le régime de l'entrepreneur l'ouvrier est assuré d'un salaire fixe. Le système de l'association imprudemment pratiqué menace l'ouvrier d'une ruine totale, car l'entrepreneur le plus souvent peut supporter de grandes pertes, il peut continuer à faire travailler, tandis que les travailleurs ne possèdent que de faibles capitaux et ne réussissent pas à réunir ces lumières, cette expérience des affaires, cette connaissance du marché, apanage de l'entrepreneur riche, travaillant pour lui tout seul sous l'impulsion de l'intérêt personnel toujours en haleine.

« La force de ces objections ne saurait être méconnue, mais elle ne va pas jusqu'à établir l'impossibilité de cette forme de coopération. A notre avis, pour qu'une association ouvrière réussisse, il faut : 1° qu'elle soit composée d'hommes d'élite ; 2° qu'elle tienne le plus grand compte de l'unité de la direction, c'est-à-dire qu'elle se confie à un seul gérant, investi de pouvoirs suffisants ; 3° elle doit, dans le taux de la rémunération, tenir compte de l'inégalité des services rendus ; 4° il lui faut un capital suffisant pour résister aux crises industrielles ; 5° la condition du succès de toute association, c'est de tendre par toute son organisation, non pas à amoindrir, mais à développer l'individu, ses forces, ses lumières, son habileté, son zèle, sa ponctualité, son esprit d'ordre, son équité, sa bienveillance à l'égard des autres ; en un mot, elle doit chercher à lui conférer une valeur morale et industrielle au-dessus de la moyenne. Il ne faut pas oublier non plus qu'un des caractères de l'association, c'est d'être conforme à la liberté et à la justice, c'est-à-dire d'exclure la force. *La meilleure preuve de ce que nous avançons, c'est que pas une association subventionnée par l'État n'a prospéré,* et que celles qui ont réussi n'ont rien demandé. On doit adopter pour formule la plus grande liberté dans la plus grande sociabilité possible. Qui a maintenu ces quelques associations ouvrières formées avant la révolution de 1848, si ce n'est l'observance des conditions que nous venons d'énumérer ? Vous connaissez comme nous l'association des bijoutiers, celle des fondeurs en cuivre et en fer, celle des facteurs de pianos, celle des tailleurs de limes, des tourneurs en chaises, etc.

« Une lacune existait pour notre corporation, qui avait une société de secours mutuels, mais pas d'association ; elle vient d'être comblée ; les ouvriers zingueurs, plombiers et couvreurs se sont réunis en association amicale et fraternelle. Ce serait un incontestable bienfait, si elle arrivait au but qu'elle se propose ; car elle répandrait des habitudes d'ordre, de régularité, de prévoyance, en même temps qu'elle fournirait à l'ouvrier rangé et intelligent les moyens de sortir de la dépendance et d'arriver à produire pour son compte. Quoi qu'il arrive, nous lui souhaitons bon succès et nous serons les premiers à applaudir à sa prospérité. » ...

Voici comment ces mêmes délégués s'expriment sur la question des salaires :

« Dans l'état actuel des salaires et par la cherté exorbitante des denrées, nous déclarons qu'il est impossible qu'un ouvrier couvreur puisse vivre convenablement lui et les siens.

« Nous voulons établir le budget d'un compagnon qui a une femme et deux enfants. Nous savons qu'il gagne six francs vingt-cinq centimes par jour (amère dérision que ces vingt-cinq centimes accordés depuis trois mois à peine, quand il y a dix-neuf ans qu'on demande un franc d'augmentation). Que de personnes vont s'imaginer qu'avec un salaire de six francs vingt-cinq centimes par jour, il n'a plus rien à demander au ciel et qu'il lui sera aisé de vivre heureusement et modestement avec ces seules ressources ! Mais, hélas ! c'est six francs vingt-cinq centimes par jour de travail. Or, sur trois cent soixante-cinq jours, on doit défalquer quatre grandes fêtes et deux dimanches par mois en moyenne, cela réduit l'année à trois cent trente-sept jours ouvrables. Il est de toute nécessité de retrancher la morte-saison ; mais ce n'est pas tout, et les intempéries de l'air que nous oublions, car, comment travailler sur un toit humide ou glissant, soit quand il pleut, soit quand il neige, soit quand il gèle ? Mettons trois mois et demi, soit pour chômage. soit pour repos forcé par suite du mauvais temps. L'année est donc réduite à deux cent trente-deux jours et le budget à quatorze cent cinquante francs.

« Ajoutons cent cinquante francs du gain de la femme : voici donc un ménage qui aura seize cents francs à dépenser tant qu'il se portera bien.... Nous mettons trois cents francs pour le logement. Nous ne lui ferons pas porter des haillons ainsi qu'à sa famille, car il faut que l'ouvrier puisse se présenter chez un patron et sa femme chez une maîtresse. Nous tenons à la disposition des personnes qui le demanderont, patrons comme ouvriers, un bilan où il est démontré qu'il dépense annuellement quatre cents francs pour le vêtement, et nous supposons qu'il ne s'habille que de toile grossière, mais résistante, et que sa pauvre mère prendra sur son sommeil pour raccommoder et rapiécer à outrance.

« Le blanchissage est assez dispendieux pour une femme, à cause du linge tuyauté et empesé ; si nous ne le portons qu'à trente-six francs par an, c'est que nous supposons que l'ouvrière fera elle-même des savonnages, qu'elle profitera du lavoir public pour la lessive ; enfin, il faut de la lumière, il faut un peu de feu, il faut des outils, qui malheureusement se cassent trop souvent, il faut des livres pour l'enfant, etc., etc.

« Récapitulons toutes ces dépenses qui, prises au minimum, s'élèvent à huit cent quarante francs, savoir :

Loyer.	300 francs.
Vêtement.	400 »
Chauffage, éclairage	90 »
Blanchissage	36 »
Dépenses diverses.	14 »
Total.	840 francs.

« Il reste huit cents francs pour la nourriture de quatre personnes, ou deux francs dix centimes par jour, *soit cinquante-quatre centimes par personne.* . . . .

En un mot, compagnons couvreurs et patrons, voici les faits dans leur inexorable évidence : *Un compagnon couvreur gagne un salaire de six francs vingt-cinq centimes par jour, loge dans une chambre modeste, misérablement vêtu, a cinquante-quatre centimes par jour pour sa nourriture, pourvu qu'il ait le bonheur, sa femme et ses deux enfants, (comment feront donc ceux qui en ont cinq, six ?) de se bien porter pendant les trois-cent-soixante-cinq jours de l'année....:*

« Soixante-quinze centimes de plus par jour, malgré la cherté de toutes les denrées, le feraient vivre convenablement, lui et les siens. La nourriture serait plus abondante, quoique grossière, les enfants ne souffriraient plus du froid et peut-être aurait-on, toutes dépenses faites, quelques deniers pour l'épargne. C'est là évidemment une existence rude, il faut une certaine force d'âme pour se contenter de si peu, on est heureux dans cette condition avec un cœur bien placé et de tendres affections autour de soi. Au fond, la vie n'est clémente pour personne et, quelque lourde que soit la tâche, le meilleur lot est encore pour ceux qui travaillent ; la pensée qu'on remplit vaillamment son devoir, qu'on est le guide et le protecteur de quelques êtres chéris, la certitude de pouvoir compter sur le respect de tous à l'extérieur et dans l'intérieur sur des amitiés dévouées et fidèles, consolent un honnête homme de ses privations. »

« *Paris, ce 24 octobre 1867.*

« *Signé* : SAUNOIS, ROBERT. »

Les délégués des menuisiers en bâtiments, après avoir expliqué que leurs excursions dans le palais de l'Exposition et leurs études des objets exposés les ont poussés à l'examen des questions sociales qui touchent le plus à la question ouvrière et que cet examen les a tous naturellement conduits à faire connaître leurs besoins d'abord et ensuite les vœux qu'ils forment pour y apporter un remède efficace, ajoutent que c'est à ce point de vue qu'ils se sont placés pour examiner les diverses questions ci-après :

DE L'ORGANISATION DU TRAVAIL DANS LES ATELIERS.

« L'organisation du travail dans les ateliers est un fait autour duquel bien des questions ont tourné et chacun a reconnu que cette organisation péchait par plusieurs côtés. C'est donc après avoir longuement réfléchi à cette question que nous allons dire de quelle manière nous l'envisageons et proposer les modifications que nous désirons qu'il y soit apporté.

« Examinons d'abord de quelle manière le travail se fait dans nos ateliers. Généralement il s'exécute de deux manières, à la journée ou au marchandage ; à la journée, un conducteur a la direction d'un nombre d'ouvriers qui varie de quatre à dix ; dans ce système le conducteur seul est responsable du travail qui lui est confié ; il fournit en grande partie les outils qui sont nécessaires à sa fabrication ; seul il étudie les plans et se trouve en relation avec les contremaîtres ou le patron ; les ouvriers qui travaillent avec lui se trouvent réduits à un rang inférieur, quelle que soit leur capacité ; cette position détruit l'émulation, elle énerve les individus les mieux doués et finit par les rendre incapables de tout travail d'initiative.

« Le marchandage produit des résultats aussi déplorables, sinon plus ; le directeur du travail marchandé se trouve obligé de fournir une quantité considérable d'outils ; pour pouvoir arriver à un résultat un peu avantageux dans son entreprise, il s'adjoint des auxiliaires, étudie leur manière de travailler et cherche en même temps sur quel genre de travail ces hommes sont plus habiles pour en tirer son profit; il les change rarement de travaux, de manière que, continuant, suivant la même chose, ils lui rapportent davantage.

«L'on voit donc que l'on arrive par deux chemins différents à des résultats identiques, c'est-à-dire à l'abstention de l'initiative pour la plupart des travailleurs, à la destruction de l'émulation qui, seule, peut faire des ouvriers intelligents et capables.

« Pour obvier à cet état de choses, il serait bon que tout le matériel d'outillage fût fourni par les patrons ; cela étant, les ouvriers pourraient travailler seuls et à façon, et dans le cas où se présenteraient des travaux trop considérables et demandant une exécution prompte, les ouvriers pourraient par groupes prendre une certaine quantité de travail et l'exécuter par le moyen d'une association qui laisserait à chacun de ses membres une part égale de responsabilité, les exciterait à produire plus promptement, et sans que, pour cela, le travail eût à s'en ressentir dans son exécution. Ce système améliorerait le moral de l'ouvrier et l'exciterait davantage à s'instruire dans sa profession, par suite des études qu'il s'imposerait pour s'élever à la hauteur des difficultés que le travail impose et être à même de pouvoir les vaincre . . . .

DES RAPPORTS ENTRE PATRONS ET OUVRIERS.

« Depuis longtemps déjà les rapports entre les patrons et les ouvriers ne sont plus empreints de cette cordialité qui devrait toujours exister entre deux parties dont les intérês sont si intimement liés et les relations si directes et si fréquentes. A quoi attribuer cette froideur dans les rapports journaliers de patrons à ouvriers ? Nous croyons que cela dépend d'une méprise vraiment inconcevable et qui existe des deux côtés ; l'on est trop enclin à croire à la division des intérêts qui ont cependant entre eux une parité incontestable. S'il est vrai que les patrons cherchent à payer moins cher le prix des façons, il est également vrai que les ouvriers cherchent, eux de leur côté, à avoir une rétribution aussi élevée que possible ; c'est seulement du choc de ces deux manières d'envisager les questions soulevées que naissent quelquefois des discussions qui, toutes pacifiques qu'elles sont, servent à entretenir et même à augmenter cette contrainte. Nous croyons donc utile, pour faire disparaître cette sorte d'antagonisme toujours croissant, d'exécuter et d'appliquer le plus promptement possible la rédaction d'un tarif de façons fait comme nous le réclamons, ledit tarif, librement et loyalement accepté par les deux parties, et strictement suivi, amènerait, nous en sommes certains, les résultats les plus favorables et aurait pour conséquences infaillibles de faire disparaître cet abus criant des rabais si considérables consentis par les entrepreneurs, et qui retombent forcément de tout leur poids sur le salaire des travailleurs. Ces

causes de dissensions étant écartées, la cordialité et la bonne
harmonie des rapports seraient promptement rétablies.

DE LA PAYE.

« L'une des choses les plus importantes pour les ouvriers
de toutes conditions est, sans contredit, la paye ; elle se fait,
suivant les habitudes des patrons, au mois, à la quinzaine
ou à la semaine ; la paye au mois, qui est la plus répandue
dans la menuiserie, offre une série de désagréments qu'il
importe de signaler. D'abord, l'ouvrier dans son ménage restant un laps de temps aussi long sans recevoir le prix de son
travail quotidien est dans la nécessité de recourir au crédit,
ce qui devient toujours onéreux ; il en résulte qu'il se trouve
obligé de payer plus cher les objets nécessaires de consommation journalière, ce qui le prive aussi du bénéfice qu'il
pourrait avoir ; car, avec son argent, il serait libre d'acheter
chez tel ou tel fournisseur et ne serait plus soumis à la ver-
satilité d'humeur qui se fait trop souvent sentir chez ceux à
qui il se trouve forcé d'emprunter. Dans beaucoup trop de
maisons, l'on arrête les comptes au dernier jour du mois et
l'on ne paye que le samedi suivant et les jours faits à partir
du premier du mois se trouvent reculés jusqu'à l'autre paye;
il y a là un abus regrettable dont il serait bon que la suppression fût faite le plus promptement possible.

« La paye à la quinzaine n'offre pas tout à fait les mêmes
désagréments, mais elle laisse encore à notre avis un temps
trop long.

« C'est pourquoi nous nous prononçons plus fermement
pour la paye hebdomadaire : car elle seule répond aux

exigences de la vie matérielle et supprime totalement la retenue dont nous nous plaignons plus haut ; elle amènerait comme résultat moral la suppression du dérangement du lundi. Quant aux objections que pourrait soulever ce mode de paiement, si l'on adoptait le système d'organisation de travail, tel que nous le demandons plus haut, nous répondrons que les ouvriers seraient payés suivant le nombre de journées qui auraient été faites, que, pour le travail aux pièces, il serait fixé un minimum de journées que l'on donnerait à la paye, selon le temps passé, et que le règlement du travail se ferait à la paye de la semaine dans laquelle il aurait été terminé.

« Nous demandons aussi que la journée soit maintenue dans son intégrité de dix heures de travail, une journée plus longue impose à l'ouvrier un surcroît de force qui finit par altérer sa santé. La suppression des heures de surcroît aura pour résultat d'employer un plus grand nombre d'ouvriers et de diminuer des chômages qui sont toujours onéreux pour ceux qui sont obligés de les supporter.

DE L'APPRENTISSAGE.

« Si nous déplorons la médiocrité de capacité qui existe chez un nombre trop considérable d'ouvriers, nous en sommes arrivés à conclure que c'est par suite d'un mode défectueux de l'apprentissage que font une partie des enfants qui se destinent a la menuiserie.

« Généralement, dans la classe ouvrière, la gêne, presque permanente, dans laquelle les familles se trouvent engagées, les force de retirer trop promptement leurs enfants des écoles, et, avant de connaître leurs aptitudes, de les placer en apprentissage pour qu'ils puissent subvenir, selon leurs forces, à l'entretien de la famille. Voilà donc l'enfant apprenti. Quels sont maintenant les moyens que l'on emploie pour lui montrer les premières notions de son état ? Souvent il arrive, trop souvent devrions-nous dire, que l'on prend l'habitude de s'en servir comme d'un commissionnaire, il fait à l'atelier de courtes apparitions et n'a souvent pas de place déterminée ; il prend, de cette façon, des habitudes vagabondes qui le détournent de l'atelier ; son temps d'apprentissage marche toujours et c'est tout au plus s'il possède les notions les plus élémentaires de l'état ; lorsque son temps est terminé, il se trouve forcé de faire en quelque sorte un nouvel apprentissage, sous la direction d'un marchandeur qui le paye, c'est vrai, mais qui ne lui fait faire que les travaux les plus simples et sur lesquels il produira un bénéfice plus certain à celui qui l'emploie ; il se dégoûte et finit par rester dans sa profession un ouvrier tout à fait inférieur.

« Nous croyons donc qu'il serait utile, afin de corriger autant que possible cette situation, que dans chaque atelier il y eût un ou plusieurs ouvriers capables chargés de la direction des apprentis ; ils les feraient travailler avec eux et leur expliqueraient les plans, la manière de s'y prendre pour arriver à une exécution prompte et bien faite. Les parents devraient aussi s'attacher à ce que leurs enfants suivissent les cours des écoles professionnelles applicables à leur partie, où ils étudieraient le soir la théorie, qu'ils s'appliqueraient à utiliser dans le jour à la pratique ; par ce moyen nous croyons que l'on améliorerait sensiblement la position de la classe ouvrière au point de vue de la capacité dans le travail.

DES PRUD'HOMMES.

« Tout en reconnaissant l'utilité de cette institution, nous croyons fermement que la manière dont elle fonctionne aujourd'hui ne répond pas aux besoins de la classe ouvrière et qu'elle aurait besoin d'une réforme radicale ; nous demanderions que le nombre des catégories fût augmenté, de manière que chaque partie fût jugée par des prud'hommes de cette même partie, qui, ayant les connaissances nécessaires, seraient plus aptes à juger les questions qui leur seront soumises ; cette combinaison amènerait une amélioration sensible dans la décision que le conseil ainsi réformé aurait à prendre . . . .

DE L'ASSOCIATION.

« L'amélioration sociale de la classe ouvrière est un but vers lequel tout travailleur sérieux et intelligent tourne ses regards, chacun s'ingénie à chercher le moyen le plus efficace pour l'atteindre.

« De tous les moyens proposés jusqu'à ce jour, celui auquel nous nous arrêtons, comme le plus équitable et le plus facile à mettre en pratique, est l'association ou coopération sous toutes ses formes ; c'est donc ce moyen pratique que nous avons le plus étudié, et dont les résultats nous ont paru les plus propres à dégager la classe ouvrière de la position précaire où elle se trouve.

« Nous croyons que les ouvriers s'associant entre eux, par le moyen de versements mensuels ou hebdomadaires, et arrivant à former une caisse sociale leur permettant d'entreprendre à leur compte, hâteraient la solution du problème ; il s'agit de réfléchir un peu pour s'en convaincre. Les ouvriers rapportent chaque jour de travail un bénéfice à leurs patrons, en dehors du montant de leurs journées ; dans l'association, le bénéfice retourne à la caisse sociale qui, partageant les bénéfices réalisés entre tous les membres participants, leur apporte un bien-être moral et matériel qui les aide à sortir de l'état précaire où ils se sont toujours trouvés ; ce mode les mettrait également à l'abri de l'inquiétude que l'âge et les infirmités nous occasionnent malheureusement trop souvent, et délivrerait les ouvriers âgés des refus humiliants qu'ils reçoivent dans les ateliers, lorsqu'ils s'y présentent pour demander du travail.

« Il serait aussi beaucoup à désirer que les ouvriers s'associassent ensemble pour la consommation des objets nécessaires à l'alimentation. Cela a déjà un commencement d'exécution et ce genre d'association tend tous les jours à s'accroître. Ce système économique offre des avantages réels et considérables à tous ses coopérateurs par ce fait que, les marchandises étant achetées en quantité et de première main, reviennent beaucoup moins cher ; tous les associés contribuant, par leurs mises de fonds, aux achats, il n'y a que très-peu de frais d'emmagasinage, les bénéfices réalisés sont d'autant plus grands pour tous les coopérateurs.

« Pour que l'association produisît plus rapidement des résultats proportionnés au but que l'on doit en attendre, il serait à souhaiter que le capital opérât avec le travail une fusion sérieuse, au lieu de se livrer à un agiotage qui frise quelquefois le scandale, soit par des bénéfices énormes et rapides, soit par des pertes plus considérables encore,.. .

qu'il vienne en aide au travail, qu'il se contente de bénéfices moins considérables, mais sûrs et certains, et l'on verra cesser les crises commerciales et industrielles; le producteur, voyant son travail assuré, consommera davantage, et plus la consommation est grande, plus grande est la production ; et comme tout s'enchaîne dans l'économie sociale, les bénéfices résultant de toutes ces transactions commerciales retourneront en partie au capital qui donne l'essor, et laisse au producteur une somme de bien-être qui améliore considérablement sa position sociale.

« Pour que ces résultats s'obtiennent, il ne faut pas. . . que ce soit comme protecteur que le capital vienne en aide au travail, mais comme collaborateur, comme associé, et il fera faire un grand pas à l'émancipation morale et physique des travailleurs, ainsi qu'à leur bien-être matériel.

DES SOCIÉTÉS D'ÉPARGNE ET DE CRÉDIT MUTUEL.

« Le meilleur moyen pour arriver à l'association est d'organiser dans chaque corps d'état des sociétés civiles d'épargne et de crédit mutuel. Ces sociétés, qui tous les mois recevraient les cotisations. des coopérateurs, donneraient aux ouvriers les moyens de se connaître plus intimement et les moyens les plus directs pour leur instruction sociale ; leurs réunions seraient plus.fraternelles, feraient disparaître les rivalités que l'on a trop longtemps exploitées au détriment de la classe ouvrière et emporteraient sans retour cette maxime anti-sociale, du « chacun chez soi, chacun pour soi » pour faire place à cette devise humanitaire et sociale : « chacun pour tous, tous pour chacun. »

« Elles auront encore pour résultat d'empêcher au bout d'un certain temps les coopérateurs d'avoir recours, dans un moment de gêne, à des emprunts onéreux et humiliants, en permettant à la société de prêter à un taux raisonnable et sans gages matériels; cela facilitera les relations entre les ouvriers, et amènera une plus grande cordialité entre tous, dans les réunions que la société impose à ses coopérateurs.

DE L'EMPLOI DES MACHINES.

« La génération actuelle se préoccupe vivement et avec raison de savoir quel résultat l'introduction des machines apportera dans le travail manuel; beaucoup semblent voir une diminution dans les travaux et une réduction forcée du nombre d'ouvriers employés actuellement; il y a quelque apparence de raison dans ces craintes, car les hommes se trouvent comme pris à l'improviste quoiqu'il y ait déjà longtemps que les machines fonctionnent; mais la crainte d'une extension plus grande, causée par le mouvement de l'Exposition, est devenue plus grande. Nous nous empressons de déclarer que, quand bien même l'emploi des machines décuplerait, il ne saurait mettre de réformes assez grandes dans le travail pour supprimer les ouvriers, surtout en France, où le genre de travail est loin d'être uniforme : sa trop grande variété de style l'empêchera de se faire mécaniquement avec avantage; nous ne pouvons qu'applaudir aux résultats des machines dans les travaux d'une grande force et d'une pénible exécution; si quelque malaise se fait sentir par l'extension de ce mode, ce n'est qu'un moment de transition qui ne sera pas de longue durée; les progrès que ce mode accomplit seront recueillis avec avantage par ceux qui nous suivront.

CONCLUSIONS.

« Nous désirons l'abolition complète de l'octroi, comme étant dans son application d'une injustice flagrante en ce sens qu'il pèse beaucoup plus lourdement sur la classe des travailleurs et que c'est surtout sur les objets indispensables à l'alimentation que se trouvent prélevés des droits relativement considérables; sa perception se fait d'une manière qui froisse les sentiments de ceux qui y sont soumis; le revenu net des octrois n'est pas en proportion des sommes prélevées, et il ne pare que d'une manière très-imparfaite aux dépenses pour lesquelles il a été créé.

« Nous croyons fermement que sa suppression amènerait une diminution très-sensible sur le prix des denrées soumises aux droits et, par conséquent, une amélioration réelle pour tous les consommateurs ; les transactions devenant plus libres augmenteront la consommation et occasionne ront une plus grande production, on emploiera un plus grand nombre de travailleurs et on diminuera le chômage auquel une trop grande quantité d'ouvriers est astreinte . . . .

« Nous demandons aussi que l'autorité accorde une plus large part à l'initiative individuelle, surtout en ce qui concerne l'organisation des sociétés, bien que nous sachions que ce n'est que dans un but de protection que l'on agit vis-à-vis de nous à cet égard. Mais ce que l'on ne comprend peut-être pas dans les hautes régions de l'administration, c'est que la classe des travailleurs se sent majeure et voudrait traiter ses affaires elle-même, que toute idée de protection, de quelque part qu'elle émane, froisse toujours ses sentiments et produit naturellement des résultats diamétralement opposés à ceux que l'on en espérait. Que l'on soit bien persuadé que si la classe ouvrière demande à s'affranchir de la tutelle administrative, elle comprend parfaitement rester sous la tutelle des lois qui régissent la société entière.

« Nous nous associons complétement aux idées déjà émises par un grand nombre de personnes de toutes conditions demandant l'instruction gratuite à tous les degrés, et obligatoire au premier, entièrement convaincus que nous sommes qu'il n'y a que ce moyen d'élever le niveau de l'intelligence et de créer des hommes vraiment dignes de ce nom et capables de comprendre les devoirs que la société impose à tous ses enfants sans distinction ; qu'ils comprennent qu'il faut que tous les hommes s'unissent pour combattre ce ver rongeur de l'ignorance : voilà pourquoi nous demandons avec insistance que l'on applique le plus promptement possible l'instruction gratuite et obligatoire.

« Si nous réclamons avec tant d'instance l'instruction gratuite et obligatoire, nous réclamons non moins vivement l'instruction professionnelle ; qu'elle soit mise autant que possible à la portée de tous, que l'administration établisse, dans tous les quartiers, des écoles gratuites, où des hommes spéciaux donneront, le soir, des leçons qui développeront l'intelligence des jeunes gens qui fréquenteront ces cours, leur enseigneront la théorie de la profession qu'ils pratiquent dans le jour ; ce moyen leur procurera la facilité de chercher les procédés les plus efficaces pour arriver à une perfection plus grande dans leur travail.

« Une question qui, cette année, a soulevé une quantité considérable de réclamations et qui n'a, jusqu'à ce jour, reçu aucune solution, c'est la question des grèves. Nous donnons notre opinion à cet égard, sans avoir pour cela la certitude qu'elle soit acceptée. Lorsqu'une grève se prépare, les relations entre patrons et ouvriers deviennent tellement tendues que l'on comprend facilement que, si elle réussit, les résultats obtenus ne seront pas de durée ; nous dirons donc qu'il n'y a que l'association qui puisse supprimer ces crises ; car, par le fait, les ouvriers associés ne pourraient agir que contre leurs propres intérêts en commettant cette iniquité. . . . .

« Nous terminons notre rapport avec l'espoir que les vœux et les aspirations qu'il contient seront sérieusement étudiés et que, dans un avenir très-prochain, nous en verrons la réalisation.

« Les délégués,

« *Signé* : COQUARD, A. MARIÉ, LAMY, LAURENT, ROY. »

Le délégué des ouvriers marbriers pour cheminées, hôtels et monuments, termine son rapport par ce résumé :

« Ainsi, la supériorité du travail français se trouve établie et avec le concours presque généralement des trois conditions qui le forment : 1° du patron qui donne l'idée de l'œuvre ou qui l'accepte ; 2° du chef d'atelier qui la dirige, et 3° de l'ouvrier qui l'exécute dans les diverses positions qui se présentent naturellement ; dans ces trois conditions,

la situation de l'exécutant est celle que l'on doit envisager,
d'autant plus que la classe des exécutants est la plus nombreuse et la moins bien partagée au point de vue du salaire
et de la position qu'elle occupe dans la société ; dans le
travail sérieux qui lui est confié, l'ouvrier actuel doit apporter toute l'intelligence désirable, et dans l'exécution et pour
compléter une œuvre méritoire : par cette raison, et à quelques exceptions près, l'on ne doit pas lui contester l'intelligence de comprendre le milieu dans lequel il vit, la part
qui lui est faite, les besoins qui le pressent, les améliorations
qui lui sont nécessaires, et les vœux qu'il doit formuler en
vue de se préparer un meilleur avenir pour lui et pour la
génération qui lui succédera. Si le côté de l'étude professionnelle nous fait parfois défaut, nous devons désirer que
cette lacune chez l'apprenti ne se produise plus, en lui
transmettant un certain degré de connaissances théoriques,
qui lui permettent d'accomplir son apprentissage en bien
moins de temps, afin d'apporter un soulagement au père de
famille qui met son enfant en apprentissage, et dont les
notions acquises ne sont très-souvent qu'un principe de routine et beaucoup de perte de temps, par suite de tâtonnements qu'une étude bien suivie aurait beaucoup abrégés, en
apportant des notions justes et vraies de l'art à côté de la
pratique qu'il doit apprendre. . . . .

« Relativement au chômage qui se présente parfois et qui
nous est si préjudiciable, surtout avec le salaire actuel qui
ne nous permet pas de faire beaucoup d'économies et qui
n'est nullement relatif à la cherté des subsistances et des
locations actuelles, une grève qui pourrait surgir en vue de

l'élévation des salaires qui, par le fait, serait de toute nécessité, nous paraîtrait apporter un succès douteux surtout avec les moyens dont on peut disposer ; aussi devons-nous croire que ce moyen ne doit plus être admissible et qu'il a fait son temps, par ce motif qu'il entraîne pour nous toujours une perte de temps et une perturbation dans les affaires. Si l'on considère la dernière grève qui s'est opérée pour rétablir les dix heures de travail, on regrette l'absence d'un engagement qui aurait dû être pris parmi nous de ne plus faire d'heures supplémentaires, ce qui aurait pu et pourrait apporter une répartition de travail entre une plus grande quantité de travailleurs, et obtenir par là l'extinction d'une grande partie du chômage. Il est un principe que l'on devrait avoir toujours en regard : qu'à côté de ceux qui travaillent en faisant des heures supplémentaires, il y en a d'autres aussi qui souffrent ; le principe humanitaire et de solidarité qui doit exister parmi les travailleurs de notre profession aurait dû nous inviter à le prendre en considération.

« L'équivalent du temps perdu supporté dans une grève présenterait une conséquence beaucoup plus efficace si on en opérait le versement dans la caisse de la société civile d'épargne et de crédit mutuel de la marbrerie, en vue de la production, dont la demande en autorisation a été formulée et obtenue par le moyen de l'enregistrement.

« C'est là la planche de salut et celle qui peut réaliser sans aucune commotion la solution pacifique et régénératrice de notre profession en capitalisant les cotisations de chaque sociétaire pour créer un capital social, ce qui permettra par la suite de s'affranchir de la tutelle du patronage actuel qui paraît peu disposé à favoriser l'élévation des salaires si justement désirable.

« Tel est le but vers lequel nous devons avoir les yeux fixés en mettant toute la persistance qui est nécessaire et dont les résultats, à un moment donné, nous conduiraient à une position plus favorable . . . .

L'institution du Conseil de prud'hommes qui, en principe, présente ou doit présenter la défense des intérêts lésés, ne nous paraît pas résoudre d'une manière tout à fait efficace les différends qui surgissent entre patrons et ouvriers. La position que peut occuper le prud'homme ouvrier, placé entre ses intérêts et son devoir chez un patron qu'un jugement peut atteindre, présente une situation qui ne paraît pas exempte de difficultés, joint à cela le manque de rétribution pour la perte de temps occasionnée par le devoir qu'il a à remplir. Tel est l'état de choses qui se présente et dont nous demandons la modification. La création d'une chambre syndicale dans notre état me paraît être le moyen conciliateur qui devrait être adopté par nous ; la conséquence de cette création est une nécessité dont l'évidence doit être reconnue au point de vue tant intellectuel que matériel.....

« Aux divers états de choses que je viens de décrire, il est nécessaire d'apporter comme complément et conclusion, un besoin auxiliaire des réformes que nous voudrions voir y adjoindre et que toute nation libre possède en grande partie ou désire posséder généralement. Les conditions si nécessaires de la vie à bon marché se trouvent entravées par l'imposition des droits d'entrée sur les denrées de première nécessité, principalement sur le vin, dont l'imposition peut être qualifiée d'antihumanitaire ; car les privations de la classe ouvrière sont assez évidentes pour qu'elles nécessitent l'urgence de l'abolition des octrois, qu'il serait désirable de voir remplacer par l'impôt progressif qui serait une répartition plus équitable. . . . .

« Le désir de nous connaître entre travailleurs, de discuter nos intérêts, d'arriver à l'appréciation de nos besoins intellectuels, moraux et matériels, nous fait éprouver le regret de ne pas avoir la liberté de la presse sans cautionnement et le droit de réunion qui nous est indispensable. La marche vers le progrès, qui hâte la civilisation de plus en plus, ne nous trouvera pas insensibles le jour où cette demande se changera en fait acquis . . . .

« Tels sont les vœux que je présente, avec le désir sincère de les voir réalisés. »

« Le délégué,

« Signé : NARCISSE VOIVENELLE. »

Les délégués des ouvriers fumistes, après avoir développé en de longues considérations pratiques et spéciales à leur industrie les difficultés de leur position, examinent les moyens d'y remédier, et ils disent :

« Nous désirons d'abord vous parler de l'association, nous dirons ensuite quelques mots sur les sociétés de secours mutuels, sur l'union générale des ouvriers en bâtiments et sur l'union fraternelle des ouvriers fumistes en particulier.

« L'industrie, qui ne prend sa force puissante que par la coopération des efforts collectifs, est essentiellement favorable à l'esprit d'association.

« *Exemple.* — A quoi sont dus les chemins de fer, les banques dans tous les pays du monde, les canaux, les assurances, l'exploitation des houillères, des mines, des usines, des grandes manufactures, si ce n'est aux associations ?

« Nous croyons qu'il n'est pas une seule des manifestations de l'activité à laquelle l'esprit d'association ne soit pas appliqué, voire même dans les petits commerces. Le point culminant que nous devons examiner, c'est l'association des travailleurs entre eux au point de vue de la production.

« D'abord, quel est le but de l'association coopérative de production ?

« C'est : 1° de resserrer entre les ouvriers les liens d'une solidarité matérielle et morale ;

2° De faire participer l'ouvrier aux bénéfices que son travail produit, lesquels bénéfices sont les parts avec lesquelles les patrons s'enrichissent ; car les travailleurs constituent (en dehors de ceux qui affirment être les seuls qui possèdent la panacée devant guérir tous les maux) ces grandes coopérations où l'individualité n'est plus absorbée par la collectivité, où tous ne sont plus dominés par un seul ;

3° Enfin, de constituer une mutualité qui doit assurer à chaque sociétaire une vieillesse tranquille quand il arrive à l'époque où il ne peut plus travailler ; ce qui est loin de se réaliser chez certains patrons qui, lorsque vous êtes arrivés à un certain âge, vous mettent à la porte ou vous font subir une diminution de salaire.

« Jetons un coup d'œil sur les avantages et les difficultés que présentent ces associations. Elles exigent de l'ouvrier une haute moralité et une sorte de capacité. En y entrant, l'ouvrier s'expose à des risques de perte ; sous le régime de l'entrepreneur l'ouvrier est assuré d'un salaire pouvant varier suivant les besoins ou les nécessités des temps.

« Il est nécessaire, dans l'intérêt des sociétaires et de l'association, d'agir prudemment pour éviter une ruine totale.

« L'entrepreneur peut souvent supporter des pertes considérables et continuer à faire travailler, ce qui est impossible chez l'ouvrier qui a, pour tout bien, l'honneur, l'activité et de médiocres capitaux ; car, généralement, bien des ouvriers n'ont pas la connaissance des forces et des besoins du marché, ce qui donne l'avantage à l'entrepreneur, et le rend maître de la situation de ses ouvriers qui lui donnent leur travail en échange d'un modique salaire qui ne suffit qu'à les empêcher de mourir de faim.

« Ces objections ne sauraient être combattues et nous ne croyons pas qu'elles établissent l'impossibilité de cette forme d'association coopérative. Seulement, pour qu'une association ouvrière en ce sens puisse réussir, il faut :

« 1° Qu'elle soit composée d'hommes sérieux ;

2° Que la direction soit confiée à un gérant investi d'un pouvoir étendu et qui sera lui-même surveillé par un conseil de vérification, nommé à cet effet en assemblée générale et parmi les sociétaires.

3° Ensuite, il sera nécessaire de constituer un capital suffisant pour pouvoir résister aux crises du chômage en cas de besoin.

4° La condition de réussite pour ces associations, c'est que tout homme qui en fait partie puisse développer sa personne entière dans sa force, son génie, sa ponctualité, son zèle, ses lumières, son habileté, son esprit d'ordre et sa bienveillance à l'égard de tous.

« Nous vous en citerons quelques-unes de celles qui se sont fondées sur des bases solides en sociétés civiles et libres. Ces associations sont celles des bijoutiers, tourneurs en chaises, facteurs de pianos, fondeurs en fer et en cuivre, tailleurs de limes, doreurs sur bois, et tant d'autres tant à Paris qu'en province.

« Messieurs les ouvriers fumistes aussi ont fondé une société, mais elle n'est ni de production, ni de secours mutuels ; nous ne savons ce que l'avenir nous réserve. Elle est actuellement. fondée pour parer au désastre du chômage.

« Qu'il nous soit permis en passant de dire un mot sur la fondation de notre société. Vous savez comme nous les conditions de responsabilité que MM. nos patrons voulaient nous imposer. Ces messieurs étaient inquiets de nous voir inactifs sans formuler de réclamations, comme venaient de le faire successivement plusieurs professions, par des grèves. Ce genre de réclamations ne nous a pas paru bon et nous avons cru devoir nous former en société pour nous soutenir mutuellement et adresser raisonnablement nos réclamations à ces messieurs comme nous l'avons fait à la Chambre syndicale des entrepreneurs, et nous espérons que ceux de ces messieurs qui ne seraient pas encore revenus de leur méprise se décideront à nous accorder ce que nous demandons, quand ils auront réfléchi et porté leur attention sur la situation des ouvriers fumistes.

« Le côté vraiment pénible de la situation de l'ouvrier

fumiste, c'est la nature de ses ressources qui le réduisent aux expédients dès qu'il chôme ou qu'il tombe malade. Vous savez comme nous, Messieurs, les dangers auxquels sont exposés les ouvriers fumistes. Lorsqu'ils partent le matin, ils ne sont pas sûrs de revoir leur femme et leurs enfants le soir, surtout s'ils vont travailler sur un toit à la corde à nœuds ou sur un échafaudage volant.

« Nous avons encore les travaux que nous exécutons dans les caves, tels que calorifères qui ont pris tant de développements aujourd'hui. Ces travaux dans des lieux fétides et humides, nous exposent à toutes sortes de maux qui nous mettent dans l'impossibilité de travailler et plongent nos familles dans la misère.

« Nous sommes donc forcés de contracter des dettes que nous ne pouvons liquider plus tard qu'à force de privations et de surcroît de travail, alors que nous aurions besoin de repos. Aussi , Messieurs, lorsque l'on soutient un ouvrier malade, on le sauve de la ruine et l'on empêche sa famille de connaître la faim.

« L'ouvrier laborieux n'aime pas s'endetter, et l'aumône l'humilie.

« C'est pour parer à ces inconvénients que nous avons formé le 1er juillet 1867 une société civile contre le chômage à laquelle nous avons donné le titre de : *Union fraternelle des ouvriers fumistes*. Malgré les vicissitudes que nous avons eues à surmonter, nous n'en arrivons pas moins à compter deux cents sociétaires, chiffre énorme en comparaison de bien d'autres sociétés professionnelles dont le nombre d'ouvriers est beaucoup plus élevé que le nôtre, sociétés fondées depuis nombre d'années et qui n'atteignent pas encore ce chiffre.

« Nous sommes heureux de voir les ouvriers fumistes comprendre que nous avons besoin d'union, d'association, et une fois arrivés à un fond de caisse assez raisonnable nous pourrons instituer ce que nous ne pouvons pas fonder pour le moment.

« Nous croyons que ce moment n'est pas éloigné et l'une des premières améliorations sera de pourvoir aux funérailles de tout sociétaire décédé, de soulager la veuve et les enfants et même de se charger de l'instruction de ces derniers, tant que le budget le permettra. Car l'ouvrier n'a que son travail et il faut penser qu'il aura assez de peine pour économiser les deux francs de la cotisation mensuelle, surtout dans les moments du terme, où l'ouvrier, quoique laborieux, doit avoir recours au crédit ou au prêt du mont-de-piété, si toutefois il a des objets à y placer et qu'il est obligé de laisser vendre faute d'argent ; ou bien s'il a recours à son patron, il devient son esclave, alors ce n'est plus un patron, c'est un maître.

« Aussi, Messieurs, nous nous félicitons d'avoir répondu à votre appel et nous espérons que vous nous aurez compris et que nous aurons le plaisir de voir les ouvriers fumistes aussi bien que les autres entrer dans ces admirables institutions que l'on nomme : *Sociétés contre le chomage.*

«Nous ne voulons pas allonger trop notre rapport, etc., etc.

      « Les délégués,

      « *Signé* : BRANCA, ÉMILE DAGRON, VISCARDI. »

3 mars 1868.

Les délégués des ouvriers doreurs résument ainsi leurs observations et leurs aspirations :

« Nous demandons, disent-ils :

1º L'égalité des salaires ;

2º La fixation uniforme de la durée du travail ;

3º Une commission chargée de surveiller l'application de la loi sur le contrat d'apprentissage ;

4º La formation d'une Chambre syndicale;

5º La représentation de notre corps de métier au Conseil des prud'hommes.

« Ce que nous demandons nous paraît praticable et raisonnable.

« Les délégués ,

« *Signé* : Engeser, Laborde président de la Société des secours mutuels des doreurs sur bois. »

Les délégués des ouvriers sculpteurs se divisent en trois spécialités : les modeleurs et sculpteurs ornementistes, les sculpteurs sur bois, et enfin les sculpteurs sur marbre et sur pierre.

Leur rapport trop longuement développpé, mais assez logiquement motivé, à leur point de vue, mérite, malgré certaines redites des rapports précédents dues à l'analogie des questions traitées, mérite, disons-nous, une attention spéciale et c'est pourquoi nous avons cru devoir le transcrire ici presque en entier.

Après avoir rendu compte des objets admis à l'exposition, les délégués sculpteurs se livrent à l'examen de la position qui est faite aux ouvriers qui exercent cette profession et voici ce qu'ils exposent :

« Tous les hommes qui aiment leur art regretteront qu'il soit descendu des hauteurs qu'il occupait autrefois pour tomber dans le domaine du métier, où il se trouve aujourd'hui. Mais à qui doit remonter la faute ?... C'est vraisemblablement celle des hommes et encore plus la force des choses. Mais nous croyons qu'il serait -très-difficile de le dire d'une manière bien exacte; toutefois nous pensons que le commerce et l'industrie y entrent pour une bonne part.

« Aux époques de la Renaissance et à celles qui suivirent, il n'y avait guère que les têtes couronnées, quelques grands seigneurs ou quelques riches communautés religieuses qui fussent assez opulents pour se donner le luxe des travaux artistiques. Cette clientèle avait les moyens de payer, aussi ne marchandait-elle ni le prix ni la gloire.

« Mais à ces époques l'industrie et le commerce, sans besoins trop pressants, ne s'étaient pas encore emparés de l'art; aujourd'hui, c'est très-souvent, pour l'un et pour l'autre, une mutuelle ressource. C'est de là, croyons-nous, que sont venues les spécialités qui ont fait descendre l'ornementation au rang qu'elle occupe aujourd'hui. Mais encore ce métier rémunère-t-il, d'une manière convenable, les hommes qui l'exercent, en tenant compte des sacrifices qu'ils ont été obligés de faire pour arriver à le savoir ?... Nous pouvons répondre : Non.

« Tout le monde sait que le commerce a besoin de faire vite, nous l'avons dit ; de là, les différentes spécialités du bois pour tout ce qui concerne l'ébénisterie et autres décorations intérieures qui en découlent, spécialités pour tout ce qui regarde la fabrication métallique, et aussi spécialités

17

pour la décoration extérieure, ou sculpture sur pierre ou marbre. Ces spécialités n'ont qu'un but : faire vite, partant meilleur marché.

« Un petit nombre d'entrepreneurs ou de chefs de maison de fabrication donneraient encore de bons prix, s'ils étaient eux-mêmes mieux payés, ou s'ils n'étaient pas constamment obligés de lutter contre la concurrence de spéculateurs éhontés, dont souvent l'avidité n'a d'égale que leur incapacité professionnelle, véritable plaie pour tout ce qui les entoure.

« Cette concurrence inintelligente n'a pas cru devoir rester dans le domaine industriel seulement : elle a trouvé moyen encore de se glisser jusque dans les travaux de décoration faits, soit pour le compte de l'État, soit pour le compte des villes, ne laissant, comme toujours, sur son passage que désagréments et préjudices de toute nature.

« L'État et les villes, nous dira-t-on, ont tout aussi besoin d'économie que les particuliers. C'est vrai ; mais il ne faut pas oublier que leurs travaux sont toujours des monuments, lesquels sont l'orgueil et la gloire de la nation et que, comme tels, ils ont besoin d'être autre chose que telle ou telle habitation particulière, à moins qu'il ne soit de bon goût après en avoir fait admirer les beautés (s'il y en a), de dire que la décoration n'a coûté que tant le mètre…. cube. Sous la pression de ce besoin d'économie, on semble, à notre avis, trop oublier que les monuments sont un livre toujours ouvert où les générations peuvent voir à que degré de civilisation est arrivé le peuple qui les a faits. Effectivement, ne voyons-nous pas souvent, par l'exhumation de quelques-unes de ces immortelles pages, ce que pouvaient être les peuples qui nous ont précédés et que le temps a fait disparaître ? Par ce qu'il en reste, on serait tenté de croire qu'ils travaillaient plus que nous en vue de l'avenir.

« Puisque l'économie est, de toutes parts, une nécessité, pourquoi, par exemple, ne pas avoir recours au mode de travail adopté lors de la restauration de la galerie du Louvre? Certes, ce moyen produirait des économies et aurait en outre l'avantage de donner plus d'émulation aux hommes qui y seraient employés. N'est-ce pas de ce mode de faire qu'est sortie cette belle pléiade d'hommes qui ont le plus concouru à la décoration du nouveau Louvre, et qui aujourd'hui sont, en grande partie, chargés de la décoration du palais des Tuileries et autres monuments ? Or, nous croyons qu'un mode qui a donné l'essor à ces hommes, dont tout le monde connaît et a pu voir les œuvres, ne serait pas à dédaigner, et que sa continuation aurait fait surgir d'autres capacités, qui aujourd'hui ne prodiguent leur savoir qu'aux noms déjà faits.

« Peut-être y a-t-il quelques inconvénients pratiques que nous ne voyons pas et qui l'ont fait abandonner? Dans ce cas, nous regarderons cela comme un véritable malheur ; car s'il y a une concurrence que nous aimions à voir surgir, c'est celle des capacités ; à celle-là, nous applaudissons de toutes nos forces.

« Dans la décoration en général, ces marchands de sculpture ont donné naissance à un abus des plus graves. Non contents, dans leur ignorance du prix qu'un objet peut valoir, d'entreprendre à n'importe quelle offre, leur incapacité ou quelquefois leur paresse les a forcés d'avoir recours à des sous-traitants pour conduire l'exécution des dé-

corations qui leur ont été confiées. Or il est évident que l'en
trepreneur prélève d'abord son bénéfice ; puis vient le sous-
traitant qui prend également le sien (qui quelquefois n'est
pas moindre que celui du premier contractant), et réduit
ainsi pour le travailleur un salaire déjà minime. Ces sous-
traitants, pour la plupart, sont, pour les travailleurs que
le chômage force à aller vers eux, une plaie non moins
grande que la première. C'est un système en tous points
condamnable, tant en vue du salaire qu'en vue de la bonne
exécution du travail.

« Les ateliers où l'on fait plus spécialement du meuble et
qui occupent un grand nombre de sculpteurs sont parfois
dirigés par des contre-maîtres incapables et à gros appointements, lesquels ne peuvent conserver leur place et leurs
émoluments qu'à la condition de faire payer le travail le
moins cher possible ; de cette manière, c'est le moins de
l'ouvrier qui fait le plus du contre-maître.

« Nous sommes trop de notre époque pour ne pas applau·
dir à tous les bienfaits d'une concurrence profitable à tous,
mais non à une concurrence inintelligente, sans frein, sans
but, qui ne doit profiter qu'à quelques-uns et sous la pression de laquelle, les travailleurs ne tarderont pas à être
écrasés, et l'art décoratif lui-même, dont nous avons avec
plaisir signalé les progrès, ne pourra y résister.

« Toutes ces causes devaient amener un rapprochement
entre les hommes d'une même profession, pour chercher s'il
n'y aurait pas moyen, par des combinaisons quelconques,
d'arrêter ou tout au moins d'enrayer le mal déjà beaucoup
trop grand qui en est la conséquence.

« Les causes que nous avons signalées plus haut ayant amené un rapprochement parmi les travailleurs, il a été créé une société dite de solidarité mutuelle qui, très-bien comprise par la majorité des ouvriers, a dès son début donné tous les résultats désirables et dont les bénéfices réels nous encouragent à persévérer dans l'agrandissement des moyens employés par cette société au bénéfice de tous.

« Examinons quel est son esprit et quelle est sa manière de fonctionner.

« Son esprit est tout entier dans ce mot : Solidarité.

« Il fut décidé par ses statuts qu'une cotisation de tant par semaine serait versée par chaque adhérent, afin de subvenir aux besoins des membres de la dite société en cas de cessation de travail par suite d'un manque d'entente entre les patrons et les ouvriers sur les prix offerts et demandés. Quant à son fonctionnement, voici de quelle manière il s'opère; chaque fois qu'un travail nouveau se présente, l'ouvrier ou les ouvriers à qui il est confié assemblent, si le prix ne leur paraît pas suffisamment rémunérateur, leurs camarades d'atelier ou de chantier en conseil ; l'estimation de ce travail est faite secrètement par chacun d'eux, puis dépouillée ensuite, et la moyenne fait le prix du travail Si cette moyenne est le prix offert, le travail est immédiatement commencé ; si, au contraire, il y a un écart, il en est fait part à qui de droit pour aviser à combler la différence ou à s'entendre, s'il y a lieu. Si l'entente n'est pas possible, le travail se trouve mis en contestation et les ayants-droit touchent l'indemnité allouée par le règlement jusqu'à ce qu'ils soient replacés ailleurs.

« Il nous semble qu'une telle manière de procéder offre une somme de garanties suffisantes, jointe à un grand esprit de conciliation [1].

« Mais ce moyen, malgré ses excellents résultats, ne nous semble pas suffisant pour atténuer toutes les misères qui existent. La caisse sociale ne fonctionnant que dans le cas de contestations, les autres membres privés de travail par toute autre cause que celle que nous avons indiquée n'ont aucun droit à n'importe quelle indemnité que ce soit. Quelle vertu ne leur faut-il pas pour résister et ne pas enfreindre le règlement, alors que souvent les besoins les plus urgents de la vie les poursuivent ! Mais nous pensons, en l'établissant sur une base plus large et plus en harmonie avec les besoins et avec l'esprit du temps, lui donner une plus grande vitalité, qui seule peut enrayer cette concurrence inintelligente qui bientôt ferait descendre le salaire des sculpteurs au-dessous de celui des manœuvres. Nous avons avancé que cette mesure n'était pas suffisante et nous sommes parfaitement convaincus qu'il est littéralement impossible d'arriver à reconquérir notre indépendance par ce seul moyen. Il est donc d'une nécessité absolue que cette société, en restant ce qu'elle est, soit complétée d'une caisse contre le chômage en général ; ou encore, si l'on craint que cela ne l'entrave, il faut faire marcher la caisse contre le chômage parallèlement avec elle. Car le manque de travail est le tourment constant, la lèpre qui ronge, irrite et énerve tous les travailleurs qui vivent au jour le jour ou à peu près et que les besoins souvent les plus vulgaires de la vie forcent de

---

1. Ces garanties seraient suffisantes, si l'estimation était faite contradictoirement et amiablement par tous les intéressés, c'est-à-dire par les patrons et par les ouvriers.   (*Note de l'auteur.*)

travailler à n'importe quel prix, se portant eux-mêmes sous cette pression les plus terribles coups. La proposition que nous faisons ici d'une caisse contre les inconvénients de toute nature qui résultent de l'état de chômage n'est certainement pas une idée toute nouvelle ; nous la trouvons déjà, croyons-nous, dans le rapport de nos délégués de 1862, qui, eux-mêmes, la trouvèrent toute faite en Angleterre.

« Du reste, il y aurait presque de la banalité à le redire, tout le monde sait que l'Angleterre est couverte de ces sortes d'associations. Il serait pour nous d'une très-grande urgence d'assimiler à nos mœurs et à nos habitudes les modèles qu'elle peut nous fournir.

« On pourrait, à notre avis, se servir pour sa base de celle qui a été adoptée par la société de secours mutuels : 1° une première mise de fonds de tant serait formée par chaque adhérent pour constituer le premier fonds *(aucune société ne pouvant fonctionner sans argent)* ; puis chaque sociétaire verserait une somme plus minime, soit chaque semaine, soit à tout autre terme, mais le plus rapproché possible, pour que la charge soit la moins lourde possible pour le sociétaire ; puis, quand viendrait le moment de pénurie du travail, le sociétaire recevrait la somme journalière allouée par le règlement jusqu'à ce qu'il fût replacé. Mais pour faire mieux apprécier les bienfaits qui peuvent résulter de ce principe si fécond de la mutualité, nous allons établir quelques chiffres. Pour plus de facilités, nous prendrons le nombre rond de deux mille membres, et mettant à vingt francs la première mise de fonds de chaque adhérent, on trouve de ce chef la somme de quarante mille francs. Si maintenant la somme hebdomadaire à verser est de un franc par semaine, somme qui n'a rien de bien exorbitant, on trouve cinquante-deux francs par personne qui, multipliés par les deux mille membres, donnent de ce second chef la somme de cent quatre mille francs pour l'année. La masse ne se versant qu'une fois, on ne peut compter que sur cette dernière somme. Si maintenant nous divisons cette somme par trois francs, somme que nous proposons provisoirement comme indemnité, nous trouvons qu'elle représente trente-quatre mille six cents journées et plus de chômage.

« Comme moyen de contrôle le plus simple, nous reviendrons aussi à l'établissement de ce qu'à Londres on nomme une chambre d'appel, où tous les hommes sans travaux vont se faire inscrire avec indication de leur spécialité.

« Ce projet, difficilement exécutable lors de son apparition en 1862, le serait moins aujourd'hui ; il ne faudrait pour cela que l'acceptation de MM. les entrepreneurs, et leur engagement formel de ne plus prendre personne que là. Étant réunis comme ils le sont actuellement en chambre syndicale, ce serait donc à celle ci qu'il faudrait s'adresser en leur démontrant tout le bien qui peut en résulter tant pour les entrepreneurs que pour les travailleurs. Mais pour arriver à ce but, il faut briser de part et d'autre avec la sainte routine, contre laquelle chacun peste et maugrée, mais que si peu de personnes se sentent la force de secouer.

« Déjà nous voyons surgir bien des contradictions : on nous dira que c'est le grand principe de l'offre et de la demande ; à cela nous répondrons que, tout en reconnaissant ce principe, nous croyons que la nécessité de vivre lui est antérieure et supérieure, partant elle a une valeur au moins aussi grande. Du reste, à nos yeux, l'organisation que nous préconisons et qui nous paraît éminemment pratique ne peut lui porter aucun préjudice ; seulement par le fonctionnement de cette caisse, le travailleur aurait, au moment où il débat le prix d'un travail quelconque, l'indépendance et le libre arbitre qu'il n'a pas actuellement. Or, dans tout engagement, si l'une des deux parties contractantes n'a pas sa pleine liberté d'action, elle doit inévitablement être à la merci de l'autre. Ce serait, ce nous semble, un bienfait, nonseulement au physique, mais au moral , car nous croyons qu'en rendant au travailleur toute sa dignité par une indépendance plus étendue, la morale elle-même ne pourrait qu'y gagner.

« Peut-être nous objectera-t-on qu'il y a les caisses d'épargne ; c'est vrai, nous reconnaissons nous-mêmes les bienfaits de ces institutions, mais jamais ces caisses ne pourront donner les résultats que la mutualité bien entendue et réglée avec sagesse donnerait, quand bien même elles feraient les plus lourds sacrifices, ce qui leur est littéralement impossible.

« Nous sommes parfaitement convaincus que le gouvernement impérial, qui a déjà beaucoup fait pour améliorer le sort des classes laborieuses, qui a rapporté la loi sur les coalitions, ce vieux reste de l'antique servitude, dont on avait jusqu'alors cru devoir gratifier les travailleurs, qui comprend si bien que les arts et l'industrie sont la fortune des empires et dont le chef a dit dans son discours aux exposants de 1867 : « Aveugle qui ne voit pas les libertés », ne mettra jamais aucun obstacle aux réunions dont pourront avoir besoin les travailleurs, soit pour se grouper et s'éclairer, afin de pouvoir défendre plus efficacement leurs intérêts matériels, soit enfin pour s'occuper eux-mêmes de leur propre avenir dans cette grande question du travail.

« Nos prédécesseurs de 1862 ont aussi signalé le même inconvénient que nous, produit par cette concurrence que nous avons flétrie, et, dans les remèdes indiqués par eux, on trouve ces deux points extrêmes de la question qui nous occupe : ou le travail entièrement réglementé et salarié à la journée, ou le travail en association.

« Examinons rapidement le premier moyen. Nous dirons immédiatement que, pour nous, nous repoussons de toutes nos forces le travail entièrement réglé de cette façon, à quelques exceptions près, même avec la journée fixée *à minima*. Cette réglementation, en outre des nombreux embarras qu'elle pourrait occasionner, ne nous semble pas avoir une efficacité suffisante, tant pour faire progresser la sculpture que pour donner aux sculpteurs tout ce dont ils ont besoin au point de vue pécuniaire. Il ne laisse pas non plus aux hommes assez de liberté, de plus, il annihile trop le stimulant, on s'endort forcément dans une certaine moyenne, dont on ne peut que très-difficilement sortir. Les délégués anglais, que nous avons vus, croient que le manque de rapidité dans le progrès chez eux tient en grande partie à cette cause. L'écart entre l'homme qui sait et celui qui ne sait que peu, étant très-restreint, ne laisse que peu de place à l'émulation, c'est vrai. Alors à quoi bon travailler et se donner de la peine, puisque le résultat est si peu de chose ? Nous croyons que le travail aux pièces, ainsi qu'il se pratique habituellement chez nous, surtout chez les exécutants, est, pour le moment, ce qu'il y a encore de meilleur, surtout si l'on peut arriver à sauvegarder tous les intérêts, ou tout au moins le plus grand nombre, et nous ne pensons pas dans ce que nous avons indiqué y avoir porté atteinte en quoi que ce soit.

« Le premier moyen, repoussé pour les causes citées plus haut, nous allons examiner et traiter du second.

« L'association, c'est aujourd'hui dans beaucoup de corps d'état, la question à l'ordre du jour. Mais ce travail étant d'une grande importance, nous en ferons le sujet du chapitre suivant.

DES SOCIÉTÉS COOPÉRATIVES.

« Nous disons plus haut que nous avons trouvé, dans le rapport de 1862, l'association indiquée comme remède à l'état de choses actuel, et comme notre programme nous enjoint de rechercher et d'étudier les moyens pratiques employés ou à employer pour arriver progressivement, et sans secousse, à l'amélioration du sort des travailleurs, qu'il nous enjoint également de traiter des *Sociétés coopératives*, nous allons examiner cette grave question. L'association, voilà le grand mot prononcé ; déjà nous entendons murmurer, par quelques esprits ironiques et égoïstes, les mots d'utopie et de rêve.

« Nous répondrons à ceci que pour tout homme qui cherche, par tous les moyens possibles, à remédier à la misère, à atténuer l'inégalité qui règne entre les hommes, qui cherche enfin la solution de ce grand problème, l'émancipation des travailleurs par les travailleurs eux-mêmes, l'association doit être en quelque sorte le couronnement de l'édifice, le but vers lequel tous ses efforts doivent tendre, dût-il s'imposer momentanément les plus grands sacrifices et ne récolter qu'à une époque peut-être éloignée le fruit de ses efforts.

« Cependant nous dirons immédiatement que l'association est un fait excessivement grave, et que son établissement ne saurait avoir lieu qu'après mûres réflexions. Sans vouloir décourager les sociétés qui sont en voie de formation (car il y a des exemples de réussite), nous ne saurions trop engager nos collègues à agir avec la plus grande prudence ; car, s'ils venaient à échouer, ce serait non-seulement ajourner indéfiniment l'heure de toucher le but qu'ils cherchent à atteindre, mais encore encourager nos adversaires. Mais tout en ne nous dissimulant pas les nombreuses difficultés qu'il y aura à vaincre et surtout dans notre industrie, car ces sociétes que nous considérons comme un principal élément de développement moral, auront, avant d'arriver à être solidement établies, à traverser une crise de formation comme en ont également leurs aînées ; nous croyons qu'en présence du grand mouvement social qui s'accomplit en ce moment, et que personne ne pourra contester, nous croyons, disons-nous, qu'il est temps de réagir contre l'absorption graduelle qui nous englobe de jour en jour ; sinon les difficultés de notre affranchissement grandiront de plus en plus et plus tard il nous faudra des efforts inouis pour arriver à ce qu'aujourd'hui nous pourrions peut-être atteindre sans trop de peine.

« Avant de rechercher quels seraient les moyens les plus

propres pour arriver à la formation et à la réussite de ces sociétés, nous avons l'intention d'en présenter un aperçu historique très-rapide, ne serait-ce que pour prouver que cette idée, qui soulève tant d'objections, n'est pas d'aujourd'hui, et que, dans son application, s'il y a eu des tentatives qui ont échoué, il y a néanmoins des exemples de résultats satisfaisants.

« Pour rester dans la vérité, nous devons dire que nous avons puisé nos renseignements dans le volume de l'Enquête sur les sociétés de coopération, faite en 1866 par les soins du Ministère de l'agriculture, du commerce et des travaux publics.

« Dans cette enquête où ont été entendus plusieurs de nos économistes les plus distingués et la plus grande partie des gérants ou présidents de sociétés, la question est largement étudiée sous toutes ses faces, comme théorie et comme pratique ; aussi n'hésitons-nous pas à en conseiller la lecture à ceux qui s'occupent de coopération.

« Traitant des sociétés coopératives en général, nous y voyons que la France tient la tête pour les sociétés de production, l'Angleterre pour les sociétés de consommation et l'Allemagne pour les sociétés de crédit mutuel. Nous occupant d'abord et plus spécialement des sociétés de production, nous voyons qu'en France l'établissement de ces sociétés remonte de 1831 à 1848, et que la seule société datant de cette époque et subsistant encore aujourd'hui est l'association des bijoutiers en doré, fondée en 1834.

« De 1848 à 1851, un grand élan vers l'association se produisit dans la capitale, près de trois cents sociétés se constituèrent, et, malgré un subside de trois millions voté par l'Assemblée constituante, pour favoriser l'essor de ce mouvement (ces trois millions, il est vrai, ne furent pas répartis en totalité, mais ce qui fut distribué ne servit que médiocrement à développer les associations), beaucoup d'entre elles ne purent surmonter les difficultés, qui, selon nous, tenaient plutôt à la grande spontanéité de leur formation qu'à toute autre raison ; et, à l'heure où nous écrivons, il ne reste à Paris que seize de ces sociétés dont la situation est généralement satisfaisante et dont plusieurs sont même riches relativement et font beaucoup d'affaires. (Nous citerons entre autres l'association des Maçons, dont le chiffre d'affaires a atteint, en 1864 et en 1865, la somme de cinq millions [1].) Depuis 1851, il ne s'est créé pour ainsi dire aucune association nouvelle jusqu'en 1863 ; mais, à dater de cette époque, un réveil s'opéra dans l'esprit des travailleurs, le mouvement commença à reprendre de l'activité, et il s'en forma un assez grand nombre. En ce moment même les ouvriers ont beaucoup de projets de ce genre.

« Nous allons essayer maintenant d'esquisser brièvement ce que nous entendons par la coopération productive, les différents résultats que nous en espérons et les moyens les plus justes et les plus pratiques pour arriver à sa formation.

« La société de production a pour objet de produire en commun en réservant au travail la part de rémunération qui lui est légitimement due.

« Nous croyons qu'une réunion de forces productives, ma-

---

1. Cette société, croyons-nous, vient de se mettre tout récemment en liquidatioh. *(Note de l'auteur.)*

térielles et intellectuelles, peut amener les plus grands résultats, tant au point de vue de ceux qui professent qu'à celui de l'industrie professée. Si la rémunération équitable du travail au profit du producteur est un des plus grands bienfaits de la société coopérative, un de ses avantages non moins grand, c'est la liberté que ce producteur acquiert ; et, en effet, travaillant pour la société, c'est pour lui qu'il travaille, son intérêt personnel étant étroitement lié à l'intérêt général.

« Une industrie de luxe qui ne donnerait pas le goût de ce luxe, qui ne le ferait pas désirer, rechercher, n'aurait aucune raison d'être, et tomberait bientôt d'elle-même. Une des nécessités des sociétés coopératives dans cette industrie doit donc être de s'affirmer comme supério-.rité dans la qualité de sa production. Une société qui comprendrait que là est son véritable intérêt arriverait à réveiller le goût, l'amour du beau, de l'art, en un mot, qui semble maintenant être trop sacrifié à la pacotille et au clinquant ; nous ne croyons donc pas nous être trop avancés en disant plus haut qu'au point de vue de l'industrie professée, le résultat pourrait être très-grand.

« Il ne faut pas non plus perdre de vue que, pour la société en général, la coopération établie sur une large échelle, plusieurs sociétés d'une même industrie se faisant même une concurrence honnête, loyale et raisonnable, la coopération, tout en rétribuant d'une façon satisfaisante le producteur, doit infailliblement amener comme résultat la production à meilleur marché à sa juste valeur; c'est encore selon nous un bienfait non moins grand que ceux que nous avons déjà cités.

«En somme, par la coopération, les citoyens sauront que,

comme travailleurs, ils sont tout et que le capital n'est rien [1] ; car, grâce au nombre des associés et surtout à l'énergie de leur volonté, s'ils ne peuvent constituer ce capital immédiatement, par l'économie, par l'épargne, l'expérience a prouvé qu'il était possible de le faire. Nous croyons devoir laisser à chaque industrie le soin de régler ses statuts selon ses besoins ; mais nous allons indiquer quelques conditions que nous croyons indispensables pour la formation et la réussite des sociétés, tout en restant dans la légalité, la justice et la fraternité.

« Ne s'engager qu'après avoir mûrement réfléchi ; n'admettre dans son sein que des travailleurs honnêtes, dévoués, désintéressés, stables et économes ; car une des principales conditions du succès se trouve dans l'homogénéité du groupe, dans la confiance réciproque.

« Variabilité du capital social.

« Facilité aussi grande que possible pour verser les sommes souscrites.

« S'établir, si l'on veut, par actions, mais arriver par le mode de retenue, par exemple, à la part égale.

« Voix égales, quelle que soit la somme engagée.

« Etablissement d'un fonds de réserve.

« Constitution démocratique, c'est-à-dire administration révocable, rigoureusement contrôlée et surveillée, responsabilité proportionnelle au pouvoir.

---

1. C'est là une grave erreur qu'il nous est impossible de ne pas relever, et M. Goudchaux, l'ancien ministre de 1848, dont on ne niera pas la compétence, disait aux ouvriers lunettiers réunis en une société coopérative dont il s'était chargé de rédiger les statuts : « N'oubliez pas que le capital est la base du travail, tout est là ! »   (*Note de l'auteur.*)

« Tirage au sort pour l'entrée au travail, sauf exceptions reconnues indispensables et nécessaires.

« Répartition des bénéfices aux associés avec une part plus grande pour le travail qui, pour nous, marche avant le capital.

« Répartition des bénéfices aux auxiliaires, sous peine d'exploitation et de contradiction avec le but poursuivi.

« Pour les associés, droit d'acceptation et de révocation exercé en assemblée générale.

« Si, comme nous avons essayé de le démontrer, l'association est le *criterium* de la grande question du travail, c'est à nous de voir si sa réalisation peut être proche, de consulter les hommes, leur force et leur moralité, et si nous nous sentons capables de le faire, marchons en avant.

« Si nous ne sommes pas appelés à voir la solution complète du problème, si nous ne devons être que la fascine comblant le fossé qui nous en sépare, nous serons du moins restés à la hauteur de notre époque ; et nos enfants, à la hauteur de la leur, dignes de leurs pères, trouvant la voie frayée, sinon aplanie, compléteront, nous en sommes certains, l'œuvre que nous aurons commencée.

« Quant aux sociétés de crédit mutuel et de consommation, nous n'en dirons que quelques mots.

« On comptait en 1865, dans la capitale, de cinquante à soixante sociétés de crédit mutuel.

« La société de crédit mutuel a pour objet la constitution d'un capital au moyen d'une première mise de fonds et de cotisations mensuelles très-minimes ; on emploie ce capital à faire, à ceux des associés qui le demandent, des avances pouvant dépasser le chiffre des sommes qu'ils ont versées. Un très-grand nombre ont surtout pour objet l'épargne. Formées entre travailleurs de la même industrie, elles constituent petit à petit un capital, dont la destination est naturellement la société de production. Nous ne pouvons que louer les travailleurs qui ont pris cette mesure, et nous engageons de toutes nos forces ceux dont le gain est petit et les charges grandes à l'adopter.

« La société de consommation réduit au *minimum* les frais prélevés par les intermédiaires. Vendant au même prix que n'importe quel commerçant et les bénéfices, résultant de la différence du prix de gros et du prix de détail, étant distribués après l'inventaire fait, soit tous les six mois, soit tous les ans, ces bénéfices constituent une épargne d'autant plus grande que la consommation a été plus importante.

« En France on compte peu de sociétés de ce genre et bien qu'en 1850 il en existât au moins une très-prospère et qui disparut lors des événements de 1851, on ne peut compter leur établissement que comme datant de trois ou quatre ans à peine, mais il s'en fonde d'autres journellement. La société de production donnant un emploi à l'épargne réalisée par ces sociétés, nous applaudissons à leur formation.

« Nous n'avons pas cru inutile de parler de ces trois sociétés ; car, quoique différentes l'une de l'autre en apparence, elles se rattachent cependant par des liens très-étroits.

« La société de crédit mutuel servant de banque aux sociétés de consommation et de production, tout consom-

mateur étant producteur et tout producteur étant consommateur, ces sociétés échangeront leurs produits, car elles y
trouveront un avantage et amèneront des rapports de bonne
confraternité entre les hommes, en même temps qu'elles
leur donneront plus de bien-être.

. . . .

DES SALAIRES.

« Plus nous réfléchissons à cette question, plus nous la
trouvons difficile et abstraite vu l'impossibilité de se procurer
des documents précis, à cause de la mobilité de sa base en
ce qui concerne notre profession ; aussi, pour nous venir
en aide, nous envisagerons la sculpture dans ses grandes
catégories.

« Commençons par le modèle qui occupe la première
place, d'abord en venant en aide à l'exécution pour le bois,
le marbre ou la pierre, ensuite parce qu'il est reproduit directement par toutes les matières qui nécessitent un sur-
moulage.

« Pour cette partie de la sculpture, le salaire du travail
personnel est très-variable ; les modeleurs qui savent composer des ornements mélangés de figures et d'animaux, sur
une architecture ou toute autre forme déterminée, peuvent
gagner de cinq à six mille francs par an : le nombre de ces
artistes est très-restreint ; dans la série qui vient ensuite,
le salaire tombe à trois mille cinq cents francs : c'est dans
cette série que se recrute la classe supérieure, les premières
mains dans leur spécialité ; au-dessous de cette classe, quelques-uns, par leur habileté à bien réparer le plâtre, gagnent

une journée de huit à dix francs ; mais la moyenne est de cinq à sept francs, et comme le travail est intermittent, le gain se réduit à mille et quinze cents francs par an.

« Pour la catégorie des bois, qui est assurément celle qui occupe le plus grand nombre de sculpteurs, examinons si pour tous le salaire est en rapport des besoins et des efforts dépensés ; nous répondrons : non !

« Cette catégorie peut se diviser ainsi : deux cents sculpteurs dont le gain s'élève à dix francs par jour, ce sont là les mains et les aptitudes premières ; huit cents de cinq à sept francs ; mille de quatre à cinq francs ; la moyenne ressortira à cinq francs soixante-cinq centimes par jour, mais il s'en faut de beaucoup que cette moyenne puisse se multiplier par tous les jours ouvrables ; car le chômage et les pertes de temps, occasionnés par des causes diverses inhérentes à toute industrie, viennent encore amoindrir et rendre le salaire insuffisant.

« Pour la sculpture en pierre, la moyenne est encore plus difficile peut-être à établir ; le travail se fait aux pièces ; les hommes étant plus nomades que ceux occupés ordinairement dans les ateliers, il s'ensuit qu'ils ne peuvent pas toujours se concerter sur le prix d'un travail ainsi que sur la nature de la pierre qui est souvent contestée ; alors l'évaluation en est toujours faite au hasard. Cependant, pour arriver à indiquer cette moyenne, nous supposons un homme de capacité ordinaire qui ne manquera pas d'ouvrage d'un bout de l'année à l'autre ; sa journée étant de huit francs, soit quatre-vingt-seize francs toutes les deux semaines, cela fera une année de deux mille quatre cent quatre-vingt-seize francs ; mais si l'on déduit la somme qui résultera de toutes les pertes de temps qu'il est obligé de subir, telles que : manque d'échafaudage, avance sur les tailleurs de pierre qui ont à préparer le travail, l'attente des modèles, le changement de chantier qui nécessite le transport des outils d'un point souvent très-éloigné à un autre, et enfin les intempéries des saisons, telles que le grand froid et les pluies, on peut, sans trop d'erreur, constater la perte de quatre quinzaines de travail, soit la somme de trois cent quatre-vingt-quatre francs qui, retirée de deux mille quatre cent quatre-vingt-seize, ne donne plus que deux mille cent douze francs ; mais il ne faut pas perdre de vue, dans l'exemple que nous citons, que le sculpteur n'a pas manqué d'ouvrage ; or, comme il arrive souvent qu'un chômage occasionné par l'insuffisance des travaux vient encore réduire le gain, supposons-le de quatre quinzaines, la moyenne ne sera plus que de dix-sept cent vingt-huit francs ; mais si l'on ajoute à cela les pertes de temps plus fréquentes, ainsi que les journées naturellement moindres des hommes de talent inférieur, on peut en conclure que la moyenne réelle tendrait encore à descendre.

« C'est pourquoi nous engageons de plus en plus nos camarades, dans l'intérêt de tous, à faire partie de la société de solidarité mutuelle et à fortifier, par une adhésion plus générale, les différents moyens imaginés pour combattre l'abaissement des salaires en présence de la cherté toujours croissante des choses indispensables à la vie. Cette société, qui, en outre des bienfaits matériels qu'elle a produits, nous a rendu notre dignité en nous permettant de discuter plus efficacement nos intérêts vis-à-vis des entrepreneurs et de leurs représentants, nous conduira, dans l'avenir, nous en avons la ferme conviction, à tout ce que le progrès, dans sa marche incessante, peut apporter de bien aux travailleurs . . . .

« Les délégués,

Porlié, modelage et plâtre.

Vigoureux,
Debon (Antony), } sculpture sur bois.

Demessirejean,
Bertheux, } sculpture sur marbre et sur pierre.

Légé fils, délégué suppléant. »

Le rapport des délégués sculpteurs dont nous venons de reproduire les points les plus importants ne se borne pas à l'examen des questions ci-dessus, il vise encore de bien autres questions, notamment celles du Conseil des prud'hommes, de la création d'une chambre syndicale, de l'apprentissage, des écoles de dessin et des écoles professionnelles, des méthodes et du choix des modèles, etc., etc. Mais, d'une part, ces questions ont été presque toutes élucidées dans les citations précédentes ; et, d'autre part, les considérations sur lesquelles s'appuient ces délégués nous ayant paru surtout spéciales à leur industrie et non pas à l'intérêt général des travailleurs, nous n'avons pas cru utile de les transcrire ici.

Enfin les délégués des ouvriers peintres en bâtiments, après quelques considérations générales plus ou moins intéressantes, mais fort peu pratiques, terminent leur rapport *en faisant appel à l'association et au capital intelligent, à ces deux principes, qui,* disent-ils, *doivent changer la société actuelle pour en faire un peuple heureux de vivre dans sa sphère de producteurs, où sera réalisé cet axiôme :* A CHACUN SELON SES FORCES, A CHACUN SELON SES BESOINS ! Et ils formulent ainsi ce qu'ils demandent et ce qu'ils désirent :

« Après avoir exposé l'état actuel des ouvriers peintres, et donné un aperçu sur celui de la classe ouvrière en général, nous croyons être leurs véritables interprètes en exposant les vœux de tous ces travailleurs, en déclarant qu'il ne peut y avoir de grandes améliorations sans avoir :

« Liberté d'association sans aucune restriction ;

« Liberté de réunion ; que ce droit ne soit plus toléré, mais reconnu par la loi ;

« Liberté de la presse ;

« Droit aux électeurs de Paris de nommer leurs conseillers municipaux ;

« Égalité des travailleurs devant la loi comme devant l'urne électorale ;

« Abrogation de la loi sur la coalition ;

« Diminution des intérêts du mont-de-piété sur les objets de première nécessité ;

« L'instruction professionnelle, gratuite et obligatoire pour tous, sans esprit de secte ;

« Nécessité absolue d'une loi qui réglemente la liberté commerciale, en ne permettant plus à un seul ou à plusieurs capitalistes d'accaparer les denrées alimentaires de première consommation, ainsi que les matières premières destinées à l'industrie ;

« Création d'hôpitaux pour les invalides civils du travail ;

« Enfin liberté égale pour tous.

« Nous avons indiqué le mal partout où il était apparent, nous avons indiqué le remède à y appliquer. Nous prouvons par là qu'il est des réformes que le peuple demande, et il doit être non-seulement écouté, mais satisfait.

« Les délégués,

Signé : Picot, Delarue, Chatellard. »

Nous venons de reproduire les aspirations et les vœux émis en 1867-1868, par les délégués des ouvriers des principales industries se rattachant à la Construction, et nous n'avons pas cru devoir nous occuper des industries qui y sont étrangères. Ces aspirations et ces vœux sont extraits, nous l'avons dit, des curieux rapports des délégations ouvrières publiés par les soins de la Commission d'encouragement pour les études des ouvriers à l'exposition universelle de 1867. M. Devinck, président de cette Commission, les résume ainsi dans son remarquable rapport à l'Empereur en date du 9 mars 1868 :

« Les délégations ouvrières, en se plaçant à des points de vue différents et suivant les besoins de chacune des industries, ont eu pour préoccupation constante, l'amélioration de la position des ouvriers.

« Leurs opinions sont inspirées par des sentiments généreux et elles sont dominées par des principes profondément gravés dans leur esprit :

« L'égalité devant la loi ;

« La liberté des contrats ;

« Le droit de discussion des questions professionnelles ;

« Le désir d'arriver paisiblement et progressivement à la réalisation de leurs vœux. »

Il a été fait droit en partie à ces vœux ; ainsi la révision de l'organisation du Conseil des prud'hommes a été renvoyée par l'Assemblée nationale depuis bien longtemps déjà, à l'examen d'une commission nommée à cet effet, et il faut espérer que la révision demandée ne se fera plus attendre ; la loi du 22 juin 1854 sur les livrets a été abrogée conformément à l'avis émis par le conseil d'État après une discussion approfondie le 23 mars 1869 [1], et quant à l'art 1781, il il a disparu du Code civil.

A la lecture de certains rapports des délégations ouvrières, nous avons été surtout frappé de l'ardeur avec laquelle les ouvriers exaltent et vantent les applications diverses de l'association coopérative, comme si le droit de s'associer, venait de naître, alors qu'il a toujours existé sans restriction et n'a jamais été contesté par personne au point de vue du commerce et de l'industrie.

Si les ouvriers croient que l'association coopérative, qu'ils appellent *le nouveau contrat*, doit être le principal but de leurs efforts et qu'elle est appelée à faire disparaître, *par la suppression du patronat, le salariat, dernière forme de la servitude*, s'ils croient que les maîtrises et les jurandes, ayant disparu devant le patronat, c'est au patronat à disparaître à son tour devant la coopération, si enfin, pleins de confiance en elle, ils en attendent la suppression de ce

---

1. Voir *le Moniteur officiel* de l'Empire français, en date du 24 mars 1869.

qu'ils appellent la tyrannie du capital et par suite, le re-
nouvellement du monde industriel, pourquoi ont-ils tant
tardé à s'associer entre eux ? qu'ils s'associent donc au plus
vite, cela ne dépend que d'eux seuls ; mais qu'ils ne l'ou-
blient pas, il ne dépend pas d'eux seuls d'imposer à tous la
coopération. Car, l'industrie et le commerce ont besoin de
liberté, pour conserver leur puissante initiative, et ils repoussent et repousseront toujours tout système qui leur
serait imposé.

On voit encore dans les rapports que nous venons d'ana-
lyser les ouvriers se plaindre fréquemment du capital et
s'élever bien haut contre sa prétendue tyrannie. Qu'est-ce
donc que la tyrannie du capital ? Les hommes pratiques
qui ne se paient pas de mots savent très-bien que la *tyrannie
du capital* n'est autre chose qu'une phrase à effet pour
éblouir les masses. M. Jules Simon, dans son livre sur le
travail, définit ainsi le capital :

« Qu'est-ce en effet que le capital ? C'est le travail d'hier.
Et qu'est-ce que le travail d'hier ? C'est le capital de demain.
Donc, ajoute-t-il avec infiniment de raison, les intérêts du
capital et du travail ne paraissent opposés que quand le capital oublie son origine et le travail son avenir. »

Le capital étant du travail accumulé et fécondé tout à la
fois par l'épargne et par une sage capitalisation, on arrive à
cette singulière conséquence que le tyran, c'est en réalité le
travail, puisque le capital, c'est la représentation du travail
fait par tous, aussi bien par notre génération que par celles
qui nous ont précédés ! Mais, en définitive, tout le monde
sait aujourd'hui que le capital ne jouit d'aucun privilége,

qu'il est improductif par lui-même et que, pour produire, il a besoin de tous ceux qui l'emploient, c'est-à-dire de tout le monde ; par conséquent, il ne peut tyranniser personne, dans le sens que certains déclamateurs lui donnent.

Proudhon, dans le *factum* emphatique, beaucoup plus curieux que pratique, qu'il fit paraître en 1849, pour lancer sa fameuse banque du peuple qu'il ne parvint pas à fonder, n'a pas craint de dire : « En 1789, le despotisme avait son château-fort, c'était la Bastille. Le peuple l'a rasé dans un de ses jours de sublime colère, et sur son emplacement on lisait le soir cette inscription si belle dans sa simplicité : *Ici, l'on danse.*

« En 1849, la féodalité financière a son château-fort, c'est la Banque de France. Cette forteresse, que tous nous considérions comme imprenable, un savant ingénieur est venu nous annoncer qu'elle ne l'était pas. Courage donc, et le temple de l'usure, ne voyant plus affluer dans ses coffres le produit de nos sueurs, déserté par ses prêtres, croulera, entraînant avec lui le vieux monde. »

Heureusement pour la Banque de France, pour le vieux monde et pour notre pays, que Proudhon a été mauvais prophète.

En résumé, le capital n'a pas la puissance que l'on veut bien lui prêter, puisque par lui-même il ne peut rien, ainsi que nous venons de le dire ; sa tendance, a dit M. Schulze-Delitzsch, dans son cours d'économie politique à l'usage des ouvriers et des artisans, *est moins d'être gardé en réserve que de se multiplier par la reproduction.* Sa tyrannie est donc imaginaire, mais ce qui ne l'est pas, c'est son extrême défiance ; en effet, à la moindre alarme il prend peur, il se cache et il disparaît. A-t-il tort ? c'est bien possible ; et cependant l'idée ne vient à personne, dans les temps de crise, de prouver le contraire par son exemple!

Qu'est-ce maintenant que le salaire dont quelques délégués demandent la suppression ?

C'est, non pas « la dernière forme de la servitude », comme l'a dit à tort Chateaubriand dans un moment d'erreur, c'est la forme la plus simple et la plus équitable de la rémunération d'un travail fait, d'un service rendu, c'est une part déterminée à l'avance sans aucune chance aléatoire dans les résultats d'opérations entreprises en commun, c'est, en un mot, le terme par lequel on désigne la part fixe attribuée au travailleur dans le contrat librement débattu et librement consenti entre lui et le chef d'industrie. C'est sous ce régime que s'est constituée l'industrie libre dans tous les pays du monde et à toutes les époques, et il n'est pas de forme de rémunération qui ait le mérite d'être aussi nette, aussi convenable aux intérêts de tous, aussi conforme aux principes rigoureux de la philosophie économique. Toutes les déclamations socialistes, toutes les aspirations sentimentales qu'a fait naître la forme coopérative si préconisée par les novateurs sociaux, ne prévaudront pas contre la simplicité et la perfection de ce mode d'organisation du travail.

« Pourquoi le paiement à la journée serait-il si mauvais, disait avec son gros bon sens un ouvrier anglais devant une commission d'enquête, puisque depuis le premier ministre de Sa Majesté jusqu'au dernier mousse de la marine royale, tous les employés de l'État sont payés à la journée, et n'en remplissent pas moins bien leur devoir ? » et nous ne sachons pas, ajouterons-nous, que tous ces employés-là se considèrent comme étant sous le joug de la servitude.

En définitive, les salaires sont : pour les domestiques, des gages, pour les employés publics et particuliers, des appointements, pour certains fonctionnaires, des émoluments, et pour d'autres, des traitements; dans l'industrie, le salaire s'appelle la paie et dans la marine et dans l'armée il s'appelle, pour les officiers, la solde, pour les sous-officiers et soldats, le prêt ; chez les architectes, les médecins, les avocats et les officiers ministériels, des honoraires, et dans le commerce, des profits, quand ces profits ne se transforment pas en pertes !

Au fond, toutes ces diverses appellations ont la même signification, elles qualifient d'un nom différent une seule et même chose, c'est-à-dire la rémunération honorable d'un travail fait, d'un service rendu.

Donc, la guerre déclarée au capital n'a aucune raison d'être, et la prétendue servitude du salariat n'existe pas. C'est pourquoi nous ne doutons pas que le temps et une instruction économique plus généralement répandue ne fassent promptement bonne justice de ces sophismes pompeux complétement dénués de sens.

Qu'est-ce maintenant que la coalition ou plutôt que la grève ? Et qu'est-ce que la coopération ?

La grève que la loi de 1864 sur les coalitions reconnaît implicitement, c'est un moyen barbare qui est tout à la fois la désorganisation du travail et de l'industrie, la perte du capital et du salaire et la ruine des patrons et des ouvriers !

Quant à la coopération appliquée à la consommation, elle est possible, et, bien gérée, elle donne de bons résultats, mais appliquée à la production elle ne peut vivre qu'à la condition d'être restreinte dans de modestes limites.

La coopération telle que les ouvriers nous semblent la comprendre, c'est-à-dire la coopération s'appliquant à tout et à tous, c'est, suivant nous, une utopie séduisante sans aucun doute, mais enfin, ce n'est qu'une utopie et pas autre chose.

Nous croyons donc très-fermement que jamais la grève, la coalition et la coopération, ainsi que les ouvriers nous paraissent les comprendre et les préconisent, ne pourront avoir l'efficacité qu'ils leur attribuent bien à tort, suivant nous, et c'est ce que nous allons essayer de démontrer dans les deux chapitres suivants.

TROISIÈME PARTIE

CHAPITRE PREMIER

LA GRÈVE ET LA COALITION.

La grève. — Rareté des grèves sous l'ancien régime. — Grèves de 1697 et 1744. — Coalitions en 1789. — Grève des charpentiers de Paris en 1845. — Grèves des chapeliers et des typographes. — Loi du 25 mai 1864 sur les coalitions, abrogeant les articles 414, 415 et 416 du Code pénal. — Grève des tailleurs de pierre de Paris en 1865. — Les grèves en Suisse. — Leurs résultats désastreux. — Les sociétés secrètes d'ouvriers en Angleterre. — La grève des bonnetiers de Nottingham en 1811. — Les luddistes. — Les trades-unions ou ligues des métiers. — Les crimes et délits de Scheffield et de Manchester. — Les unions à Liverpool. — Résistance des patrons. — Le lock-out. — Grèves dans le nord de l'Angleterre. — Grèves dans les houillères. — L'union prévoyante des Phripwrights de Londres — Grève des menuisiers en constructions maritimes. — Coalition des maîtres sous le nom d'association des constructeurs de la Clyde. — Grève des mécaniciens. —Grèves des charbonnages de France, d'Angleterre et de Belgique.— Inanité des grèves et des coalitions. — Pertes qu'elles causent aux industries. — Les arbitrages en Angleterre. — Chambre de commerce d'Avignon. — Recrudescence des grèves depuis la promulgation de la loi du 25 mai 1864. — Troubles suscités à Thorncliff par les associations ouvrières. — Grève du Creusot. — Les entrepreneurs de coalitions et de grèves. — Leur mauvaise foi. — L'intimidation, cause des grèves générales. — Absurdes règlements imposés en Angleterre par les trades-unions. — La société l'Internationale et manifeste anonyme des ouvriers parisiens lors de la première grève du Creusot. — Les patrons s'alarment. — Pétition au Sénat des imprimeurs et des entrepreneurs de maçonnerie de la ville de Paris. — Remède à la grève et à la coalition par l'assurance contre le chômage.

> « La liberté seule peut faire élever les salaires,
> « parce que seule elle assure tous les droits, sa-
> « tisfait tous les intérêts et donne à chacun ce
> « qui lui est dû; elle ne peut être séparée de
> « l'idée de la justice et rien au monde ne peut

> « faire qu'il soit loyal, qu'il soit équitable de
> « forcer les uns à s'appauvrir pour grossir la
> « fortune des autres. »
>
> T.-N. Bénard (journal *le Siècle* du 6 janvier 1870).

La grève : l'origine de ce mot remonte au temps où les différents corps de métiers de Paris avaient l'habitude de tenir leurs assemblées sur la place de Grève et aussi peut-être à l'usage que, de temps immémorial et tout récemment encore, les ouvriers maçons sans ouvrage avaient de se réunir tous les matins sur cette place pour se faire embaucher, et c'est là en effet que les maîtres maçons allaient chercher les ouvriers dont ils avaient besoin.

Sous le régime de la protection, c'est-à-dire avant la promulgation de la loi des 2-17 mars 1791, les grèves d'ouvriers pour le maintien ou la hausse des salaires étaient peu connues ; l'organisation industrielle, les mœurs et les habitudes du temps expliquent parfaitement ces rares apparitions d'un mal si fréquent aujourd'hui. Il ne faut pas croire cependant que, sous l'ancien régime, les ouvriers étaient soumis à l'arbitraire du maître et dépourvus de tous moyens de résistance. Nous avons vu, lorsqu'un maître abusait des priviléges de la maîtrise au préjudice d'un compagnon et lorsque la plainte de celui-ci était admise par le corps des compagnons dont il faisait partie, que l'on damnait la boutique du maître, c'est-à-dire qu'aucun compagnon ne pouvait plus y travailler; on *damnait* même quelquefois une ville entière, mais la levée de l'interdiction était toujours facilement obtenue, car, le compagnonnage, tel qu'il était organisé alors, était fort circonspect dans l'emploi de cette grave mesure,

mesure, et l'on avait recours dans ces temps-là à l'interdiction que pour obtenir la réparation d'injustices ou d'abus
sérieux et criants, nullement pour les questions de salaires ;
nous lisons, en effet, dans une délibération de l'officialité de
Paris de 1655 à propos des compagnons du devoir : « Ce prétendu devoir consiste en trois paroles, nous les avons déjà
citées, *rendre honneur à Dieu, conserver le bien du maître*
et *maintenir le compagnon*. Mais, tout au contraire, ces
compagnons déshonorent grandement Dieu, profanent tous
les mystères de notre religion, ruinent les maîtres, vidant
leurs boutiques de serviteurs quand quelqu'un de leur ca-
bale se plaint d'avoir reçu bravade. » Ceci confirme ce
que nous venons de dire de la rareté des grèves au moyen
âge relativement aux salaires, et il est permis d'en inférer
que, dans ce temps-là, les ouvriers ne recouraient à l'interdiction que pour venger l'un des leurs, d'avoir reçu bravade.

Nous empruntons quelques détails sur les grèves, à un
travail fort bien fait publié par M. Paul Leroy-Beaulieu
dans la *Revue des Deux-Mondes* : « Dans ces temps déjà si
loin de nous, c'est au nom des patrons et pour réprimer la
rémunération de l'ouvrier que la force fut le plus souvent
employée. En Angleterre de même qu'en France, les magistrats et la loi intervinrent fréquemment pour déterminer un
maximum des salaires. C'était là une véritable exploitation
que l'ignorance du temps pouvait seule excuser. Après la
peste de 1358 notamment, le parlement de Londres établit
un maximum pour la rémunération journalière du travailleur, et l'habitude de ces tarifs autoritaires se continua
jusqu'au xviiie siècle. L'historien Macaulay nous apprend

qu'en l'année 1685 les juges de paix du comte de Warwick, se conformant à un acte d'Élisabeth, établirent un tarif des salaires et déclarèrent passible d'une peine le maître qui donnerait, ou l'ouvrier qui recevrait une paie supérieure. Ce maximum des salaires était pour les laboureurs de quatre schellings par semaine de mars à septembre, et de trois schellings pendant l'autre moitié de l'année. A la fin du xviiie siècle, ces tarifs cessèrent d'être appliqués et même édictés. Alors, la population ouvrière s'était considérablement augmentée et elle ne se fit pas faute de recourir aux coalitions pour élever sa rémunération.

« Nous voyons à cette époque les compagnons toiliers de Caen forcer par des menaces les maîtres d'accroître les salaires. A Darnetal, près de Rouen, 1697, les compagnons drapiers excluent des ateliers quiconque n'est pas de leur société ; ils s'ameutent au nombre de plusieurs milliers, parce que les patrons avaient employé des ouvriers étrangers, ils font fermer les fabriques, et, malgré l'intervention des autorités de la province, ils restent un mois entier sans reprendre leur travail. Vers la même époque, les compagnons maréchaux se rassemblent tumultuairement devant la porte des maîtres pour obtenir que leur journée soit mieux payée. Les jurés chapeliers se plaignent que le renvoi d'un ouvrier incapable suffise pour faire mettre l'atelier en interdit par tous les autres ouvriers. A partir de la seconde moitié du xviiie siècle, ces querelles deviennent plus fréquentes et plus dangereuses. A Lyon, en 1744, les ouvriers demandent une augmentation d'un sou par aune et se mettent en grève : pendant huit jours, ils sont maîtres de la ville ; le gouvernement se voit dans la nécessité d'envoyer des troupes pour rétablir l'ordre. En 1786, nouvelle émeute des ouvriers lyonnais, qui demandent deux sous par aune, arrêtent tous les métiers et parcourent la ville en bandes menaçantes. L'autorité locale s'alarme et cède ; mais le gouvernement fait occuper militairement les faubourgs de Vaise, de la Croix-Rousse et de la Guillotière.

« Au début de la révolution, les coalitions d'ouvriers se multiplient et inquiètent sérieusement l'administration. En 1789, les garçons tailleurs, au nombre de trois mille, se réunissent sur le gazon du Louvre et envoient une députation de vingt membres au comité de la ville pour lui demander de leur garantir en toute saison un salaire de quarante sous par jour. Ce fut bientôt le tour des garçons perruquiers qui s'assemblèrent aux Champs-Élysées dans un dessein pareil ; un officier de la garde nationale voulut les disperser, il fut désarmé par ses propres soldats. Dans ce même temps, lés ouvriers cordonniers, au nombre de cinq ou six cents, se coalisent, nomment un comité exécutif et décident d'exclure du royaume quiconque ferait une paire de souliers au-dessous d'un prix convenu. Les grèves alors envahissent tous les métiers, imprimeurs, charpentiers, papetiers, etc. Une proclamation de la municipalité parisienne est obligée de déclarer *nuls, inconstitutionnels et non obligatoires les arrêtés pris par les ouvriers de différentes professions pour s'interdire respectivement et pour interdire à tous autres ouvriers le droit de travailler à d'autres prix que ceux des dits arrêtés.* Les ouvriers papetiers profitent de l'activité des fabriques pour émettre des prétentions exorbitantes : ils frappent d'interdiction certains ateliers, ou exigent des maîtres de fortes sommes pour les relever de l'interdit ; ils excluent ceux de leurs compagnons dont ils sont mécontents ou leur font payer des amendes [1]. »

Toutes ces agitations vinrent s'éteindre dans les violences de la Terreur qui en paralysant le travail vint supprimer la concurrence et toutes ses conséquences bonnes et mauvaises, puis enfin lorsque sous le premier Empire le calme fut rétabli dans les esprits et que les affaires reprirent quelque essor, le Code pénal, récemment promulgué, vint faire obstacle à la propagation des grèves par la sévérité de la loi sur les coalitions.

Cependant, de 1810 à 1840 quelques grèves partielles, peu sérieuses, surgirent çà et là dans l'industrie de la construction sans toutefois la troubler profondément. En 1845 éclate la grande grève des charpentiers. Cette grève, en troublant profondément cette industrie, fut pour elle une cause de ruine et, résultat remarquable, elle fut surtout profitable aux serruriers, car elle contribua singulièrement à provoquer l'emploi du fer dans les travaux de charpente. C'est, en effet, à partir de cette époque que la charpente en fer prit une extension telle, qu'aujourd'hui la charpente en bois est devenue presque nulle dans les constructions de bâtiments et de ponts ; en sorte que le travail des charpentiers ne se borne pour ainsi dire plus maintenant qu'à mettre au levage les pièces de charpente en fer construites par les serruriers !

1. *La question ouvrière au* XIXe *siècle. — Le socialisme et les grèves*, par M. Paul Leroy-Beaulieu. (*Revue des Deux-Mondes*, tome LXXXVI, page 107.)

Ces faits reconnus par les ouvriers charpentiers eux-mêmes [1] sont confirmés dans l'enquête de la Chambre de commerce de l'année 1860 :

« Le 8 juin 1845, lisons-nous dans ce document, à la suite d'une grève favorisée par le compagnonnage, les charpentiers réclamèrent une augmentation de salaire. Au moment où les travaux étaient partout poussés avec activité, les entrepreneurs voyaient leurs constructions arrêtées par la désertion des chantiers. Pressés par les termes et délais fixés dans leurs contrats, les entrepreneurs, pour parer aux pertes dont ils étaient menacés, jetèrent les yeux sur les charpentes en fer de fonte dont on s'était servi déjà pour la construction des combles du palais de la Bourse, à l'usine à gaz de Perrache en 1837 et plus récemment à la douane de Paris. L'industrie métallurgique par le développement que lui avait imprimé depuis quinze ans la construction des chemins de fer se trouvait alors en état de répondre à toutes les demandes. Les entrepreneurs appelèrent donc à leur secours le fer pour remplacer le bois, et quand le 10 août, après s'être entendus avec leurs patrons, les charpentiers reprirent leurs travaux, l'introduction de la charpente en fer dans les bâtiments était un fait accompli [2]. »

Ce curieux exemple du danger des grèves pour ceux qui les font ne devait pas être perdu et c'est à lui qu'il faut, sans aucun doute, attribuer la rareté et le peu d'importance des

1. Rapport des délégués des ouvriers charpentiers de Paris (rive gauche) publié par la commission d'encouragement de l'Exposition universelle de 1867. Voir plus haut, page 209.

2. *Statistique de l'industrie à Paris* résultant de l'enquête faite par la Chambre de commerce pour l'année 1860, page 94.

grèves de 1845 à 1848. Durant ces années de calme relatif, les peines édictées contre le délit de coalition par les art. 414, 415 et 416 du Code pénal de 1810 avaient paru excessives et la loi du 27 novembre 1849 vint y apporter des adoucissements considérables.

Depuis lors jusqu'en 1864, il n'est survenu à notre connaissance aucune grève sérieuse dans l'industrie de la construction, mais il n'en a point été de même dans les autres industries ; nous rappellerons notamment la grève des chapeliers qui, paraît-il, n'aurait profité qu'aux chapeliers anglais et celle des typographes, qui n'aurait profité qu'aux femmes, dont l'entrée dans cette industrie date de ce moment ; en sorte que, si la concurrence qu'elles sont venues faire aux hommes n'a pas déterminé l'abaissement des salaires de cette industrie, elle en a tout au moins paralysé la hausse. C'est un résultat auquel les grévistes ne s'étaient certainement point attendus et dont nous n'hésitons pas à nous réjouir. N'est-il pas toujours heureux en effet de voir une industrie ouvrir ses portes aux femmes, *à ce sexe à qui,* dit Turgot, *sa faiblesse a donné plus de besoins et moins de secours et dont on semble, en le condamnant à une misère inévitable, seconder la séduction et la débauche ?*

Cette grève des typographes a encore eu cet autre résultat qui mérite d'être remarqué, c'est qu'en raison de la manière modérée dont elle a été conduite, c'est elle en partie qui a suggéré au gouvernement la détermination qu'il a prise de faire disparaître entièrement de nos Codes le délit de coalition, et cette détermination fut bientôt mise à exécution par la promulgation de la loi du 25 mai 1864, abrogeant les articles 414, 415 et 416 du Code pénal. Nous voulons espérer que dans un avenir prochain, on pourra se féliciter de cette abrogation, parce qu'alors l'instruction sera plus répandue et que les lois économiques, mieux connues de tous, seront mieux comprises ; mais, il est impossible de ne pas reconnaître que c'est seulement depuis que la coalition a été permise, c'est-à-dire depuis le 25 mai 1864, que l'on a vu renaître cette épidémie de grèves non justifiées dont avant la néfaste guerre de 1870 le commerce et l'industrie ont souffert si cruellement et qui nous a rappelé par le grand nombre des industries frappées les débuts de la période ré-volutionnaire de 1789.

C'est en effet en 1865, c'est-à-dire peu après la promul-gation de la loi du 25 mai 1864, que les tailleurs de pierre de la ville de Paris se mirent en grève pour obtenir l'abolition des tâches, la fixation du prix de la journée de dix heures, compris les frais d'outils, à six francs cinquante centimes et le paiement des heures supplémentaires à un franc trente centimes par heure [1] ! Il va sans dire que ces propositions injustifiables furent généralement repoussées ; mais les tail-leurs de pierre n'en persistèrent pas moins dans leurs pré-tentions singulières, et le 17 juillet de cette même année,

---

1. D'après la dernière enquête faite en 1861 par la Chambre de com-merce de Paris, les salaires des ouvriers parisiens se sont élevés depuis dix ans de 21 p %; la moyenne des salaires des ouvriers de Paris est de 4 fr 54.

47 p. % touchent moins de 4 fr. 33.

33 p. % touchent de 4 à 5 fr.

20 p. % touchent au delà de 5 fr.

Or, la moyenne des journées de tailleur de pierre est de 5 fr. 50. Les tailleurs de pierre sont donc classés parmi les ouvriers de Paris les plus favorisés.

leur délégué principal écrivit à la Chambre syndicale des entrepreneurs de maçonnerie de la Seine que la commission formée de vingt délégués attendait tous les jours une convocation des entrepreneurs de maçonnerie pour discuter leurs intérêts avec eux.

Voici la réponse que la Chambre adressa immédiatement à MM. les tailleurs de pierre de la ville de Paris :

« Messieurs, vous demandez à la Chambre syndicale des entrepreneurs de maçonnerie de la Seine, par l'intermédiaire de vos délégués, d'intervenir dans vos débats avec les entrepreneurs, à propos de votre réclamation sur l'élévation des salaires et sur l'abolition de la tâche.

« La Chambre syndicale, en réponse à votre demande, regrette fort, Messieurs, d'être obligée de vous dire que ces statuts lui interdisent formellement toute discussion et toute délibération de ce genre ; et, alors même que cela lui serait permis, elle pense qu'elle ne devrait pas s'immiscer dans la question des salaires, parce que, suivant elle, c'est la libre concurrence qui doit en être le seul régulateur et l'arbitre suprême.

« Mais, puisque vous nous en offrez l'occasion, permettez-nous, Messieurs, de vous faire observer que, depuis vingt-cinq ans, la hausse des salaires des ouvriers du bâtiment et notamment celle des tailleurs de pierre s'est toujours faite d'elle-même, graduellement, sans secousse, sans grève, sans l'intervention des Chambres syndicales, et, comme cela doit toujours être, par la seule force de la libre concurrence, c'est-à-dire en raison de l'offre et de la demande. Ainsi : de 1840 à 1846, le prix moyen de la journée des tailleurs de pierre a été de . .   3^f,75 à 4^f,00

   En 1847, de. . . . . 4 ,25 à 4 ,50

   De 1849 à 1856, il s'est maintenu à . . .   4 ,50

   En 1857, il monte de . . . . 4 ,50 à 4 ,75

   De 1858 à 1860, il est de . . . . . . 4 ,50 à 5 ,00

   De 1661 à 1863, il s'élève à. . . . . . 4 ,75 et 5 ,00

Et enfin de 1864 à ce jour, il atteint le prix moyen de 5 ,50

« Soit dans l'espace de vingt-cinq ans, une hausse de plus de 40 p. 0/0 !

« Et, dès lors, à quoi bon, s'il vous plaît, vous mettre en grève, puisque la hausse de vos salaires, toujours continue, ne s'est jamais fait attendre ?

« Ajoutons encore, Messieurs, que l'on vous égare étrangement lorsque l'on vous excite contre vos patrons, car leurs intérêts sont absolument les mêmes que les vôtres. En effet, tout le monde sait que les bénéfices des entrepreneurs sont fixés en principe, dans toute l'industrie des travaux publics et du bâtiment, au dixième de la dépense réelle. Donc les bénéfices des patrons augmentent proportionnellement à la hausse des salaires des ouvriers. Si donc les entrepreneurs repoussent l'augmentation que vous réclamez aujourd'hui, c'est uniquement parce qu'elle est impossible en ce moment, car vous savez tout aussi bien que nous que l'abondance des affaires ne la motive pas, au contraire ; que la mercuriale qui fait loi en ces matières ne la reconnaît pas, et qu'enfin et surtout la libre concurrence ne l'accepte pas.

« Dans cette position, la Chambre syndicale des entrepreneurs de maçonnerie de la Seine s'étonne à bon droit que des ouvriers aussi intelligents que vous aient cru devoir se mettre en grève ; car la grève est un moyen indigne de vous et de notre temps, qui ne prouve rien et ne persuade personne. Malheureusement, vous l'apprendrez bien vite à vos dépens et aux nôtres, il appauvrit toujours ceux qui l'emploient et ceux contre qui il est employé, et il condamne fort injustement à un chômage forcé les industries qu'alimente ou que touche l'industrie qui est en grève.

« En définitive, Messieurs, lorsque la hausse que vous demandez sera mûre, elle sera acceptée par la libre concurrence et elle se fera toute seule, quoi qu'on fasse ; si, au contraire, elle est factice, prématurée, inopportune, si enfin elle n'a pas de sérieuses raisons d'être, alors même que votre grève forcerait momentanément, par des motifs quelconques, quelques-uns d'entre nous, voire même tous, à la subir ou à l'accepter, soyez bien convaincus que la force des choses ne tarderait pas à ramener les salaires à leur niveau vrai.

« Quant à l'abolition de la tâche et à l'uniformité des prix de la journée que vous croyez devoir réclamer, cette demande est à la fois si contraire à vos véritables intérêts et si opposée à la liberté que nous voulons tous, qu'il nous est impossible d'admettre un seul instant que vous persistiez sérieusement à la soutenir.

« Et maintenant, Messieurs, que vous savez qu'il nous est impossible d'intervenir autrement dans vos débats et que nous croyons vous avoir surabondamment démontré l'inanité des grèves par rapport à notre industrie, maintenant que vous pouvez juger par expérience de ce qu'elles apportent de trouble et de misère à tous ceux qu'elles touchent, nous faisons les vœux les plus ardents pour que, mieux pénétrés de vos intérêts, vous y mettiez promptement fin.

« Nous avons l'honneur de vous saluer. »

La réponse à cette lettre, dont la publication fut demandée à tous les journaux, ne se fit pas attendre ; c'est-à-dire que la grève cessa aussitôt et, que renonçant avec sagesse aux prétentions inacceptables qu'ils avaient essayé de faire prévaloir, les ouvriers tailleurs de pierre de Paris rentrèrent immédiatement dans leurs chantiers qu'ils avaient eu le tort de déserter pendant près d'un mois.

Cette grève est la dernière dont l'industrie de la construction à Paris ait eu à souffrir ; mais d'autres, en trop grand nombre, sont venues à cette époque et peu après en 1870 troubler nos plus importantes industries. Nous rappellerons sommairement la grève des commis de nouveautés et celles qui ont éclaté dans les charbonnages de Belgique et de France, notamment à Ricamarie et à Aubin. Les épisodes sanglants de ces deux dernières grèves en ont trop profondément gravé le souvenir dans tous les esprits pour que nous ayons besoin d'en retracer les détails. Peu après, et quand déjà les anxiétés d'une guerre imminente nous envahissaient, éclatait la grève si peu motivée du Creusot et dans le même moment, le *Times* nous révélait les troubles graves, suscités par les associations ouvrières à Thorncliffe. Partout à cette époque, de nouvelles grèves surgissaient avec un déplorable ensemble. A Lyon les ouvriers maçons se mettaient en grève dans le but de faire porter à 5 francs le salaire de la journée, sans distinction de capacité. Les cordonniers et les fondeurs de la même ville avaient également suspendu leurs travaux. A Vienne (Isère) les ouvriers sur métaux avaient cessé de travailler et le scandale se joignant à la grève, on avait vu tous les ouvriers membres du conseil des prud'hommes de cette ville donner en masse leur démission pour protester contre la décision du conseil qui avait condamné les ouvriers à des dommages-intérêts envers leurs patrons. Cette condamnation était motivée sur l'abandon des ateliers par les ouvriers, sans avoir prévenu les patrons huit jours à l'avance, selon l'usage A Saint-Étienne, les ouvriers fondeurs, tourneurs et chaudronniers de l'usine Barronin demandaient la réduction de la durée de la journée de travail à dix heures, l'augmentation de 50 p. % du prix des heures supplémentaires, la fixation des paies, non plus au mois, mais à la quinzaine, et sur le refus du patron, ils quittaient les ateliers. Les ébénistes à Orléans, les ouvriers du chemin de fer de l'Ouest à Rennes se mettaient également en grève, et la grève des ouvriers fondeurs à Paris, déjà ancienne, continuait grâce aux nombreux secours qui leur étaient fournis et grâce aussi à la connivence des ouvriers de province qui refusaient d'exécuter les commandes envoyées par les fondeurs de Paris.

Voilà donc quels ont été les fruits de la loi de 1864, fruits bien amers et qu'il fallait s'attendre à recueillir. Tous les bons esprits avaient prévu ce triste résultat, et M. Buffet disait fort justement lors de la discussion de la loi au Corps législatif, « toutes les fois qu'une liberté s'établit dans une société, il y a toujours pour cette dernière, un temps d'épreuve. » Ce temps d'épreuve fut brusquement interrompu par la malheureuse guerre de 1870 et Dieu veuille que le calme et la prospérité que tout le monde désire si ardemment ne nous le ramènent pas.

Nous ne nous étonnons point que les ouvriers, aussitôt que la coalition leur a été permise, aient pensé qu'ils pourraient immédiatement faire augmenter leurs salaires au moyen des coalitions, mais nous avons trop de confiance en leur intelligence pour ne pas espérer qu'ils renonceront promptement à ce triste moyen, car la coalition, dont le dernier terme est la grève, pour obtenir le maintien ou l'élévation du salaire, est un moyen barbare, c'est la guerre, c'est-à-dire la force mise en place du droit. Or, la force sans le droit n'a qu'un triomphe éphémère. Lorsque la hausse des salaires est possible, lorsqu'elle est juste, elle se fait toute seule, sans grève, sans bruit, sans secousse, sans violence. Lorsqu'au contraire elle n'a pas de raison d'être, la grève peut parfois déterminer momentanément une hausse factice, mais cette hausse disparaît bien vite devant la force des choses.

Combien d'exemples pourrait-on citer de hausses de salaires obtenues par la grève et consacrées par le temps? Il n'en est pas, croyons-nous. Mais par contre, qui pourrait énumérer les pertes, les misères, les souffrances, qu'elle a causées aux ouvriers ? Un journal qui soutient constamment les ouvriers dans toutes leurs tentatives de grèves nous a donné des renseignements curieux sur la perte que les ouvriers suisses se sont imposée pour soumettre les patrons à leurs exigences ; ils auraient dépensé en totalité pour les grèves des graveurs, des ouvriers en bâtiments, des tailleurs de pierre, des maçons et des typographes de Genève, des rubanniers de Bâle et des ouvriers en bâtiments de Lausanne, la somme de quatre-vingt-deux mille quatre cent dix-sept francs ! Aussi, ajoute ce journal, le comité des travailleurs suisses qui a relevé les chiffres que l'on vient de lire, trouve-t-il que les minces avantages obtenus par les grèves ne sont pas en proportion avec les pertes auxquelles les grévistes ont condamné les ouvriers, et il conseille fort sagement à ceux-ci de ne plus les entreprendre à l'avenir qu'après avoir épuisé tous les moyens de conciliation. Le conseil est excellent, mais le comité l'aurait formulé en termes plus précis et plus énergiques, nous aimons à le croire, si à côté de l'argent que les grèves ont dévoré il avait porté en ligne de compte le sang qu'elles ont fait répandre ! En Angleterre, les grèves se soldent en perte par des millions de francs et l'on trouve à leur actif des crimes épouvantables.

Les grèves se sont produites dans ce pays avec une si perfide habileté dans leur direction, une telle puissance dans leurs ressources, une telle violence dans leurs moyens d'action, que nous ne saurions nous dispenser de nous y arrêter, car leur histoire offre à la fois un grand intérêt et une grande leçon. C'est en Angleterre que l'on voit se former les premières sociétés secrètes pour faire élever le taux des salaires, et dès leur apparition la loi les frappe avec rigueur : sous Édouard VI on coupait une oreille à l'homme convaincu pour la troisième fois de s'y être affilié ! Et cependant ces sociétés ont longtemps survécu à ces rigueurs barbares !

« En 1811, dit Monsieur le comte de Paris, dans son curieux livre sur les associations ouvrières en Angleterre,

l'industrie de la bonneterie de Nottingham souffrait cruellement. Les ouvriers mal payés achetaient à des prix
exorbitants l'usage des métiers appartenant aux patrons
pour lesquels ils travaillaient à domicile. L'introduction
des machines, qui menaçaient de réduire encore leurs salaires, en faisant concurrence à cette industrie casanière,
amena l'explosion. Comme presque toujours en pareil cas,
c'était le moment où les maîtres à peu près ruinés eux-
mêmes étaient le moins en mesure de faire des concessions
à leurs ouvriers. Le résultat fut non pas une grève, mais
une véritable insurrection.

« Réunis la nuit en conciliabules secrets, les ouvriers déclarèrent la guerre aux nouvelles machines et formèrent des
bandes armées pour les détruire. Toutes les manufactures
furent attaquées, plusieurs pillées ou brûlées ; la contagion
s'étendit aux comtés voisins et bientôt les *luddistes* (nom
emprunté par ces bandes à l'un de leurs chefs) exercèrent
leurs ravages sur la plus grande échelle. Leur secret fut si
bien gardé, qu'ils échappèrent d'abord aux recherches les plus
actives. Pendant six ans ils reparurent à certains intervalles,
malgré l'exécution de la plupart de leurs chefs. Dix-huit
d'entre eux furent pendus à York en 1813. Depuis lors jusqu'en 1817, on les traita avec la même rigueur et la peine
de mort fut décrétée contre quiconque serait convaincu
d'avoir brisé un métier. Traqués enfin de toutes parts, les
luddistes devinrent de vulgaires pillards et disparurent.
Mais cette sévère répression n'avait pas remédié aux souffrances de la population de Nottingham, dont la moitié
n'avait vécu en 1812 que de l'assistance publique. C'est alors

seulement que se fondèrent dans cette ville de nombreuses associations ouvrières qui devinrent des unions lorsque la loi contre les coalitions fut rapportée [1]. »

C'est en 1824 que le Parlement rapporta cette loi et c'est à partir de ce moment que les *trades-unions* ou ligues de métiers s'organisèrent sur une grande échelle. Ces sociétés formées surtout en vue du maintien ou de l'élévation du taux des salaires ont acquis une triste célébrité par les grèves qu'elles ont fomentées ou soutenues, notamment celles de Preston, de Manchester, de Glascow, de Colwe, de Londres, du pays noir et tant d'autres qu'il est inutile de rappeler ici. C'est la pression tyrannique exercée par les comités dirigeant des *trades-unions* qui a motivé cette parole tant de fois citée d'O'Connell : « Il n'est pas de despotisme plus dégradant que celui qui est exercé par une partie des ouvriers sur l'autre. Aucun gouvernement absolu ne fournit l'exemple d'une pareille sujétion. Si le czar Pierre et le sultan Mahmoud avaient ainsi abusé de leur puissance, ils auraient été détrônés. »

En définitive, ces sociétés n'étaient autre chose que de vastes coalitions d'ouvriers, véritables machines de guerre organisées par ceux-ci pour lutter contre leurs patrons, et c'est pour résister à cette formidable organisation que les patrons anglais furent amenés à créer des contre-grèves désignées en Angleterre sous le nom de *lock-out*. C'est aux *trades-unions* qu'il faut attribuer les crimes contre les personnes et les attentats contre les propriétés dont les villes de Sheffield et

1. *Les associations ouvrières en Angleterre (trades-unions)*, par M le comte de Paris, p. 31.

de Manchester ont été le théâtre et M. le comte de Paris termine ainsi le sombre tableau qu'il fait de ces crimes et de ces attentats :

« Pour comprendre les mobiles de tant de crimes qui paraissaient jusque-là inexplicables, il faut connaître les circonstances au milieu desquelles ils se sont produits, se rendre compte des préjugés qui régnaient parmi les ouvriers de Sheffield et des passions qui, s'emparant de quelques natures perverties, ont pu les pousser jusqu'au meurtre.

« Imbues de l'esprit de monopole qu'elles semblaient avoir hérité des corporations du moyen âge, la plupart des sociétés de couteliers ne se contentaient pas de soutenir les grèves, ce qui était le but avoué de leur institution. Elles prétendaient exercer sur leur industrie une influence absolue, imposer aux patrons toutes les volontés de la majorité de leurs membres, y asservir la minorité, et pour cela obliger tous les ouvriers à entrer dans leur sein. Quiconque s'y refusait était considéré comme un ennemi et sa libre concurrence, ou même sa simple résistance aux ordres impératifs de l'union, prenait aux yeux des associés, le caractère d'un véritable délit. La plupart croyaient sincèrement qu'en ne leur donnant pas les moyens de le punir, la législation commettait contre eux une grave injustice. De là, à la réparer de leurs propres mains, il n'y avait qu'un pas. Il fut souvent franchi. Pour punir et intimider les récalcitrants, on dérobait secrètement leurs outils [1]. Les ouvriers victimes de ces vols savaient très-bien quels en étaient les auteurs ; s'ils persistaient, les persécutions continuaient ; s'ils se sou-

1. C'est ce que les ouvriers anglais ont appelé le *rattening*.

mettaient à l'Union, son secrétaire leur rendait aussitôt les objets dérobés. L'immense majorité de ceux qui approuvaient ces procédés aurait reculé d'horreur à la pensée de les pousser jusqu'au crime, mais les plus violents et les moins scrupuleux parmi leurs chefs, une fois sortis des voies légales, ne devaient pas s'arrêter devant une pareille extrémité.

. . . .

« En 1854, un ouvrier nommé Parker avait été blessé d'un coup de fusil : c'est Broadhead qui a payé et a posté l'assassin. C'est lui qui a fait tuer M. Linley ; son principal agent, Crookes, devait donner une leçon à celui-ci en le blessant avec un fusil à vent. Une première fois la victime avait été atteinte, mais la blessure avait été jugée trop légère ; Crookes s'y reprend une seconde fois en 1859, mais alors vise trop bien et frappe mortellement. Broadhead adopte ensuite un autre système et l'explosion de la maison Fearnough est la neuvième dans la liste de celles dont il s'est reconnu l'auteur. Crookes, presque toujours chargé de la besogne, choisit ses associés. Broadhead les paie, selon les circonstances, de cent à cinq cents francs chaque fois. Le prix est prélevé sur les fonds de la société dont il est le trésorier, car jamais une vengeance personnelle ne semble avoir inspiré ces guet-apens : ce sont les intérêts de l'union qu'il prétend servir en poursuivant les membres de la même industrie rebelles à ses ordres. Cinq mille francs ainsi déboursés sont inscrits sur les registres, sous des titres supposés, ou même en blanc, et aucun de ceux qui étaient chargés de vérifier les comptes ne paraît avoir cherché à s'en expliquer l'emploi, preuve évidente de leur connivence.

« Mais cette connivence, loin de faire courir aucun risque aux assassins, les aidait à atteindre le but qu'ils se proposaient. Il fallait que le secret qui couvrait le coupable laissât cependant deviner les motifs du crime. C'était à quoi on avait parfaitement réussi. La main de l'union était toujours reconnue, on pouvait se dire à l'oreille que le lendemain un autre récalcitrant irait grossir la liste des victimes, et l'union régnait par la terreur et s'élevait au rang de ces fameux tribunaux de la sainte-vehme, qui prononçaient des arrêts dont l'exécution seule demeurait enveloppée de mystère . . .

« Les crimes et délits, dont la commission d'enquête de Manchester eut à rechercher l'origine, avaient presque tous pour cause des querelles entre les ouvriers briquetiers et leurs patrons, et, pour intimider ceux de ces derniers qui résistaient aux volontés des unions, on s'était attaqué plutôt à leurs propriétés qu'à leurs personnes. Des chevaux avaient été égorgés, des vaches empoisonnées, des meules de foin incendiées, des briqueteries détruites, et c'était seulement, dans les combats nocturnes, auxquels ces actes coupables avaient donné lieu, qu'un meurtre et de nombreux actes de violence avaient été commis.»

L'ouvrage de M. le comte de Paris relate bien d'autres actes coupables, et l'éminent auteur blâme comme nous bien des erreurs, bien des préjugés et bien des abus de la puissance de la coalition chez nos voisins, notamment en ce qui touche l'industrie qui fait l'objet de ces recherches. Il reproche avec vivacité et fort justement aux sociétés de briquetiers et de maçons du district de Manchester d'avoir, par d'absurdes règlements sur l'industrie, encouragé chez les ouvriers une injuste hostilité contre les patrons qui entraîna quelques ouvriers à commettre des actes de violence regrettables, dont l'origine et la cause ne peuvent être imputées qu'aux coalitions qui, en 1824, ont cessé d'être un délit en Angleterre ; et c'est seulement en effet à partir de 1833 que datent les excès blâmables des *trades-unions* !

M. le comte de Paris indique également cette époque comme celle où les unions commencèrent à faire sentir leur autorité à Liverpool. Elles étaient à peine en exercice qu'elles usèrent largement de leur pouvoir, et, comme on devait s'y attendre, elles ne tardèrent pas à en abuser. Non seulement les maîtres leur résistèrent, mais à leur tour ils déclarèrent eux-mêmes la guerre à l'existence de ces sociétés ; la guerre fut vite engagée. Les ouvriers du bâtiment commencèrent les hostilités, et avec la grève qu'ils s'empressèrent de déclarer, tous les travaux de construction cessèrent instantanément. A la prospérité dont jouissait cette industrie succéda bientôt la ruine pour les entrepreneurs et une affreuse misère pour les ouvriers. Enfin, après six mois de cruelles privations, ceux-ci durent céder. La perte de leur salaire durant ce temps s'éleva, suivant les calculs de M. le comte de Paris, pour les ouvriers, à plus de soixante douze mille livres sterl., soit. . . . .　1,800,000 00

et ils dépensèrent en outre, par l'intermédiaire des unions, près de dix-huit mille livres sterl., ci. . . . .　450,000 00

Ensemble . . .　2,250,000 00

et en admettant un dommage au moins semblable à la

charge des patrons , cela fait une perte totale pour cette industrie de près de cinq millions de francs !

En 1864, une autre grève éclate à Manchester ; elle coûte à l'union des Bricklayers de cette ville, neuf cent vingt livres sterl., soit 23,000 00

Dans cette même année 1864, les maîtres de forges du Staffordshire se virent dans la nécessité d'abaisser le prix de leurs fers ; mais, comptant sur une reprise prochaine, ils pensèrent qu'il serait sage en l'attendant de ne pas réduire proportionnellement le salaire de leurs ouvriers et, par suite, ceux-ci crurent à tort que le taux des salaires ne devrait plus être modifié tant que le prix du fer resterait stationnaire ; mais il n'en pouvait pas être ainsi, et lorsque la diminution des salaires, maladroitement différée, fut devenue nécessaire, les ouvriers la considérèrent comme une flagrante injustice et ils engagèrent une lutte contre leurs patrons en se mettant en grève au jour fixé par ceux-ci pour la réduction des salaires.

Les maîtres avaient prévu cette résistance et ils s'étaient concertés avec tous leurs confrères du reste de l'Angleterre pour se soutenir en cas de besoin et pour imposer partout simultanément cette réduction à leurs ouvriers.

On peut évaluer, d'après l'auteur que nous venons de citer, les pertes en salaires, causées par cette déplorable grève, à 120,000 livres sterl., ci 3,000,000 00

Par le Lock-out, c'est-à-dire par la contre-grève, que prononcèrent les maîtres de forges, ils empêchèrent les ouvriers

A reporter. . .   3,000,000 00

Report . . .	3,000,000	00

de gagner dans le South-Staffordshire,
150,000 livres sterl., ci 3,750,000 00

dans le nord de l'Angleterre, 50,000 livres

sterl., ci 1,250,000 00

Au total en salaires. . .   8,000,000 00

sans compter tout ce que cette grève a dû coûter aux caisses d'associations des ouvriers.

De leur côté, les pertes des maîtres ne furent pas moindres, en sorte que la perte totale, causée par cette grève qui n'obtint aucun résultat utile, s'est élevée à un chiffre énorme.

Le 14 juillet 1866, dans le nord de l'Angleterre, une nouvelle grève éclate dans cette industrie et prive d'ouvrage pendant cinq mois plus de douze mille ouvriers. Mais cette industrie s'en allait en dépérissant, en sorte que les ouvriers, à bout de ressources et de souffrances, furent obligés d'accepter la diminution des salaires qu'ils avaient d'abord repoussée, et cette malheureuse grève dut se solder, pour les ouvriers seulement, par une dépense de plus de huit millions, à laquelle il faut encore ajouter celle, non moins forte, éprouvée par les patrons !

De 1824 à ce jour, l'industrie des houilles a été bouleversée par de si fréquentes grèves, qu'il est impossible de pouvoir apprécier, même approximativement, les immenses pertes qu'elles ont dû causer aux intéressés.

Dans l'industrie de la construction des navires, l'union prévoyante des Phipwrights de Londres obtint en 1825, après une grève pénible, certains avantages. Mais en 1851, surgit tout à coup une grève terrible.

Les menuisiers en constructions maritimes exigèrent des maîtres l'adoption de certains règlements. Ceux-ci les repoussèrent et, pour pouvoir résister, ils se coalisèrent entre eux. La grève s'étendit rapidement par toute l'Angleterre et les ouvriers supportèrent avec autant d'énergie que de modération cette crise cruelle. La lutte dura trois à quatre mois. Au bout de ce terme et après avoir épuisé toutes leurs ressources, les malheureux ouvriers furent réduits à capituler et retirèrent la demande d'adoption des règlements qu'ils avaient cru pouvoir imposer à leurs patrons.

A part une grève locale qui éclata en 1856 dans les chantiers de MM. Young, auxquels les ouvriers réclamèrent une nouvelle distribution des heures de travail et à laquelle MM. Young résistèrent et finirent par l'emporter après quatre mois de luttes et une dépense de trois mille livres sterl., soit soixante-quinze mille francs, à part cette grève, disons-nous, la tranquillité régna dans cette industrie jusqu'en 1866.

En 1866, cette même industrie était dans une de ces tristes situations où les patrons, loin d'avoir à redouter la grève, en étaient peut-être arrivés à la désirer. Aussi, profitèrent-ils avec empressement d'une demande inopportune de leurs ouvriers pour cesser des travaux qu'ils continuaient avec perte ; en effet, ceux-ci s'étant avisés de réclamer une réduction des heures de travail sans une diminution correspondante du prix de leurs journées, les maîtres s'empressèrent de leur répondre en leur proposant par contre de travailler trois heures de moins par semaine, mais à la condition qu'ils consentiraient à réduire proportionnellement le prix de leurs journées. Refus des ouvriers qui se mettent en grève.

Aussitôt tous les maîtres, sauf trois, s'entendent entre eux et forment une puissante coalition *sous le nom d'association des constructeurs de la Clyde* ; ils ferment leurs chantiers en annonçant qu'ils ne les rouvriront que lorsque les ouvriers retireront leurs demandes et cette contre-grève, en privant d'ouvrage pendant plusieurs mois dix-huit mille ouvriers, leur fit subir des pertes énormes et les obligea en fin de compte à accepter les conditions qui leur avaient été primitivement proposées. Or, la journée de ces ouvriers est cotée de cinq à six shellings par jour, soit de six francs vingt-cinq centimes à sept francs cinquante centimes, en moyenne six francs huit cent soixante-quinze millièmes ; en sorte que, pour dix-huit mille ouvriers, la perte de chaque journée de grève a été de cent vingt-trois mille sept cent cinquante francs !

L'industrie des machines eut également à lutter contre de fréquentes grèves. Ces luttes stimulèrent les hommes intelligents qui étaient à la tête de cette industrie. Fatigués d'avoir toujours à lutter contre un corps d'ouvriers d'autant plus exigeant que, grâce à ses connaissances spéciales, il se croyait indispensable, ces industriels appliquèrent leur génie inventif à la recherche des perfectionnements mécaniques qui pourraient faciliter certains travaux et leur succès fut complet. Ils eurent bientôt à leur service des machines qui firent le même travail que faisaient les ouvriers et dont la surveillance et le fonctionnement purent s'apprendre en quelques jours. Ils s'empressèrent aussitôt de mettre ces ingénieux automates qui faisaient chacun l'ouvrage de cinq à six ouvriers entre les mains de quiconque était assez intelligent pour les diriger et ils réduisirent ainsi de beaucoup le nombre des ouvriers mécaniciens qu'ils avaient eu jusque-là l'habitude d'occuper.

En 1851, plusieurs manufactures du district de Manchester avaient suivi cet exemple ; mais les bons ouvriers mécaniciens n'en conservaient pas moins un certain nombre de travaux pour lesquels leur coopération était indispensable. La prospérité des affaires leur permettait de se montrer exigeants et la société des mécaniciens unis leur donnait une force nouvelle qu'ils avaient hâte d'essayer. Ils demandèrent à MM. Platt, propriétaires de l'une des plus grandes usines de l'Angleterre, l'adoption du programme suivant : Abandon du travail à la tâche pour les ouvrages de leur profession, paiement double des heures extraordinaires ; maniement des nouvelles machines exclusivement réservé aux ouvriers et aux apprentis dûment engagés par contrat. Ce programme fut repoussé par ces messieurs qui réclamèrent aussitôt l'appui de tous leurs confrères, et ceux-ci prononcèrent immédiatement un *lock-out* contre tous leurs mécaniciens. Cette contre-grève jeta sur le pavé trois mille mécaniciens et leur chômage entraîna celui d'un nombre de journaliers double ou triple. Les mécaniciens furent soutenus par les fonds de leur société et les seconds furent charitablement aidés par de fréquents secours puisés dans la même caisse. Au bout de trois mois un million se trouva dévoré ; il fallut céder, et c'est ainsi que finit cette triste grève qu'il eut mieux valu ne pas entreprendre [1].

1. « L'administration anglaise s'est montrée trop timide et la justice trop impuissante dans toutes ces grèves et tous ces désordres qui ont

Nous venons de donner aussi exactement qu'il nous a été possible de le faire, dans le cadre restreint que nous nous étions imposé, la relation des grèves les plus sérieuses et les plus considérables de ces derniers temps, et nous nous félicitons d'avoir pu mettre à profit les nombreux renseignements sur les agissements des ouvriers anglais, que nous a fournis l'ouvrage de M. le comte de Paris, pour démontrer jusqu'à quels excès peut entraîner la pratique des grèves et comment elles peuvent transformer d'honnêtes ouvriers en odieux criminels. Mais si cette triste relation fait sauter aux yeux le danger des grèves, ne démontre-t-elle pas avec la même évidence leur complète inanité?

En effet, nous avons vu en Angleterre les *trades-unions* fomenter les grèves avec énergie et dépenser pour les soutenir des sommes énormes. Quels ont été les résultats de tous ces efforts? La situation matérielle des ouvriers unionistes s'est-elle améliorée en proportion de leurs sacrifices? Y a-t-il eu une hausse notable des salaires par suite de ces coalitions et de toutes ces mesures artificielles? Nous n'hésitons pas à dire — non. Il est incontestable que le prix de

rempli l'Angleterre. Le devoir de la police et de l'armée n'est pas seulement de maintenir la sécurité des routes et des domiciles contre les brigands et les voleurs, c'est encore d'assister les faibles dans les luttes professionnelles et de mettre les dissidents à couvert de toutes les vexations dont ils sont le plus souvent victimes. Aussi, faut-il approuver sans réserve l'idée émise par l'unanimité des commissaires, d'instituer un ministère public pour poursuivre d'office les ouvriers qui se rendent coupables de violence ou de menaces contre leurs camarades. » (*Revue des Deux-Mondes*, tom. LXXXVI, p. 944 — *La question ouvrière*, par M. Paul Leroy-Beaulieu.)

Note de l'auteur. En France, le ministère public existe et qui oserait affirmer malgré cela que, dans les luttes professionnelles, les ouvriers dissidents sont à l'abri de toutes les vexations et n'en sont jamais victimes ?

la journée s'est accru ; et chez nos voisins les partisans des *trades-unions*, comme chez nous les partisans des grèves, se sont empressés de s'emparer de ce fait indéniable pour conclure à l'efficacité de leur système. Mais c'est là une erreur manifeste. Si la main-d'œuvre a augmenté partout, c'est tout simplement par suite de la perfection apportée de nos jours aux moyens de production, c'est en raison de la découverte des machines, du progrès des sciences et de l'instruction, de l'exploitation des riches gisements de métaux précieux qui jusqu'alors étaient restés inconnus ou inexploités, et c'est surtout en raison du développement régulier du commerce et de l'industrie, dû à la paix, à la création des chemins de fer et à celle des chemins départementaux et vicinaux.

En France, où n'ont pas pénétré les *trades-unions*, nous avons vu dans l'industrie de la construction et sous l'empire de la loi contre les coalitions, la main-d'œuvre hausser de 1840 à 1865 de plus de quarante pour cent, et cette hausse, que n'avaient pas provoquée les grèves, est arrivée progressivement et sans secousses.

Cependant nous devons reconnaître qu'en Angleterre les *trades-unions* ont fait hausser facticement les salaires dans certaines industries, mais qu'en est-il résulté ? Écoutons un écrivain qui a fait une sérieuse étude de la question ouvrière, M. Paul Leroy-Beaulieu. « Chez les constructeurs de vaisseaux de la Tamise, dit-il, le salaire a été poussé à sept schellings à force de coalitions ; mais l'industrie de la construction a déserté presque immédiatement une contrée inhospitalière, la plupart des maisons se sont fermées, et celles qui restent ouvertes n'emploient plus que le dixième des bras qu'elles occupaient autrefois. Un grand nombre de forges du nord de l'Angleterre se sont affaissées également sous la pression des exigences intempestives et malavisées des ouvriers. Les lieux où l'industrie est le plus prospère, c'est-à-dire où la condition du travailleur est le mieux assurée, sont précisément ceux où les unions n'ont pas pénétré ou bien ont été vaincues, telles sont les rives de la Clyde pour la construction des navires. » Il résulte de la déposition de M. Clarke, directeur des grandes forges de Merhyr-Tydvil, qui emploient neuf mille ouvriers, que les salaires n'ont cessé de monter dans cette exploitation, bien qu'aucune union n'y existât : « je ne crois pas, dit M. Robinson, ingénieur des ateliers de construction de l'Atlas à Manchester, que tout ensemble ces unions aient beaucoup fait accroître les salaires dans leurs industries respectives ; mais je suis intimement convaincu que leur tendance est de diminuer la somme de travail obtenue pour un certain salaire et, par conséquent, d'accroître matériellement le coût de production. » C'est à cette opinion qu'il faut s'en tenir. Sans profiter aux ouvriers, l'unionisme a nui aux patrons, aux consommateurs, en un mot, à tout le monde. On a calculé que les mesures arbitraires prises par les unions dans l'industrie du bâtiment renchérissaient de trente-cinq pour cent dans certaines localités et spécialement à Manchester, le prix de revient d'une maison, et que le loyer de l'ouvrier, qui est en moyenne de quatre schellings par semaine, pourrait tomber à trois schellings, si ces règlements arbitraires n'existaient pas. Ainsi un renchérissement général du prix des choses sans une augmentation réelle des salaires, tel est le spécieux résultat qu'ont amené tant d'ingénieuses combinaisons[1].» Et ce résultat, ajouterons-nous, c'est celui de toutes les grèves qui, nous ne saurions trop le redire, sont toujours ruineuses et toujours stériles !

On ne peut nier en effet que les grèves ont constamment été une cause de ruine plus ou moins grande pour les industries qui y ont eu recours et l'on ne peut pas méconnaître en outre que, dans certains cas, elles ont entraîné leurs aveugles partisans jusqu'à leur faire répandre le sang ! Et cependant à quoi ont-elles abouti ? nous venons de le dire, à la stérilité ! C'est là ce que prouvent incontestablement les nombreux insuccès des grèves qui se chiffrent par millions perdus, dévorés, engloutis inutilement et sans profit pour personne ; tandis que leurs rares succès, toujours éphémères, si tant est même qu'elles en aient obtenus, ont été constamment négatifs.

Ce n'est donc pas par la grève que l'on obtiendra la hausse des salaires, que nul plus que nous ne désire. Mais nous la voulons possible et durable, et, aux travailleurs intelligents que n'aveugle pas la routine, que n'éblouissent pas des utopies impraticables, nous dirons que pour parvenir sûrement à ce résultat si désirable, il n'est qu'une seule voie : l'augmentation de la production, l'accroissement de l'efficacité du travail de l'ouvrier. Hors de ces conditions, tout est mirage et déception. Quant aux ouvriers qui, malgré les tristes exemples que nous venons de rappeler, prétendraient encore que la grève est le seul moyen infaillible, irrésistible, qu'ils aient à leur disposition pour obtenir la

---

1. *Revue des Deux-Mondes*, tome LXXXVI, p. 939. — *La question ouvrière au* XIX° *siècle*, par M. Paul Leroy-Beaulieu.

hausse des salaires, n'aurait-on pas encore à leur dire : soit, vous voulez la grève et vous allez déclarer la guerre à vos patrons, vous allez engager ces luttes insensées dont nous venons de vous raconter les tristes résultats ; mais vos patrons feront comme leurs voisins les Anglais, ils résisteront et, comme eux, ils organiseront des contre-grèves. Parviendrez-vous à vaincre leur résistance ? Il est permis d'en douter. N'est-ce pas aussi l'opinion des ouvriers eux-mêmes, et cette opinion, nous la retrouvons dans une circulaire des ouvriers fondeurs de Paris publiée par *la Réforme* : « en travaillant, disent-ils, la vie est tellement précaire que les besoins sont à peine satisfaits ; en ne travaillant pas, il est impossible de vivre. » S'il en est réellement ainsi, on voit qu'il semble difficile aux ouvriers eux-mêmes de pouvoir soutenir longtemps la lutte avec leurs patrons. Cependant, supposons pour un instant que la victoire reste aux ouvriers. Qu'arrivera-t-il si cette victoire fait hausser les salaires dans une proportion exagérée et impossible ? Il n'est pas besoin d'être grand prophète pour le prédire, ou les patrons mettront, comme on le dit vulgairement, la clef sous la porte et renonceront à une industrie dont les bénéfices ne peuvent plus les faire vivre ; ou bien, en admettant qu'ils persistent quand même, ils se ruineront infailliblement et cela reviendra absolument au même pour les ouvriers qui, dans les deux hypothèses, se trouveront jetés sur le pavé. Si, d'autre part les efforts des grévistes sont impuissants pour obtenir ce qu'ils demandent, ils auront alors épuisé inutilement en frais de grèves et en manifestations coûteuses des épargnes péniblement amassées et qui, plus utilement employées, leur auraient assuré du pain pour les jours de chômage et de maladie.

Supposons maintenant que ces hypothèses ne se réalisent pas; supposons que, par impossible, une hausse uniforme des salaires soit obtenue dans une ou plusieurs industries; grâce à la grève, immédiatement les autres industries seront irrésistiblement entraînées à suivre cet exemple et toutes le suivront bien certainement ; en sorte que la hausse de la main d'œuvre deviendra générale. Qu'en résultera-t-il ? une augmentation proportionnelle de la valeur de toutes choses. Si bien que l'ouvrier, faisant payer sa journée plus cher, paiera tout plus cher dans la même proportion ! En sera-t-il plus avancé ? Il le sera au contraire bien moins, car il est évident que le travail diminuera forcément ; d'une part, parce qu'à l'intérieur toutes choses coûtant plus cher à tous, chacun s'empressera de se restreindre au strict nécessaire, et d'autre part, parce que notre industrie nationale ne pourra plus soutenir avantageusement la concurrence étrangère à l'extérieur, et c'est alors que les ouvriers s'apercevront, mais trop tard, qu'ils ont tari le travail dans sa source et qu'en un mot ils ont tué *la poule aux œufs d'or*.

En Angleterre, nous venons de le dire, le coût factice du travail obtenu par les grèves fomentées par les *trades-unions* a causé la ruine de plusieurs industries nationales, au grand détriment des ouvriers anglais que ces industries faisaient vivre. L'industrie jadis si florissante des constructeurs de navires en fer sur la Tamise et la fabrication des machines ont particulièrement souffert, et il en est résulté un déplacement du travail au profit des autres nations. Les dissensions des patrons et des ouvriers anglais ont contribué bien plus que les tarifs protecteurs de notre douane à nous assurer les moyens de soutenir la concurrence avec l'Angleterre sur les marchés de la Russie, de la Prusse et de l'Inde même. Mais, par contre, les grèves provoquées en France par les chapeliers, les carrossiers, les tailleurs et les bronziers ont singulièrement favorisé le développement de ces industries en Angleterre. Aussi ne saurait-on s'étonner que les ouvriers anglais reconnaissants aient envoyé pour soutenir les grèves de Paris des subsides à leurs naïfs confrères les ouvriers parisiens. Les tailleurs d'habits reçurent, il y a trois ans, une dizaine de mille francs, les bronziers en 1867, une somme de vingt mille francs[1]. Les carrossiers auraient aussi fourni quelques secours dont nous ne pouvons déterminer l'importance ; or les carrossiers, les tailleurs et les bronziers anglais, non-seulement ne tardèrent pas à rentrer dans leurs fonds, mais ils les décuplèrent bien probablement par le rapide développement que prirent aussitôt leurs affaires au détriment de leurs bons amis les ouvriers de Paris.

Ces exemples et les résultats imprévus de la grève des charpentiers en 1845 et ceux non moins imprévus de la grève des typographes en 1864, que nous avons rappelés dans les pages précédentes, devraient être pour les ouvriers de sévères leçons qui, sérieusement méditées, produiraient bien certainement d'heureux fruits pour l'avenir. Malheureusement, l'expérience du passé sert bien rarement à ceux qui devraient

1. *Revue des Deux-Mondes*, tome LXXXVI, p. 949. — *La question ouvrière au* XIXe *siècle*, par M. Paul Leroy-Beaulieu.

en retirer profit ; aussi n'avons-nous pas été surpris de voir
surgir depuis de nouvelles grèves et de lire le 16 juin 1870 les
lignes suivantes dans le journal *la Réforme du bâtiment* :
« Dans une réunion générale, tenue dimanche dernier à la
Villette, les ouvriers fondeurs ont voté la continuation de
la grève ; de plus, ils ont décidé qu'ils exigeraient soixante-
cinq centimes de l'heure au lieu de soixante centimes, si
les patrons n'avaient pas adhéré à leurs demandes dans le
délai de huit jours.

A cette occasion, *le Rappel* annonce que les ouvriers
anglais, membres des *trades-unions*, ont voté un crédit
de vingt-cinq mille francs pour soutenir les grèves françaises
et en particulier celle des fondeurs de fer.

Que les ouvriers anglais agissent ainsi, cela prouve leur
esprit pratique ; l'expérience leur a réussi, il est tout naturel qu'ils la renouvellent. Mais il est moins facile de s'expliquer l'aveuglement des ouvriers français. S'ils voulaient,
écartant un instant les conseils de la passion, ouvrir les
yeux à la lumière, à la vérité vraie, ils verraient bien vite
que le concours pécuniaire qu'apportent à nos grèves les
trades-unions est un concours intéressé qui dans leur pensée
doit amener la ruine de notre industrie au profit de la leur.
Nous savons bien que l'on entretient les espérances des uns
et les terreurs des autres, de la prochaine apparition provoquée par la société *l'Internationale*, d'une vaste solidarité
tendant à réunir les ouvriers de toutes les nations contre le
capital; mais ce n'est pas peu de chose que de faire passer
cette conception dans l'ordre des faits accomplis, et avant que
cette solidarité décevante s'organise loyalement partout,

ce qui est impossible, nous sommes fermement convaincus que les ouvriers et les pays qui, confiants en elle, s'engageront les premiers dans la lutte, seront les premiers ruinés au profit des pays et des ouvriers qui se seront montrés plus réservés. On nous disait naguère dans un tout autre ordre d'idées : « la guerre n'est plus possible, car tous les peuples savent maintenant qu'ils sont frères ; désarmons », et le budget de la guerre fut diminué. Aussitôt nos bons voisins les Allemands vinrent nous prouver que la fraternité internationale est un vain mot en politique. Eh bien ! cette fraternité-là est tout aussi vaine en commerce, en industrie, qu'elle l'est en politique.

Ah ! combien nous regrettons de n'avoir pas la puissance de persuasion nécessaire pour détourner les ouvriers français de se lancer en enfants perdus dans les aventures d'une solidarité qui ne se réalisera jamais, nous ne saurions trop le dire ; et combien surtout nous voudrions avoir le don de les convaincre (eux si intelligents et si loyaux quand la passion ne les aveugle pas) de cette incontestable vérité, que c'est la concurrence et l'inévitable loi de l'offre et de la demande, qui seules peuvent et doivent fixer la valeur de la main-d'œuvre !

Comment, en effet, pourrait-il en être autrement ? La valeur de la main-d'œuvre est mobile comme la valeur de toutes choses, elle varie en raison des besoins du moment, du temps, des lieux, et des événements plus ou moins imprévus qui viennent à surgir. Elle ne peut pas être la même partout parce que les conditions matérielles de l'existence ne sont pas partout les mêmes , et c'est pourquoi elle est moins élevée en province qu'à Paris, et en France qu'en Angleterre. Elle ne peut pas être non plus la même dans tous les temps, dans toutes les circonstances et dans tous les lieux, parce que les besoins, les temps et les circonstances ne sont pas toujours les mêmes et que les lieux plus ou moins éloignés des matières premières et des marchés ne comportent pas tous les mêmes ressources et les mêmes facilités de transport.

C'est là ce que tous les gens sensés comprennent aujourd'hui et, de toutes parts, l'on recherche le remède aux grèves dont l'inutilité est maintenant bien reconnue, bien constatée.

En Angleterre, on a essayé le système de l'arbitrage et ce système a donné les plus heureux résultats, lorsqu'il a été pratiqué avec discernement. Cependant ces heureux résultats n'ont fait, suivant nous, que tourner les difficultés sans les résoudre.

« En 1864, dit M. le comte de Paris, les entrepreneurs de bâtiments et les charpentiers de Wolverhampton, ne pouvant s'entendre entre eux et leurs ouvriers, résolurent d'appeler M. Bettle pour trancher leur différend. Six maîtres et six ouvriers, délégués, se réunirent sous sa présidence. Après de vives discussions où chacun pût entendre les arguments de la partie adverse, ils finirent par s'accorder si bien sur toutes les questions en litige, que le président n'eut pas à voter une seule fois. Encouragé par un essai aussi heureux, M. Bettle, résolut de donner à cette réunion d'arbitres une organisation permanente. Les maîtres d'une part, les charpentiers, les plâtriers et enfin les maçons en briques de l'autre, s'associèrent à ses vues et leurs fondés de pouvoir, sous sa présidence, rédigèrent un tarif de salaires, destiné à rester en vigueur pendant un an....... L'un des articles de ce tarif stipulait que toutes les contestations devraient être portées devant la réunion des six maîtres et des six ouvriers constituée en conseil d'arbitres. La condition essentielle qui donnait à ce conseil sa force et son efficacité, c'est qu'il se composait, non de simples délégués, mais de véritables fondés de pouvoir : ceux-ci devaient donc trancher toutes les questions en litige sans avoir à en référer à leurs mandants, sans que ceux-ci pussent refuser de se soumettre à leurs décisions. En effet, maîtres et ouvriers s'engageant d'avance par le tarif convenu entre eux, à reconnaître ces décisions, elles se trouvaient avoir force de loi d'après la jurisprudence anglaise et pouvaient, en cas de résistance, être rendues exécutoires par les magistrats des comtés. »

Ces tarifs du prix de la main-d'œuvre étant établis au commencement de la campagne, les entrepreneurs purent en toute sécurité faire leurs devis et les ouvriers de leur côté furent garantis contre les abaissements de salaire qui venaient subitement changer les conditions de leur existence. L'autorité arbitrale du conseil fut constituée pour un an. L'année expirée, ses pouvoirs étaient renouvelés et le tarif des salaires remis en discussion.

« A Nottingham, dit encore M. le comte de Paris, M. Mundella, un ancien ouvrier devenu maître, inspiré par un vague souvenir des conseils de prud'hommes, songea à constituer un tribunal d'arbitres, et, assisté de deux autres maîtres, il proposa une conférence aux ouvriers. Ceux-ci députèrent une douzaine d'entre les chefs des *trades-unions*. On se réunit, on se regarda avec défiance, comme les parlementaires de deux armées ennemies ; puis on s'adoucit ; en discutant, on finit par se comprendre, et, au bout de trois jours, quoique les préventions réciproques ne fussent pas toutes dissipées, les bases du nouveau système étaient arrêtées. . . . .

« Le conseil, composé d'abord de neuf, puis de dix maîtres et d'autant d'ouvriers, choisit naturellement pour président M. Mundella qui, depuis huit ans, a occupé ce poste avec une rare impartialité. »

Deux secrétaires salariés tiennent la minute des séances du conseil, l'un pour l'association des maîtres, l'autre pour l'union des ouvriers. Ce conseil règle par un tarif les salaires qui sont tous payés à la tâche ; ce tarif demeure en vigueur tant que l'état du marché le permet, et si quelque variation du prix en exige la modification, la partie qui la réclame doit notifier sa prétention au conseil· un mois d'avance.

« Ces changements, ajoute M. le comte de Paris, se font d'ailleurs toujours à l'amiable ; car, lorsque maîtres et ouvriers se trouvent assis, sans ordre, sans distinction, autour d'une même table, pour discuter leurs intérêts respectifs, dans une industrie qui les fait vivre les uns et les autres, ils ne tardent pas à s'apercevoir que ces intérêts sont solidaires. Plus d'une fois, les ouvriers ont renoncé à une augmentation de salaire qu'ils croyaient légitime lorsque les maîtres leur ont prouvé, les chiffres à la main, que, pressés par la concurrence étrangère, ils ne pouvaient la leur accorder sans perdre les débouchés de leurs produits. Les maîtres, pour les mieux convaincre, ont même envoyé quelques-uns de leurs collègues ouvriers visiter la France et l'Allemagne.... »

Bref « l'harmonie s'est établie entre eux d'une manière si complète, que, depuis quatre ans, aucune résolution du conseil n'a eu besoin d'être mise aux voix......... Les ouvriers, au lieu d'adresser directement aux patrons toutes les demandes relatives aux salaires avec perspective d'avoir à les appuyer par une grève ruineuse, en appellent au conseil, assurés d'obtenir toujours une décision équitable........

« Les luttes stériles entre le capital et le travail, dont le public finit toujours par payer les frais, ont ainsi disparu de l'un de leurs foyers les plus actifs, sans que cet heureux changement porte aucune atteinte à la saine concurrence, la seule vraiment profitable au consommateur.

« Un pareil exemple ne pouvait pas rester sans imitateur. En juin 1868, un conseil semblable fut établi dans l'industrie des dentelles de Nottingham, sur la demande des ouvriers..... Puis les districts miniers du Staffordshire, de Middlesborough et de Cleveland, même les ouvriers en batiments de Bradford, jusqu'à présent si intraitables, ont demandé à M. Mundella de venir les doter du système qui a si bien réussi sous ses auspices. Enfin, chose plus remarquable encore, la même invitation lui est venue de cette industrie des limes de Sheffield, dans laquelle nous avons vu les unions établir leur domination par les moyens les plus violents. »

Donc en Angleterre, tout le monde semblait bien d'accord

naguère de remédier aux grèves par les arbitrages, et cette idée qui cependant n'a fait son chemin dans ce pays que jusqu'à un certain point paraît avoir suggéré à la Chambre de commerce d'Avignon la demande qu'elle a adressée au gouvernement en 1870, croyons-nous, et qui est ainsi conçue :

« 1º Qu'il fût créé dans tous les centres manufacturiers de l'empire, *des Chambres de conciliation des travailleur* ;

« 2º Que ces Chambres eussent pour attributions d'intervenir dans tous les différends qui ont pour cause : Le salaire, la durée du travail, les grèves, les coalitions, etc., etc.;

« 3º Qu'elles pussent être consultées par le gouvernement, chaque fois qu'il projetterait quelque réforme économique ou sociale ;

« 4º Qu'elles pussent également fournir d'utiles renseignements, comme experts, aux tribunaux de commerce, dans toutes les questions qui sont portées devant ces tribunaux et qui touchent au travail, aux façons, etc. ;

« 5º Que ces Chambres jouissent, en outre, de la faculté accordée aux Chambres de commerce de correspondre directement avec tous les ministres et autres agents de l'administration publique ;

« 6º Que ces Chambres fussent composées de douze membres, mi-partie patrons choisis par et parmi les patrons, mi-partie ouvriers choisis par et parmi les ouvriers. »

Ce projet, pour lequel la Chambre de commerce d'Avignon demande l'attache gouvernementale, donnerait aux Chambres de conciliation, s'il était fait droit à cette demande, un caractère officiel et ce serait un grand tort suivant nous, car leur création ayant uniquement pour but la conciliation, il est évident qu'à ce titre elles ne doivent pas être officielles et permanentes ; en effet, ces Chambres ne peuvent avoir de raison d'être qu'en cas de dissentiment entre les maîtres et les ouvriers ; si la bonne harmonie existe, elles sont inutiles ; si elle est troublée, elles ne peuvent avoir l'influence conciliatrice nécessaire à l'accomplissement de leur mandat qu'autant qu'elles émaneront uniquement de la libre initiative des intéressés. Nous ne voyons, pour notre part, aucun inconvénient à tenter un essai du système des arbitrages anglais, pour mettre fin aux grèves, à la condition toutefois, nous le répétons, que ces arbitrages seront librement et uniquement constitués par les parties intéressées, mais nous ne croyons pas à l'efficacité constante de ce système.

« En Allemagne [1], l'attention du Reichstag a dû se porter sur l'arrangement amiable des grèves. Diverses combinaisons ont été mises en avant : les unes reposent sur une participation aux profits, les autres sur un arbitrage dans des conditions déterminées. L'arbitrage èst surtout en faveur auprès des députés et la Conférence d'Eisenach a dû faire une grande place à ce grave sujet. Parmi les combinaisons qui ont obtenu le plus d'accueil est celle qui constituerait une sorte de conseil mixte composé en nombre égal d'ouvriers et de patrons et départagés par un président désintéressé dans ces questions, mais investi d'une magistrature locale. A ces conditions, la sentence rendue devrait obliger les contendants. Le choix des arbitres ne se ferait pas d'ailleurs indistinctement et au hasard : pour les pa-

1. *Revue des Deux-Mondes*, tome CVI, année 1873. M. Paul Leroy-Beaulieu, page 451.

trons, comme pour les ouvriers, il y aurait des élections de corps, et les pouvoirs devraient être renouvelés chaque année. Les parties engagées dans le différend pourraient en outre exercer des récusations limitées en nombre et sérieusement motivées. On aurait ainsi de véritables tribunaux, fondés à rendre leurs décisions exécutoires toutes les fois que leur arbitrage aurait été accepté par le fait de la délégation qui les constitue. Il serait à désirer qu'un de ces projets aboutît à une sanction définitive; aucun intérêt n'est plus urgent que cette pacification des industries. »

« Aujourd'hui, dit M. Emile Laurent, et au prix des épreuves les plus terribles, il est vrai, l'éducation économique des ouvriers d'Angleterre touche à son terme. On les a laissés libres de faire des grèves ; et maintenant quel que soit l'éclat des incidents contraires qui peuvent encore de temps en temps se produire et qui se produisaient hier même sans que, paraît-il, les ouvriers en aient été les premiers instigateurs, la grève est généralement jugée par eux comme une déception douloureuse [1] ! »

Les ouvriers français, non moins intelligents que les ouvriers anglais, ne voudront pas rester en arrière de ceux-ci, et instruits par l'expérience du passé, bien convaincus que la grève entraîne toujours la désorganisation du travail et la perte du salaire comme celle du capital, ils s'empresseront de renoncer à se servir d'une arme aussi inutile que dangereuse pour ceux qui l'emploient.

C'est là notre vœu le plus ardent et nous n'aurions aucun doute sur sa réalisation si l'ouvrier n'avait d'au-

---

1. *Le paupérisme et les associations de prévoyance*, tome Ier, p. 125.

tres conseillers que l'expérience et la raison. Malheureusement il n'en est pas ainsi, et nous ne savons que trop
quelles influences pèsent sur lui et de quelles sugges-
tions perfides il est sans cesse circonvenu. Nous ne con-
naissons que trop les agissements ténébreux de la société
l'*Internationale*. Devrons-nous donc voir, sous les inspira-
tions de cette funeste société, le droit de se coaliser
destiné à assurer la liberté du contrat entre ouvriers et
patrons, se transformer en un instrument d'oppression qui
pèse sur l'ouvrier plus encore, peut-être, que sur le patron.

C'est là, en vérité, ce qu'il est permis de craindre, si l'on
en juge par ce qui se passe aujourd'hui. En effet, les ouvriers n'avaient à compter jadis qu'avec les prétentions des
chefs d'industrie, et ces prétentions étaient forcément mo-
dérées par la concurrence que les industriels se font toujours entre eux. Aujourd'hui, c'est un spectacle tout nouveau que nous avons sous les yeux. Nous voyons les ouvriers
français, si impatients du prétendu joug des patrons, cour-
ber la tête sous le. joug bien autrement arbitraire des
faiseurs de grèves. Nous croyons bien que plein de faiblesse en présence de ces nouveaux maîtres, ils cèdent
presque toujours à une intimidation qui leur enlève leur
libre arbitre, et qu'ils obéissent à des ordres tyranniques
quand ils voudraient, quand ils devraient résister. Mais enfin
ils obéissent. Nous voyons également les ouvriers anglais
accepter, souvent aussi sans doute, par faiblesse, les lois des
comités directeurs des *trades-unions*, lois bien autrement
arbitraires que celles qu'auraient jamais osé leur imposer les
chefs d'industrie. Et la soumission ici se conçoit, jusqu'à un

certain point, sans l'excuser pourtant, puisqu'en Angleterre les moyens de contrainte ont été jusqu'à l'assassinat. Eh bien! qu'ont donc recueilli les ouvriers, en France comme en Angleterre, de la guerre qu'ils ont déclarée à leurs patrons et de leur obéissance aux nouveaux maîtres qu'ils se sont donnés? La ruine et la misère, nous l'avons surabondamment démontré. Ils persistent cependant, et le mouvement qui semblait s'être un peu calmé paraît se réveiller et gagner même des classes de travailleurs qui, jusqu'à ce jour, y étaient restées étrangères [1]. Cet aveugle attachement a des idées si manifestement subversives de l'ordre social, cette persévérance dans la poursuite de leur triomphe, ont jeté

1. Nous lisons dans le journal *la Presse* du 3 mai 1874 : « Un mouvement dont le caractère social ne laisse pas que d'offrir quelque danger, s'est récemment produit dans les campagnes, en Angleterre. Nous voulons parler de l'union des ouvriers agricoles, c'est-à-dire de leur association sur les bases des trades-unions qui s'est propagée dans les comtés de l'Est (Suffolk, Cambridgeshire, Lincolnshire) et qui compte assez d'adhérents pour suspendre le travail rural dans la riche région dont Newmarket est le centre. Plus de quatre mille ouvriers des comtés de l'Est vivent aujourd'hui du subside de neuf shillings par semaine que le comité central siégeant à Leamington leur fournit avec l'assistance de la caisse de l'union, les subventions des « trades-unions » et les souscriptions de quelques capitalistes de Londres qui ont pris parti pour les ouvriers contre les fermiers.

« D'autres grèves ont éclaté en mars dans les comtés miniers du nord de l'Angleterre. Elles ne présentent toutefois d'intérêt que parce qu'elles témoignent d'un changement sérieux dans la situation du marché.

« Les charbons avaient atteint au commencement de 1873 un prix exorbitant : 100 p % de plus qu'à pareille époque en 1871. Pour des causes diverses, le mouvement de hausse s'est arrêté ; les prix ont déjà subi une réduction d'un quart. De là, la nécessité de répartir cet abaissement entre les différents agents de la production et le débat entre le propriétaire de la mine et l'ouvrier. Le conflit paraît aujourd'hui terminé Les mineurs, à la voix de M. Mac-Donald, l'ouvrier récemment élu au Parlement, ont compris la nécessité de prendre leur part dans les conséquences de la réduction comme ils avaient profité du renchérissement. »

On écrit de Bristol, dit le même journal *la Presse* du 21 juin suivant : « La grève des cinq mille ouvriers houillers continue actuellement dans l'alarme dans bien des esprits, et l'on s'est demandé si la lutte ne finirait pas dans quelque épouvantable cataclysme.

Nous croyons pour notre part ces alarmes exagérées. Les lignes suivantes, que nous empruntons à une de nos revues les plus autorisées, nous paraissent décrire la crise ouvrière et en apprécier la portée avec autant d'exactitude que de sagesse. « C'est un des graves soucis de ce temps que ces ligues d'ouvriers qui n'ont ni commencement ni fin, ne cessent en apparence que pour se reconstituer, ne dispa-

les mines de cette ville, l'approvisionnement habituel de charbon étant venu à manquer, les propriétaires des fabriques de poterie ont dû interrompre leurs travaux et renvoyer leurs ouvriers ; ceux-ci étaient très-irrités et en plein antagonisme contre les mineurs. Beaucoup de ces derniers désirent reprendre leur travail, mais ils en sont empêchés par la majorité de leurs compagnons.

D'autre part, on écrit de Londres à *la Presse* le 17 octobre 1874 : « Voici déjà quelque temps que l'on n'a plus entendu parler de nouvelles grèves, mais il serait prématuré de tirer de ce fait la conclusion que tout va bien, que l'entente est établie entre le travail et le capital et que l'industrie des fers et de la houille a repris son essor ; bien loin de là, et si aucune grève ne s'est déclarée depuis environ une quinzaine, par contre, celles qui s'étaient déclarées auparavant durent encore et ne promettent pas de se terminer dans un délai prochain. Il est peut-être difficile en ce moment d'en prédire l'issue, car la situation des maîtres est presque aussi précaire que celle des ouvriers ; mais, s'il faut s'en rapporter à certains symptômes, le capital remporterait encore cette fois la victoire. Victoire à la Pyrrhus, il est vrai, car les grèves coûtent cher.......... En attendant, les mineurs de Wigan (partie sud-ouest du Lancashire) paraissent bien décidés à pousser la lutte jusqu'au bout, et s'en tiennent à leur détermination de ne rien accepter qu'à la suite d'un arbitrage que les propriétaires refusent catégoriquement. Il y a là environ vingt mille bras oisifs. Un grand nombre d'entre eux émigrent dans les comtés de Durham, de Northumberland, et leur exemple ne tardera pas à être suivi à moins d'arrangements prochains, bien que dans le Northumberland même une réduction de 20 p. % dans les salaires soit imminente ; mais on espère qu'un arbitrage résoudra la difficulté. Les ouvriers en effet, à moins d'être aveugles, ne peuvent se refuser à l'évidence du mauvais état du marché.

« Dans le Yorkshire, plusieurs mines sont exploitées à perte et une réduction de 20 p. % y a été également annoncée.

« Divers meetings tenus à Leeds-Normanton et Hunsleet-Moor ont raissent sur un point du territoire que pour se reproduire sur un autre. Rien de plus difficile à résoudre que le problème qui s'y pose ; l'accroissement du salaire combiné avec la décroissance du travail, une rémunération plus grande en retour d'une besogne moindre ; ce sont là deux termes qui semblent s'exclure, et qui, pour les patrons surtout, comportent la pensée d'une sorte d'incompatibilité. Et pourtant dans quelque pays que l'on aille, quels que soient les groupes d'ouvriers que l'on interroge, les ateliers, les chantiers que l'on visite, on y rencontre les mêmes prétentions, les mêmes vœux, et, quand les choses s'enveniment,

retenti des cris : Pas de capitulation ! Mourons de faim plutôt ! Quelques voix timides qui se hasardèrent à parler d'arbitrage furent étouffées, et le grand nombre proteste vouloir rester sans travail jusqu'à Noël plutôt que de se soumettre. Ils ont quatorze mille livres en réserve; ils sont au moins quinze mille ! »

Enfin, nous lisons dans *Le Journal des Débats* en janvier ou février 1875 :

« Les grèves qui continuent à sévir dans les districts houillers de l'Angleterre offrent un intérêt de premier ordre, non-seulement au point de vue industriel, mais encore au point de vue social ; elles démontrent combien sont précaires et instables les conditions nouvelles du travail dans les sociétés modernes ; elles prouvent en même temps que la création et l'intervention de ces grandes associations ouvrières qui s'appellent trades-unions n'ont pas eu jusqu'à présent l'influence bienfaisante qu'en attendaient leurs partisans; elles confirment enfin les esprits observateurs et amis du progrès dans cette opinion que d'importants changements doivent être apportés aux rapports entre les ouvriers et les patrons, si l'on veut le développement de la production et le maintien de la paix sociale.

« Ce ne sont plus des milliers d'hommes, ce sont des dizaines de mille, quelques statisticiens disent même plus de cent mille hommes, qui sont actuellement en grève ou exclus des ateliers dans les districts de la Grande-Bretagne. La plupart de ces hommes sont sans ressources ; l'association puissante qui les soutenait, *the amalgamated miners Association*, est elle-même presque ruinée. On a devant les yeux le spectacle affligeant de milliers d'ouvriers qui gagnaient notablement plus, selon l'*Economist* de Londres, que les employés de commerce et que les *clergymen*, et qui se voient subitement réduits à la mendicité, faute d'avoir fait quelques épargnes sur leurs salaires des années précédentes.

« C'est assurément un spectacle inattendu que celui de familles

les mêmes conflits ; l'imitation, il est vrai, y est pour beaucoup. La lutte est engagée aujourd'hui entre le capital et le travail, et le danger bien que manifeste d'une révolution sociale est cependant encore lointain [1]. »

De tout ce que nous avons dit sur les grèves, et des détails restreints que nous avons donnés sur celles qui sont venues à notre connaissance, nous ne craignons pas de conclure avec la plus profonde conviction que les grèves générales, quelles qu'elles soient, sont toujours déterminées par des meneurs qui ne craignent pas de donner aux ou-

ouvrières qui ont gagné régulièrement quatre, cinq et même six mille francs par an et qui n'ont rien su mettre de côté pour les jours d'épreuves.

« Quelles sont les leçons qui ressortent de cette grande crise qui sévit en Angleterre ? C'est que le système actuel des engagements entre les patrons et les ouvriers est vicieux. Ces engagements n'ont aucune durée; ils sont perpétuellement révocables. Ils ont sans doute en partie leur justification dans les fluctuations de l'industrie moderne ; mais ils exagèrent précisément ces fluctuations et les rendent plus fréquentes et plus extrêmes. Une conclusion encore qui nous semble mise en lumière par cette crise, c'est que les trades-unions sont loin d'avoir la puissance qu'on leur croyait. Elles ont mal compris leur rôle. Au lieu d'être des instruments de guerre, elles devraient être des organes de conciliation; elles devraient rendre possibles entre les patrons et les ouvriers un régime de travail et un mode de rémunération plus parfait, où, dans les temps de grande prospérité, au lieu d'augmentations subites de salaires, on accorderait à la communauté ouvrière une dotation qui lui permettrait de développer les institutions de secours et de retraite. Nous regrettons que le principe de l'arbitrage n'ait pas été reçu avec plus de faveur en Angleterre dans ces derniers temps. Mais l'étude des questions sociales est de plus en plus populaire : il a surgi parmi les ouvriers euxmêmes une proposition qui dénote l'état actuel des esprits et qui pourrait avoir des conséquences heureuses : ce serait qu'à l'avenir il ne pût éclater de grève de là part des ouvriers sans qu'elle eût été soumise à la sanction du suffrage universel des travailleurs intéressés et votée à une majorité considérable. Ce suffrage universel serait, selon nous, plus conservateur que le suffrage restreint des prétendus délégués qui disposent à leur fantaisie du travail et de la subsistance de milliers de familles. » (M. Paul Leroy-Beaulieu.)

1. *Revue des Deux-Mondes*, tome CVI, année 1873.

vriers des espérances chimériques, et quand ces moyens ne suffisent pas, ils ont recours à l'intimidation et à la violence, mais jamais, nous en avons l'intime conviction, les grèves générales ne procèdent du consentement unanime et spontané des travailleurs. Si les ouvriers étaient toujours abandonnés à leur libre arbitre, si aucune pression, aucune intimidation ne pesait sur eux, il pourrait arriver que, parfois, quelques-uns d'entre eux se missent partiellement en grève, mais jamais certainement les grèves ne seraient générales, et l'on ne verrait pas tous les ouvriers d'une même industrie déserter ensemble et en même temps leurs ateliers.

C'est parce que toutes les grèves sont toujours provoquées par des moyens artificiels, c'est parce qu'elles sont habituellement le résultat d'une pression étrangère que, malgré la déplorable recrudescence de grèves avant et depuis 1870, nous persistons à penser qu'un jour viendra où les ouvriers éclairés par l'expérience renonceront à la grève et donneront la préférence à des moyens d'entente dont les arbitrages sont un excellent modèle. Ce jour-là, ils auront recouvré une indépendance plus réelle que celle que leurs conseillers actuels leur font espérer au moyen de la grève dont ils ne craignent pas de leur vanter l'infaillibilité.

En France, nous sommes heureux de le reconnaître, les grévistes ont rarement eu recours à la violence, et les faits d'intimidation se sont généralement arrêtés au point où commence l'emploi des moyens criminels. Le plus souvent, pour ne pas dire toujours, il suffit aux meneurs, pour parvenir à leur but, de crier bien haut aux ouvriers que c'est leur seul intérêt qui les guide, et les ouvriers si défiants d'ordinaire avec leurs patrons, mais toujours si crédules avec ces meneurs, les croient sur parole. Et comment ne seraient-ils pas disposés à écouter favorablement des gens qui leur affirment qu'ils ont le secret de mettre les patrons à la merci des ouvriers et de hâter le moment où ce seront les ouvriers et non plus les patrons qui régleront eux-mêmes leurs salaires comme ils l'entendront, sans être obligés de tenir compte de la prétendue loi de l'offre et de la demande à laquelle cependant nul ne peut se soustraire. Cette prétention assurément est insensée, mais les faiseurs de grèves se préoccupent peu de la logique inflexible desfaits; ils veulent quand même faire diminuer l'offre du travail tout en faisant hausser le taux de sa rémunération, et ils poursuivent en vain ce but qui se dérobe toujours devant eux et que cependant ils espèrent toujours atteindre à l'aide d'un système arbitraire de restriction qui rappelle à beaucoup d'égards l'ancienne organisation privilégiée des corporations et des jurandes.

Ainsi ils réclament entre autres choses la réduction des heures de travail sans la réduction correspondante du salaire; la suppression des tâches au profit des paresseux ou des malhabiles ; l'égalité des salaires pour tous les ouvriers d'une même profession, comme si tous les ouvriers avaient la même force, la même ardeur, la même intelligence ; la limitation du nombre des apprentis et voire même l'exclusion des femmes et des enfants de certains travaux et de certaines industries !

En Angleterre on va plus loin encore et les *trades-unions* ont poussé l'esprit de restriction à un degré dont, Dieu merci, nous n'avons en France aucune idée.

« Ainsi, dit M. James Stirling dans une remarquable et curieuse brochure qu'il vient de publier, il y a des règlements en vertu desquels les pierres ne peuvent être taillées dans les carrières et doivent être amenées brutes au lieu de la construction ; d'autres défendent aux poseurs de pierres de poser des briques et aux poseurs de briques de poser des pierres ; certains articles interdisent à l'aide-maçon de transporter des briques dans une brouette et défendent au manœuvre de porter plus de huit briques à la fois dans son auge [1]. »

Les briquetiers anglais, formés en congrégation, ont prohibé toute espèce de machines ou d'engins, ainsi que l'emploi des briques faites à la mécanique ; ils ont divisé le territoire en zones et ils ne permettent pas l'entrée des briques fabriquées dans une zone étrangère.

La limitation du nombre des apprentis est toute simple pour les ouvriers anglais, ils disent naïvement : « nous avons appris un métier et nous voulons qu'il nous permette une vie honorable (*respectable living*). »

Ces incroyables exigences, soutenues par des moyens de coercition vexatoires ou violents, ne sont-elles pas la négation complète du grand principe de la liberté du travail ? Et les corporations ont-elles jamais osé aller aussi loin dans le bon temps des maîtrises et des priviléges ? Retour

---

1. Unionism, with remarks on the report of the commissionners on Trade's-Unions.

bien inattendu vers le passé et dont nous ne pensions pas devoir être jamais témoin ! Quoi ! le travailleur, libre et débarrassé de toute entrave, va-t-il donc revenir de lui-même aux vieilles institutions contre lesquelles il se révoltait naguère ? Sous l'ancien régime il a lutté au nom de l'égalité et de la liberté; puis, maintenant qu'il est devenu libre et l'égal de son patron, dédaignera-t-il ses conquêtes et pris d'un inexplicable vertige, va-t-il se rejeter volontairement du côté du privilége et de l'oppression et revendiquer l'un et l'autre à son profit?

L'organisation du travail telle que semblent la vouloir les *trades-unions* et certains théoriciens grévistes est contraire à la liberté et non-seulement elle paralyserait toute initiative et toute énergie individuelle, mais elle découragerait l'émulation et détruirait infailliblement chez l'ouvrier toute aspiration un peu élevée ; en un mot, une pareille organisation ferait descendre le travailleur au niveau de l'esclave ou de la brute sans améliorer le moins du monde sa situation matérielle. Or, nous ne pensons pas que ce soit là ce que veulent les théoriciens grévistes.

La loi de 1864 sur les coalitions met aux mains de l'ouvrier une arme fort dangereuse, nous l'avons déjà dit, s'il ne sait pas la manier avec sagesse et modération. Si, comme il semble malheureusement trop disposé à le faire, il continuait à s'en servir inconsidérément, en se lançant avec légèreté dans des luttes passionnées et violentes, il la verrait se retourner promptement contre lui, et de ses inutiles révoltes il ne retirerait que misère et regrets.

Ces considérations seront-elles comprises ? Nous espérons

que les conseils de l'intérêt personnel, et peut-être de plus
nobles mobiles, les feront prévaloir dans l'avenir, cependant
il est permis d'en douter. En effet si depuis la guerre et les
folies furieuses de la Commune, les ouvriers, ou du moins
ceux qui prétendent parler en leur nom, ont à peu près gardé
le silence, nous n'avons aucune raison d'en conclure que
leurs idées se soient modifiées, et nous pouvons encore
invoquer comme témoignage de leurs dispositions (ce
sera peut-être aussi l'explication de leur silence) une pièce
dont M. Leroy-Beaulieu donnait l'analyse en 1870 et qui
doit avoir peu perdu de son actualité : « Nous avons, dit-il,
un document intéressant, véritable manifeste anonyme
lancé dans le public par des ouvriers parisiens lors de la
première grève du Creusot [1]. » Il y est dit que « cette
grève ne recevant pas son mot d'ordre de Paris et ne s'appuyant pas sur les fédérations ouvrières parisiennes, dont
l'importance grandit tous les jours, ne peut ni s'étendre,
ni se prolonger. » « Tous les ouvriers de Paris, ajoute-t-on,
tendent de plus en plus à former une vaste fédération de
travailleurs, organisée hiérarchiquement et ayant à sa tête
un véritable ministère responsable, chargé de résister au
capital et de lui faire concurrence. Bien convaincus que le
droit c'est la *force*, et que la force c'est l'ordre, ils se sont
surtout préoccupés jusqu'ici d'organiser l'*ordre* dans les
masses et l'on peut dire qu'ils ont presque atteint leur but....
Ils se sont servis du droit de réunion pour reconstituer sur
de nouvelles bases les corporations féodales des corps et métiers que 1789 avait abolies, afin de livrer les travailleurs

1. *Revue des Deux-Mondes*, 15 avril 1870, page 947.

pieds et poings liés à la féodalité financière.... Loin de se haïr comme les corporations féodales, les corporations nouvelles se donnent la main les unes aux autres, et tendent à réaliser un vaste plan de fédération ouvrière représentée par un véritable parlement ouvrier.... Leur but est non pas d'amener le capital à composition, mais de l'exclure et de lui substituer le capital collectif de la fédération ouvrière. » Le même document avoue les défaites de la première heure : « On peut dire que, pour le moment, l'ère des grèves est close. La fédération ouvrière se RECUEILLE, ÉCONOMISE ET S'ORGANISE. *Pour elle comme pour tout grand corps militant, la liberté ne peut être que dans la discipline...* Elle fonde de vrais clubs à l'anglaise, qui sont à la fois cercles, restaurant, bibliothèques et cafés. Elle cherche à cumuler tous les profits qu'une foule de spéculateurs avides réalisent sur l'ouvrier isolé et sans appui, et elle lui procure en même temps des bureaux de placement. Ainsi, tout doit profiter à la masse ouvrière et se centraliser entre les mains de ses délégués..... Les travailleurs posent sans bruit les assises de fondation d'un nouvel édifice social, créé exclusivement par eux et pour eux... Leurs premières épargnes ont été gaspillées en épreuves stériles, mais instructives. Dès que celui qu'ils auront reformé avec leurs économies leur paraîtra suffisant, *nous verrons recommencer entre le capital ouvrier et celui du patron une lutte dont toutes les grèves précédentes ne sauraient nous donner une idée*, la lutte du nombre organisé et discipliné contre l'oligarchie financière qui a succédé à la vieille féodalité du moyen âge, lutte d'intelligence contre intelligence et de capitaux contre capitaux, lutte virile, sérieuse et loyale, qui doit asseoir définitivement les bases de la démocratie moderne. »

Que devait-on conclure de ce manifeste menaçant? Que le nerf de la guerre faisait alors défaut aux ouvriers parisiens, et que, retirés sous leur tente, ils préparaient en silence, de concert avec la société *l'Internationale*, leur plan de campagne et leurs moyens d'action. Tout cet appareil de vaste association, étendant sa prévoyance à tous les besoins matériels et intellectuels, cette fédération basée sur une obéissance absolue de tous et inscrivant sur son drapeau : Guerre au Capital! tout cela décelait manifestement l'action occulte de la société *l'Internationale*. Elle aussi se recueillait, tout en provoquant et en récoltant des cotisations de toutes parts [1]. Est-elle aujourd'hui, plus qu'en 1870, en mesure de faire passer dans la pratique les funestes utopies de son programme? Nous ne le croyons pas, car les ressources dont elle disposait alors ont été singulièrement taries par la Commune. Quoi qu'il en soit, il est bien certain que si les moyens d'agir ont diminué de puissance, les idées n'ont pas changé, les doctrines sont les mêmes et les dispositions sont tout aussi hostiles que par le passé.

A l'appui de cette opinion et pour confirmer ce que nous venons de dire des agissements ténébreux de la société *l'Internationale* qui n'effrayent pas que nous seul, on nous permettra de citer une circulaire adressée par le gouvernement espagnol aux autres États pour les prier de prendre des

---

1. Le 11 juin 1870, une personne que sa position élevée mettait à même d'être bien renseignée sur ce point disait à un groupe de commerçants et d'industriels dont nous faisions partie, que l'encaisse de *l'Internationale* ne s'élevait pas alors à moins de six millions !

mesures contre *l'Internationale.* Ce document porte la
date du 9 février 1872, et le correspondant qui l'envoie au
Journal de Lyon, à qui nous l'empruntons, en garantit
l'exactitude.

« Monsieur,

« Un grave débat a été soulevé au Congrès des députés
pendant la seconde session des Cortès espagnoles.

« Il a peut-être été un des plus importants de tous ceux qui
aient jamais pu avoir lieu au sein d'une Assemblée législative. Il s'agissait de préciser, sous le point de vue politique,
c'est-à-dire éminemment pratique, la vraie nature de l'*Association internationale des travailleurs.* Sa puissante et formidable organisation et le rapide développement qu'elle
a eu dans peu d'années méritent d'attirer sérieusement l'attention de tous ceux qui s'intéressent à la conservation de
l'ordre social.

« Celui-ci est menacé dans ses fondements mêmes par *l'Internationale,* qui rompt en visière avec toutes les traditions
de l'humanité, en effaçant des esprits le nom de Dieu ; de la
vie, la famille et l'hérédité ; du monde civilisé, les nations,
et en aspirant uniquement au bien-être des ouvriers sous la
base de la solidarité universelle. Il était donc absolument nécessaire d'examiner et de décider jusqu'à quel point on pourrait tolérer même sous l'empire des institutions politiques les
plus libérales, l'existence d'une association qui commençait
par se déclarer l'ennemie de toute école politique et incom-
patible également avec toutes les formes actuelles du gouvernement.

« On soumit donc au Congrès des députés la question de

savoir si le respect dû à la liberté et aux droits consignés
dans la Constitution démocratique espagnole devait s'étendre jusqu'à son exercice le plus abusif, en permettant de
s'en prévaloir à ceux-mêmes qui luttaient pour les détruire
et pour renverser en même temps tout ce qui existe, ou si,
pour défendre cette même liberté bien entendue, on devait
couper court aux tendances perturbatrices et dissolvantes
de *l'Internationale*, en la déclarant attentatoire à la sécurité
de l'État et comprise, par conséquent, dans les prohibitions
de l'article 19 de la Constitution.

« Vous aurez certainement suivi, avec le même intérêt qu'elle
a éveillé partout, cette longue et lumineuse discussion soutenue à une si grande hauteur par nos principaux orateurs.
Il n'est donc pas nécessaire de vous rappeler le point de vue
sous lequel la question a été envisagée par le gouvernement
de Sa Majesté, qui obtint à la fin, dans un vote solennel du
Parlement, une déclaration favorable à ses intentions.

« D'après ces données, vous n'aurez point de doute sur les
idées du gouvernement de Sa Majesté vis-à-vis de *l'Internationale*, et la circulaire adressée aux autorités départemen-
tales par mon collègue, M. le ministre de l'intérieur, vous
aura déjà fait connaître la conduite qu'il est dès lors décidé
à suivre en déployant, à cet effet, la plus grande énergie.

« Le gouvernement, s'appuyant sur les déclarations des
représentants du pays qui ont jugé *l'Internationale*, hors la
Constitution et comprise dans les prévisions du Code pénal,
est résolu à en réprimer toutes les manifestations et tous les
autres actes ostensibles capables de troubler la paix publique, de même qu'il est aussi décidé à soumettre aux Cortès,

si les circonstances l'exigeaient, un projet de loi portant la dissolution de ladite association, conformément au principe constitutionnel.

« Le gouvernement de Sa Majesté ne s'adresse néanmoins à vous aujourd'hui, par mon entremise, que dans le seul but de vous exposer ses idées déjà bien connues sur *l'Internationale* et de vous faire savoir les règles auxquelles il va subordonner sa conduite à cet égard ; pour le régime intérieur de la nation, il a d'autres vues. Sachant que vous vous trouvez entièrement identifié à lui quant à ses opérations sur ce point, il avait à espérer que, dans l'exercice de la haute mission qui vous est confiée, vous contribueriez efficacement par vos démarches auprès du gouvernement de..... à ce que toutes les mesures nécessaires pour arriver à un résultat satisfaisant, soient prises d'un commun accord.

« Cet accord est exigé par la nature même de cette association dont le caractère d'universalité est précisément ce qui la rend plus dangereuse.

« Il ne suffit pas qu'un seul gouvernement prenne isolément vis-à-vis d'elle les dispositions les plus sévères ; de même qu'il ne suffirait pas non plus que l'on parvînt à faire disparaître les sections de *l'Internationale* au sein d'une seule nation, soit au moyen de ses lois, soit par la coopération et l'initiative individuelles (dont l'importance ne saurait jamais assez être recommandée) de toutes les classes intéressées à la conservation de la société. Il en resterait toujours quelques adeptes fanatiques qui, à la première occasion favorable, pourraient servir de noyau à sa prompte réorganisation, pour laquelle le conseil général pourrait s'aider puissamment de la publicité extraordinaire que la presse périodique a acquise de nos jours et de la rapidité des communications existant chez tous les peuples civilisés.

« La Commune de Paris en est un exemple éloquent. Une grande partie, et peut-être non la moins influente de ceux qui ont dirigé les événements, était composée d'étrangers, qui ne résidaient pas en France à la chute de l'empire.

« Pour conjurer le mal, il faut donc que tous les gouvernements travaillent à la fois dans le même but. Tous y sont également intéressés, et peut-être encore plus que l'Espagne, où *l'Internationale* n'a pas jeté de si profondes racines et ne compte pas d'aussi nombreux affiliés que dans d'autres contrées des deux continents.

« Le régime auquel chaque nation est soumise permet d'adopter des dispositions législatives qui, toutes différentes qu'elles soient, seraient néanmoins également efficaces pour la préserver du bouleversement d'une révolution sociale.

« L'imminence et la gravité du danger ne sauraient être plus grandes et il est à souhaiter que les hommes d'État veuillent bien consacrer à cette affaire la sérieuse attention réclamée déjà d'eux, l'année dernière, par la circulaire de M. le ministre des affaires étrangères de la république française. Cette nation venait alors de traverser une crise terrible. Il est possible que la dure répression infligée aux perturbateurs et la victoire remportée par les troupes de Versailles aient inspiré aux autres gouvernements de l'Europe une sécurité mal fondée. Cependant, les organes de *l'Internationale* et les déclarations de ses adeptes aux clubs et même aux Parlements démontrèrent bientôt que la déroute éprouvée était considérée par eux comme un échec passager, et que, loin de blâmer les horreurs de la Commune de Paris, ils en réclamaient avec orgueil leur part de responsabilité, tout en étant prêts à les provoquer de nouveau et à les reproduire, et en travaillant pour étendre avec plus de persévérance que jamais le cercle de leur action.

« Il est donc à espérer, vu l'extrême gravité des circonstances, que tous les États feront un accueil bienveillant et sympathique à la demande de leur concours pour l'œuvre de défense contre *l'Internationale*, qui deviendrait certes beaucoup plus facile si une des grandes puissances se chargeait de formuler les bases d'une entente commune et d'une action nouvelle et simultanée.

« Il serait de même à désirer que les nations qui n'ont pas encore conclu de traité d'extradition avec l'Espagne se prêtassent à stipuler une convention ou à établir un accord spécial pour tout ce qui se rapporte à *l'Internationale*.

« Veuillez me faire savoir si M. le ministre des affaires étrangères est disposé à prendre en considération ces indications. Je vous prie de lui donner lecture et de lui laisser copie de cette dépêche.

« Bien convaincu de votre zèle pour le service de l'État, je suis sûr que vous saurez profiter des bonnes relations existant entre le gouvernement de... et celui de Sa Majesté, pour obtenir l'appui le plus prompt et le plus efficace dont celui-ci puisse avoir besoin à l'extérieur par rapport aux mesures qu'il jugera prudent d'adopter.

« Agréez, etc.

BONIFACIO DEL BLAS. »

Madrid, le 9 février 1872.

Les alarmes du gouvernement espagnol n'avaient rien d'exagéré alors ; et depuis ce temps le travail souterrain de *l'Internationale* ne s'est pas ralenti.

En effet, on écrivait de Berlin en juillet 1874 au journal *le Français* :

« De nouveaux troubles ont éclaté sur quelques points de la Prusse orientale, ils ont été facilement réprimés par la gendarmerie. On a acquis la preuve que les socialistes avaient essayé de faire de la propagande parmi les populations rurales de cette province. Le parti vient de ténir à Cobourg une réunion publique dans laquelle il a été décidé qu'il était urgent « *d'entamer les ruraux* », c'est-à-dire de les associer au grand mouvement socialiste, à la lutte du travail et du prolétariat contre l'infâme Capital. »

Peu après *la Presse* du 11 septembre 1874 nous annonçait qu'en Angleterre les laboureurs s'étaient mis en grève ; enfin nous lisons dans *la Liberté* du 4 avril 1875 que la grève des forgerons du pays de Galles s'accroît chaque jour, sinon en surface, du moins en intensité.

Nous pourrions encore mentionner ici bien d'autres grèves, survenues autour de nous dans ces derniers temps, mais sans nous appesantir davantage sur ce qui se passe à l'étranger, bornons-nous à dire que, quant à présent, nous traversons en France une période d'attente et de calme relatif, pendant laquelle les patrons devraient bien songer à se mettre en mesure de parer au danger qui les menace, mais tout entiers à leurs affaires, ils ne semblent pas s'en préoccuper le moins du monde et quand l'orage éclatera sur leur tête il ne sera peut-être plus temps de le conjurer.

Cependant, nous avons vu, naguère, en 1870, la ville de Lyon donner un bon exemple. Au mois de juin de cette même année, les ouvriers en soierie ayant mis en interdit une des principales fabriques de la ville, les patrons décidèrent immédiatement de répondre à cette mesure par la cessation complète de leurs travaux. C'est le système anglais du *lock-out*, la grève des patrons opposée à la grève des ouvriers. Nous le disons à regret, ce système devra nécessairement entrer dans nos usages industriels, si les ouvriers persistent dans leurs grèves anti-patriotiques. Nous ne craignons pas de les qualifier ainsi, car en se coalisant et en se mettant en grève, ce qui est tout un, comment ne comprennent-ils pas qu'ils provoquent des représailles de la part de leurs patrons et que ces représailles, en ruinant ceux-ci et eux-mêmes, ruinent en même temps leur pays !

Quand donc, ouvriers crédules, ne consulterez-vous plus que votre véritable intérêt, et l'intérêt de notre chère patrie, quand n'écouterez-vous plus que votre intelligence et votre bon sens, et repousserez-vous ces doctrines chimériques fruits de l'imagination de songeurs inexpérimentés qui se trompent peut-être de bonne foi, mais qui se trompent lourdement, soyez-en bien convaincus ? Quand enfin, et surtout, fermerez-vous les oreilles aux paroles empoisonnées de ces habiles faiseurs de grèves qui vous leurrent de vaines espérances avec une perfidie qu'on ne saurait trop flétrir ?

Et vous, patrons trop peu prévoyants, prenez garde, et quand il en est temps encore, organisez-vous. Coalisez-vous, puisque la coalition est permise. Vos ouvriers vous en donnent l'exemple, la loi vous y autorise et votre intérêt bien entendu vous en fait un devoir [1]. Préparez-vous donc résolûment et courageusement à la guerre, c'est pour vous le meilleur moyen de conserver la paix. *Si vis pacem, para bellum*.

Aux millions de *l'Internationale*, opposez des millions en plus grand nombre. Les Anglais vous en ont donné l'exemple dans leurs luttes contre les *trades-unions*, imitez-les, unissez-vous et vous serez invincibles. D'ailleurs, quand on sera bien

1. Nous ne voulons pas prétendre qu'aucune tentative n'ait été faite pour réagir contre les déplorables effets de la loi sur les coalitions. Ainsi à Lyon, la Chambre syndicale des entrepreneurs a demandé la révision de la loi du 25 mai 1864 et l'institution de commissions industrielles qui, de même que les Chambres de conciliation des travailleurs proposées par la Chambre de commerce d'Avignon, comme les tribunaux d'arbitres en Angleterre, auraient pour mission de statuer sur toutes les contestations relatives aux salaires. A Paris, la Chambre syndicale des imprimeurs, celle des entrepreneurs de maçonnerie et autres ont, en 1870, adressé au Sénat et au Corps législatif la pétition suivante :

« Messieurs, les anciens articles 414, 415 et 416 du Code pénal rangeaient les coalitions des ouvriers et des patrons au nombre des délits et les punissaient des peines édictées par la loi.

« La loi du 25 mai 1864 a abrogé ces articles.

« Cette loi, conçue dans un esprit de bienveillant intérêt pour les ouvriers, devait, dans la pensée du législateur, amener la libre discussion du prix de la main-d'œuvre et faciliter les rapports entre patrons et ouvriers.

« Malheureusement, le but que se proposait la nouvelle loi n'a pas tardé à être dépassé.

« Dans tous les corps de métiers, les ouvriers se sont organisés en sociétés reliées entre elles par des comités directeurs.

« Ces sociétés, sous le titre modeste de sociétés de secours mutuels, se sont constituées en réalité en véritables dictatures, décrétant le prix de la main-d'œuvre, l'élevant parfois d'un jour à l'autre dans des proportions considérables, fixant la durée des heures du travail, prohibant celui des femmes dans certaines industries, règlementant le nombre des apprentis, mettant en interdit les maisons rebelles à leurs exigences, violentant au besoin les ouvriers non-adhérents, imposant le renvoi de certains contre-maîtres ; bref, faisant revivre les corporations ouvrières telles qu'elles existaient avant 1789, avec ces différences capitales, c'est qu'elles ne sont plus comme autrefois contrebalancées par la constitution des patrons en jurandes et en maîtrises et que les grèves actuelles sont toujours, quel que soit leur mobile, soutenues par un comité international, convaincu que vous êtes prêts à une résistance vigoureuse, on n'osera pas vous attaquer, et la grève, cette machine de guerre qui n'a jamais été qu'un instrument de ruine, disparaîtra pour toujours. Telle est notre espérance, et pendant le moment de tranquillité que nous traversons, pendant que les passions sociales semblent sommeiller, fasse le ciel que les patrons et les ouvriers, profitant des expériences du passé, parviennent enfin à cimenter entre eux un accord et une paix solides et durables ! Mais pour qu'il en soit ainsi, il

c'est-à-dire par un agent de désordre permanent qui se préoccupe peu de l'équité, mais qui poursuit un but politique au moyen de l'agitation qu'il perpétue.

« Les patrons sont la plupart du temps impuissants à lutter contre les exigences des ouvriers.

« Effectivement, presque toujours les entrepreneurs de main-d'œuvre, les industriels en un mot, sont liés par des engagements vis-à-vis des tiers et sont obligés sous peine de dommages-intérêts considérables, de livrer les travaux aux jours indiqués par leurs marchés.

« Les ouvriers le savent si bien qu'ils profitent presque toujours, pour se mettre en grève, des moments où les travaux demandent une grande urgence et où ils savent que leurs patrons se sont engagés par des commandes importantes.

« Il est superflu de s'étendre sur les souffrances que cet état d'antagonisme occasionne à l'industrie, et sans qu'il soit besoin de plus longues explications, on voit que constamment les calculs de l'entrepreneur sont déjoués par des hausses subites de salaires et qu'il se trouve forcément placé dans l'alternative ou de travailler à des conditions ruineuses ou de s'exposer à des dommages-intérêts en ne livrant pas le travail promis.

« Jusqu'à présent, en effet, la hausse générale des salaires, alors même qu'elle est le résultat d'une grève dans tout un corps de métier, n'est pas considérée d'une manière invariable par la jurisprudence comme un cas de force majeure ; cela se comprenait sous l'empire des anciens articles 414 et suivants, mais aujourd'hui que le patron se trouve absolument désarmé par le fait de leur abrogation, nous venons demander au Sénat de combler cette lacune légale et d'inviter le gouvernement à présenter une loi, laquelle, corollaire indispensable de celle du 25 mai 1864, considèrerait le cas de grève comme un cas de force majeure donnant lieu, soit à augmentation dans les prix stipulés, proportionnelle à celle subie par l'entrepreneur, soit à une résiliation des marchés, le tout, soumis à l'appréciation des tribunaux de commerce. »

faut que les bases de cet accord soient libérales et qu'elles soient assises sur la liberté la plus complète, qui exclura de l'esprit des patrons toute idée d'égoïsme et d'arbitraire, en même temps qu'elle affranchira les ouvriers des entraves de l'intimidation et des menaces de la violence, en leur permettant de disposer désormais d'eux-mêmes par eux-mêmes. Cette liberté que nous appelons de tous nos vœux doit être aussi complétement et aussi sincèrement vraie pour les ouvriers que pour les patrons ; elle doit être pour tous cette liberté large et généreuse qui fait qu'on est aussi respectueux de la liberté d'autrui que jaloux de la sienne propre. Lorsque, de part et d'autre, le règne de cette vraie liberté sera établi, on en verra sortir tout naturellement la conciliation des intérêts en apparence les plus opposés et tous les droits légitimes obtiendront la satisfaction qui leur est due.

La loi du 25 mai 1864 sur les coalitions n'a eu d'autre résultat jusqu'à présent que de multiplier les grèves, or l'inefficacité des grèves et la certitude des maux qu'elles entraînent ont frappé trop de bons esprits pour qu'on n'ait pas proposé plus d'un moyen d'en empêcher le retour. En Angleterre, on a organisé des conseils d'arbitrages mixtes et cette organisation dont nous venons de parler a donné de bons mais insuffisants résultats. Enfin parmi les autres moyens indiqués, il en est un dont on a fait grand bruit, c'est la coopération des ouvriers aux bénéfices des patrons.

Dans notre pensée, le système coopératif n'est pas pratique, et d'ailleurs, nous ne saurions le recommander et l'appuyer, tant qu'il ne nous sera pas démontré que les patrons font toujours et quand même des bénéfices dans toutes leurs opérations, et que, par conséquent, les ouvriers coopérateurs ne seront jamais exposés à prendre part à des pertes. En attendant cette démonstration impossible, nous devons croire que l'association coopérative ne contient pas le véritable antidote contre les grèves ; on ne le trouvera, suivant nous, que dans l'assurance de prévoyance contre le chômage, les maladies, les accidents et la vieillesse, et c'est là ce que nous allons essayer de démontrer dans les deux chapitres suivants.

CHAPITRE II

LA COOPÉRATION.

Opinions diverses sur l'association coopérative de production. — Objections et réponses. — Rapport du citoyen Corbon à l'Assemblée nationale et décret de cette Assemblée du 5 juillet 1848 sur les associations. — Stérilité du mouvement coopératif en 1848. — Association coopérative des ouvriers maçons sous la raison Bouyer, Bagnard, Friser et Cie, des ouvriers charpentiers sous la raison Gilquin et Maigret. — Association coopérative des ouvriers peintres sous la raison Leclaire, Defourneau et Cie. — La maison Parfonry et Lemaire et leurs ouvriers marbriers. — La coopération de production accessible seulement à un petit nombre d'ouvriers. — Opinions de MM. Léon Faucher, Wolowski et Michel Chevalier sur la participation des ouvriers aux bénéfices des patrons. — Parts d'intérêts données à titre gracieux à certains employés. — Responsabilité de l'ouvrier coopérateur. — Privilége de l'ouvrier salarié. — Analyse de quelques dépositions faites par divers dans l'Enquête sur les sociétés coopératives. — Illusions. — Avantages et dangers des associations coopératives.

« Les associations ouvrières ne sont autre
« chose que l'anarchie dans l'industrie. Les
« faits qui se passent en seront bientôt la
« démonstration la plus palpable...
« Votre commission déclare qu'elle ne
« croit pas à des collections d'individus les
« propriétés nécessaires pour l'exploitation
« d'une industrie quelconque. »
  (THIERS, séance du 22 janvier 1850.)
« Si demain une loi était rendue pour obli-
« ger les patrons à partager les bénéfices avec
« les ouvriers, ce seraient les ouvriers qui
« demanderaient après-demain l'abrogation de
« cette loi. Nous renonçons, diraient-ils, à
« notre part des bénéfices; donnez-nous par
« contre une augmentation du fixe des sa-
« laires. »
  (Déposition de M. CERNUSCHI, dans
   l'Enquête sur les sociétés coopé
   ratives.)
« Le système de la participation aux béné-
« fices conçu comme mode général d'orga-
« nisation du travail, c'est non-seulement une
« utopie décevante, mais aussi une utopie
« dangereuse, il contient un ferment de dis-
« corde et un principe dissolvant. Beaucoup
« de publicistes regardent ce nouveau régime

« comme destiné à rétablir l'harmonie, l'ac-
« cord entre tous les éléments de la pro-
« duction, l'union intime de toutes les forces
« sociales. C'est être la dupe des mots. Le
« meilleur moyen de concilier les hommes,
« l'expérience journalière nous l'apprend, ce
« n'est pas d'enchevêtrer leurs intérêts, de les
« obliger à se rendre mutuellement des
« comptes, de compliquer leurs relations
« d'affaires. N'est-ce pas une vérité banale,
« exploitée souvent par le théâtre, que les
« querelles, les brouilles, parfois même les
« haines sont fréquentes entre associés de
« commerce ou d'industrie ?

« Malheureusement il semble qu'il suffise
« de parler des plus importantes questions
« de notre temps pour avoir le droit de perdre
« de vue les données les plus élémentaires,
« les leçons les mieux constatées de la
« vie. »
(M. Paul Leroy-Beaulieu. *La question
ouvrière. — Revue des Deux
Mondes*, tom. LXXXVII, p. 429.)

« Vous connaissez les formules des com-
« munistes de nos jours? (*A chacun selon
« ses forces, à chacun selon ses besoins.*)
« Quoi de plus noble et de plus séduisant
« de prime abord que cette maxime ?

« Mais hélas ! l'humanité n'a point de
« dynamomètre pour déterminer exactement
« la puissance de production en chaqae
« individualité, ni de jauge pour mesurer la
« capacité de consommation »
(M. Dulac Journal *la Chose publique*
de Périgueux.)

La coopération est une utopie séduisante, mais nous craignons bien qu'elle ne soit jamais qu'une utopie [1] ; car

---

1. « La vérité sociale ne peut se trouver ni dans l'utopie ni dans la routine. » (Proudhon. *Contradictions économiques.*) « La routine n'a jamais rien fondé et le progrès doit même souvent être une lutte contre le passé. L'utopie, d'un autre côté, n'a produit que trop de mécomptes. N'imitons cependant pas les esprits vulgaires auxquels elle inspire *à priori* tant de faciles railleries : malheur aux pays qui ne feraient jamais d'utopies, ils prouveraient qu'ils n'espèrent pas dans l'avenir. Le jour où il n'y aurait plus aucun *rêveur* ayant devant les yeux une Jérusalem céleste, resplendissante de clarté, la source de beaucoup de progrès pratiques serait tarie. « Savez-vous, a dit un éloquent novateur, si l'humanité n'a aucun parti à tirer de ce que vous appelez des rêveries ? Savez-vous si la rêverie aujourd'hui ne sera pas la vérité dans dix ans et si, pour que la réalité soit réalisée dans dix ans, il n'est pas nécessaire que la rêverie soit hasardée aujourd'hui ? » Discutons scientifiquement les « Rêveries », quelle que soit l'inanité des résultats pratiques qu'une expérience assez récente encore a pu en tirer, abordons-les avec franchise quand elles se produisent

il nous semble impossible que cette forme de société telle que nous la comprenons puisse jamais recevoir une application pratique pour la plupart des travailleurs et le plus grand nombre des industries et en particulier pour celle qui fait l'objet de ce travail. Si l'on nous objecte que quelques exceptions heureuses existent, nous nous contenterons d'opposer à cette objection, cet axiome classique : « l'exception confirme la règle. »

Qu'est-ce en effet que la coopération telle qu'on l'entend aujourd'hui ? c'est la mise en société du travail et du capital. A première vue, cette association paraît toute naturelle et toute simple ; toute naturelle nous le voulons bien, mais toute simple, non !

La valeur du capital est toujours d'une appréciation exacte et facile, et le capital de celui-ci vaut comme unité le capital de celui-là, il varie en raison du plus ou moins grand nombre d'unités qui le composent ; tandis que la valeur et la quantité du travail fait par les coopérateurs est variable, en raison de la force, de l'intelligence professionnelle et de l'habileté de main de chacun d'eux. Par suite, on s'aperçoit bien vite, lorsque l'on veut faire entrer cette forme de société dans la pratique, combien de difficultés surgissent aussitôt ; car ainsi que l'a dit M. Flotard, prési-

et n'allons pas lâchement fermer les yeux devant les éclairs de génie, qui en jaillissent quelquefois.

« La réflexion préalable ne voit jamais les choses exactement comme elles sont et la raison ne révèle pas tout ce que révèlera l'expérience, mais c'est la mission et l'honneur de l'esprit humain de prendre dans les affaires humaines une initiative salutaire malgré les erreurs qui s'y mêlent ; et la politique tomberait dans un abaissement ou un engourdissement déplorable si l'utopie ne venait de temps en temps la sommer de faire une part à ses généreuses espérances. » (M. Guizot.)

dent de la Société lyonnaise du crédit au travail, dans la déposition qu'il a faite lors de l'enquête sur les sociétés coopératives, cette forme de société « est surtout basée sur la qualité des personnes ; c'est en quelque sorte une école de perfectionnement moral ; son crédit repose sur la valeur morale, sur la bonne conduite des membres qui la composent. »

D'autre part, M. Emile Laurent, dans son remarquable ouvrage sur le paupérisme, dit avec infiniment de raison à propos de l'association coopérative de production : « La grande, la véritable, la seule difficulté, la voici : Il faut vouloir, il faut être des hommes... Ce qui importe plus que les lois, que les cadres, que les institutions elles-mêmes, c'est la valeur propre des hommes, c'est l'individu, et encore l'individu. »

Mais comment apprécier et juger avec exactitude la valeur individuelle des coopérateurs ; comment leur faire accepter réciproquement l'estimation si équitable qu'elle soit de leur valeur personnelle que chacun d'eux, par un sentiment qui ne souffre guère d'exception, prise si haut! D'autre part, comment se rendre compte du plus ou du moins de confiance ou de crédit qu'il convient d'accorder à chacun, et comment enfin trouver une formule exacte de partage des bénéfices, donnant à tous une juste et proportionnelle satisfaction ? Voilà plus de vingt ans que l'on cherche, sans la rencontrer, la solution de ce problème si complexe et pourtant les encouragements n'ont pas manqué aux chercheurs. Le gouvernement de la république de 1848 dès les premiers temps de son existence s'est préoccupé de ces questions et a tenté de les faire passer dans l'ordre des faits. Il n'est pas sans intérêt de relire aujourd'hui un rap-

port du citoyen Corbon, inséré au *Moniteur universel* du
4 juillet 1848 :

« Citoyens représentants, vous avez pris en considération et
vous avez renvoyé au comité des travailleurs une proposition
du citoyen Alcan, tendant à encourager les associations soit
entre ouvriers, soit entre patrons et ouvriers.

« Le comité, d'accord avec l'auteur, a modifié la proposition et je suis chargé de vous apporter aujourd'hui un
projet de décret et de vous en exposer les motifs.

« Le moment est venu, citoyens représentants, d'aborder
franchement et nettement cette question de l'association
dans le travail, question séduisante pour les uns, irritante
pour les autres ; question grosse d'espérances fondées et
en même temps d'espérances illusoires !

« L'association est d'ailleurs le plus grand besoin de notre
époque: c'est au nom de l'association qu'on a enlevé à l'État
les chemins de fer ; c'est au même titre que l'on combat le
rachat de ces chemins... Pourquoi les simples travailleurs
ne tenteraient-ils pas, eux aussi, de jouir du bénéfice de
l'association ? Si le principe est fécond, il ne le sera pas
moins lorsqu'il s'agira de l'appliquer au travail, que lorsqu'il s'agit de l'appliquer à la spéculation.

« Il n'est assurément personne dans cette assemblée qui
ne veuille de tout son cœur l'élévation progressive des classes
tenues jusqu'ici dans l'infériorité. Et pour notre part, nous
avons l'intime conviction qu'un jour viendra où la plupart
des travailleurs auront passé de l'état de salariés à celui
d'associés volontaires, comme autrefois ils ont passé de l'é-
tat d'esclaves à celui de serfs, et comme de serfs ils sont

devenus salariés libres. Mais cette transformation sera l'œuvre du temps et des efforts particuliers des travailleurs. L'État doit y aider sans doute, mais, quelle que puisse être sa part dans la lente réalisation de ce progrès, elle doit être, elle sera de beaucoup inférieure à la part qu'y devront prendre les ouvriers eux-mêmes; il faut que le travailleur soit le fils de ses œuvres, et que, s'il possède un jour d'une manière ou d'une autre l'instrument de son travail, il le doive avant tout à ses propres efforts.

« C'est là, nous le savons, une résolution qui satisfera médiocrement certaine portion de la classe ouvrière à laquelle on a fait croire, au contraire, que l'État ferait tout et qu'elle n'aurait qu'à se laisser faire. Ceux-là ne sont pas dignes d'être aidés qui n'ont pas le courage de s'aider ; ceux-là n'ont pas le sentiment vrai de la liberté, ni de l'égalité, ni de la fraternité, qui ne veulent point tenter de s'élever par des efforts soutenus et patients, mais qui attendent qu'on les élève! Nous voudrions donc que l'État ne vînt en aide aux travailleurs qu'en proportion des efforts qu'ils feront eux-mêmes pour parvenir à la possession de leurs instruments de travail.

« Nous n'aurions rempli notre devoir qu'à moitié si nous n'ajoutions pas que nos associations volontaires *doivent, de toute nécessité, se soumettre aux conditions de la concurrence,* qui sont les conditions de la liberté même du travail. Nous disons ceci précisément parce qu'on a fait croire aux travailleurs que tous leurs maux sont les résultats de la concurrence. Cela est vrai jusqu'à un certain point ; mais on a conclu de l'abus à la suppression de l'usage, et l'on a fait une théorie qui aurait, a-t-on prétendu, la vertu de détruire la concurrence sans détruire la liberté.

« Il est bon que les ouvriers sachent que c'est là tout simplement une impossibilité.

« Comment, en effet, détruire la concurrence ? Sera-ce par l'autorité ? L'autorité serait immédiatement renversée. Ce sera donc au moyen d'une association universelle ? Mais comment une association pourrait-elle avoir la puissance de tout absorber ? Elle pourrait, sans doute, absorber les deniers de l'État, si l'État pouvait y consentir : elle pourrait par ce moyen ruiner quelques fabriques, puis elle serait infailliblement ruinée elle-même, attendu que, d'après les statuts généralement admis parmi ceux qui veulent l'association ainsi comprise, le temps du travail est fort court et le salaire fort large. Or, comme c'est tout le contraire dans l'industrie privée, c'est évidemment celle-ci qui finirait par avoir le dessus dans la lutte.

« Ainsi donc, en principe, il faut se soumettre à la concurrence, sauf à en réprimer les abus comme on réprime les abus de la liberté ; en fait, il faut se soumettre à la concurrence, puisqu'il n'est pas possible de la détruire.

« Le temps est heureusement venu où ces graves questions vont être portées à la tribune nationale, d'où l'on pourra prémunir avec autorité les travailleurs contre les idées avec lesquelles on n'a obscurci que trop d'intelligences. La discussion fera voir ce que valent certaines doctrines qui, sous des formes austères, et en affectant le langage du dévouement et de l'amour, ne font appel, en définitive, qu'à l'égoïsme et déterminent contre la société des haines d'autant plus profondes qu'elles surexcitent tous les appétits chez des individus qui manquent du nécessaire.

« Pour l'amour du peuple, prémunissons-le contre des erreurs dont il subit tout le premier les conséquences les plus désastreuses ; et puis, empressons-nous d'ouvrir la carrière de l'association aux travailleurs qui donneront les gages de capacité et de bonne volonté, et l'ordre moral sera rétabli. »

Le lendemain, 5 juillet 1848, l'Assemblée rendait le décret suivant :

« L'Assemblée nationale, voulant encourager l'esprit d'association sans nuire à la liberté des contrats, décrète :

Art. 1er. — Il est ouvert au ministre de l'agriculture et du commerce un crédit de trois millions de francs, destiné à être réparti entre les associations librement contractées soit entre ouvriers, soit entre patrons et ouvriers.

Art. 2. — Le montant de ce crédit sera avancé, à titre de prêt, sur l'avis d'un conseil d'encouragement formé par le ministre, et aux conditions réglées par le même conseil.

Art. 3. — Le compte annuel de la répartition du crédit sera présenté à l'Assemblée nationale, avec un rapport raisonné du conseil d'encouragement sur les associations auxquelles s'appliquera ce crédit, pour être soumis à l'examen d'une commission spéciale.

Art. 4. — Les contestations entre les membres de ces associations qui profiteront du crédit seront portées devant les conseils de prud'hommes.

Art. 5. — Les avances autorisées par le présent décret sont indépendantes des institutions de crédit qui auront pour but de favoriser le travail agricole et industriel. »

Qu'a produit ce décret ? A-t-il encouragé l'esprit d'association ? A-t-il développé les sociétés soit entre ouvriers, soit entre patrons et ouvriers ?

En ce qui touche l'industrie multiple du bâtiment, quatre sociétés seulement, à notre connaissance, ont fonctionné à Paris, postérieurement à ce décret, encore n'est-il pas bien certain que ces sociétés lui doivent leur existence ; sur ces quatre sociétés, deux seulement existent encore aujourd'hui. Ces quatre sociétés se décomposent ou se décomposaient ainsi : deux sociétés d'ouvriers et deux autres entre patrons et ouvriers.

Nous savons bien que l'on a prétendu qu'il ne fallait attribuer la cause de la stérilité du mouvement coopératif de 1848, qu'à son origine révolutionnaire, car alors, comme l'a dit M. Flotard [1], « tout était soumis à une sorte de socialisme autoritaire, quiconque ne suivait pas la parole absolue du maître était poussé hors du troupeau comme une brebis galeuse. » De son côté, Proudhon, fort paradoxalement, suivant nous, attribue les difficultés du mouvement coopératif, à son début, à la subvention de trois millions que l'Assemblée constituante a donnée aux sociétés ouvrières ! Quoi qu'il en soit, le mince résultat que nous venons d'indiquer et que nous considérons comme négatif nous semble prouver suffisamment que la forme coopérative est peu pratique, si ce n'est dans toutes les industries, tout au moins, nous l'avons déja dit, dans la plupart de celles qui sont relatives à la construction.

1. Enquête sur les sociétés de coopération, séance du 12 janvier 1866.

Cette opinion, chez nous, n'est pas nouvelle ; nous l'avons déjà émise dans notre brochure sur les prud'hommes et les livrets d'ouvriers et elle nous a valu alors la lettre suivante que MM. Gilquin et Maigret, gérants de l'association coopérative des ouvriers charpentiers, nous firent l'honneur de nous adresser.

« Monsieur,

« Nous vous remercions de l'appui que vous avez bien
« voulu prêter à la classe ouvrière pour la suppression des
« livrets ; mais ce que nous craignons, c'est que les préven-
« tions et les excitations justes ou injustes dirigées contre
« le patron ne disparaissent pas par enchantement, comme
« le pense M. Sauvage.

« Une instruction généralement répandue devra en faire
« justice, dites-vous. Oui, nous croyons fermement que le
« patronat devra disparaître devant l'association, comme
« les maîtrises et les jurandes ont disparu devant le patro-
« nat : chacun a son tour. Les idées sociales doivent s'ac-
« complir lentement, afin d'arriver au but qu'elles se pro-
« posent avec succès ; pour y arriver, des groupes peu
« nombreux et d'autres groupes sont en formation de
« société pour grossir petit à petit, pour arriver à l'infini :
« donc, nous ne sommes plus à l'état d'utopie, comme vous
« le dites ; des preuves sont déjà faites et s'affirment. Que
« M. Sauvage veuille bien l'entendre : si les associations sont
« faibles, c'est que la nature veut que nous soyons petits
« avant d'être grands ; si nous étions tous égaux, il est pro-
« bable que l'association n'aurait pas lieu d'être.

« Pour lutter contre la misère qui envahit la grande ma-

« jorité des travailleurs, les ouvriers n'ont qu'une seule
« chose à faire : l'union pour résister. Ainsi est-ce que nous
« avons fait et ce que nous faisons ; réunir nos modiques
« économies de chaque jour, qui, avec l'aide du travail,
« viendront cimenter l'union du travail et du capital. Quant
« aux formes d'association que vous nous dites vaguement
« définies, voici en deux mots quels en sont les principes.

« Tous les associés sont égaux par la répartition des
« bénéfices ou pertes, et parce fait ont droit de contrôle
« sur les membres dirigeant les associations ; de ce principe,
« devront disparaître ces grands bouleversements de com-
« merce, tels que faillites, assemblées de créanciers, etc.

« Par l'association, plus de grèves ; abolir cette concur-
« rence ruineuse et désastreuse qui pèse sur la société en-
« tière où patrons et autres semblent aujourd'hui comme
« entraînés par un courant irrésistible qui les conduit à leur
« perte.

« Voici quel est l'esprit général des associations et le but
« qu'elles se proposent d'atteindre.

« Pour y arriver, nous ne craignons ni misères ni décep-
« tions ; tous dévoués à la cause que nous poursuivons,
« rien ne nous fera dévier de la route qui nous est tracée.
« — Recevez nos salutations. Pour l'association des ouvriers
« charpentiers.

« Signé : GILQUIN et MAIGRET.

« P.-S. Ci-joint nos statuts que nous soumettons à votre
« critique, car généralement c'est du principe opposé que
« doit jaillir la lumière. Si vous daignez y répondre, nous

« vous soumettrons tous les statuts des associations se rat-
• tachant au bâtiment [1]. »

Nous avons répondu à cette lettre :

« Vous me mandez dans votre lettre, Messieurs, que vous soumettez à ma critique l'examen de vos statuts, parce que, suivant vous, c'est du choc des principes opposés que doit jaillir la lumière.

[1] Voici le préambule des statuts et du règlement de cette association coopérative des travailleurs :

« Les soussignés, ouvriers charpentiers, reconnaissant que l'association est un des moyens d'atténuer l'inégalité qui existe entre les hommes, reconnaissant en outre que l'exploitation de l'homme par l'homme a eu pour résultat fatal, la misère. Pour y remédier, nous avons décidé de créer une société de production anonyme à capital variable, accessible à tous les travailleurs, selon les principes suivants : 1° Admission de tous travailleurs de la corporation et de celles qui en dérivent. 2° N'employer que des associés dans les ateliers de la société à moins de nécessité reconnue. 3° Répartition des bénéfices *ou pertes de la part afférente au travail par tête ou par part égale pour tous les associés travaillant ou non dans les ateliers sociaux*. 4° Création d'une caisse dite de prêt mutuel au moyen de prélèvements sur les bénéfices nets pour aider à la formation de nouveaux groupes, avec faculté, après l'organisation des groupes, de destiner tout ou partie de ce fonds pour venir en aide à l'enfance ou à la vieillesse nécessiteuse. 5° Limiter le capital des groupes, afin d'éviter de grandes concentrations. 6° Le stage à terme fixe remplacé par un examen sérieux, sur les principes, les droits et les devoirs sociaux. 7° L'adhésion fédérale reconnue obligatoire, afin d'éviter tous les différends entre les groupes.

« Nous faisons appel à tous les ouvriers qui, par l'association, veulent s'affranchir du salariat en améliorant progressivement le sort de tous, disant tous pour tous comme un pour tous, au lieu de chacun pour soi, principe qui créa la ruine et la division des hommes.

« En foi de quoi nous avons établi les statuts de la société de l'union des ouvriers charpentiers. »

Nous ne saurions admettre les idées émises dans ce factum ; toutefois, nous ne les discuterons pas, car ainsi qu'on l'a dit fort justement, les idées, quand elles sont entrées une fois dans certaines imaginations, sont comme des clous, plus on les discute, plus on frappe dessus, plus on les enfonce ; seulement, nous appellerons l'attention de tous ceux que ces questions intéressent sur le mode de répartition des bénéfices et des pertes. Il est stipulé que cette répartition doit se faire par tête ou par part égale pour tous les associés travaillant ou non dans les ateliers sociaux ; en sorte que celui qui aura travaillé peu ou point aura une

« Cet examen comporte un travail et des recherches que mes nombreuses occupations ne me laissent pas le temps de faire en ce moment. Toutefois, permettez-moi de vous faire observer que je ne suis pas de parti pris, comme vous paraissez le croire, un adversaire des sociétés coopératives ; mais, je ne crains pas de l'avouer, ma vieille expérience ne peut pas admettre que cette forme de société soit aussi excellente que vous le dites et elle se refuse à croire à son succès, parce que son succès exige des associés coopérateurs tant d'abnégation, tant de qualités, en un mot, une perfection telle, qu'elle me semble difficilement accessible à notre faible humanité !

« Je ne crois donc pas que cette forme de société doive régénérer le monde industriel et je ne crois pas surtout qu'elle soit appelée à supprimer la concurrence, les grèves et les faillites, en faisant disparaître le patronat, comme si le patronat pouvait être considéré comme étant seul coupable et responsable de la concurrence, des grèves et des faillites ! Mais, d'ailleurs, est-ce que certaines sociétés coopératives ne recherchent pas, comme de simples patrons, les affaires qui sont mises en concurrence, est-ce qu'elles n'emploient pas des ouvriers à la journée, et dès lors est-ce qu'elles ne rentrent pas dans les rangs du patronat, que vous semblez vouloir faire disparaître, je ne vois vraiment

part égale à celle de l'associé qui travaillera beaucoup, quand bien même les bénéfices seraient uniquement dus à l'habileté de ce dernier et à son travail ! Mais, d'autre part, quand l'incapacité, l'absence ou la paresse de coopérateurs peu consciencieux aura entraîné la société dans des pertes qui, sans l'intelligent et actif concours de l'ouvrier laborieux et habile, auraient été plus grandes, celui-ci perdra tout autant que ses co associés. Ce n'est pas là, à notre humble avis, ce que l'on peut appeler de la bonne justice.

pas trop pourquoi. Bref, je ne blâme point ces sociétés en partie double, c'est-à-dire fonctionnant avec des coopérateurs et avec des salariés, car je reconnais qu'en employant des ouvriers à la journée, comme c'est leur droit, elles obéissent à une nécessité ; mais j'en conclus, ne vous en déplaise, que, par ce motif, les sociétés coopératives ne tueront pas le patronat ; qu'elles n'ont au surplus ni le pouvoir, ni l'intérêt de détruire, puisque le patronat, accessible à tous, ne jouit d'aucun privilége !

« Ceci dit, permettez-moi maintenant de relever une autre erreur que vous avez émise sur le patronat. Ce n'est pas le moins du monde, ainsi que vous le dites à tort, le patronat qui a supprimé les maîtrises et les jurandes, c'est la liberté! En effet, avant la promulgation de la loi des 2-17 mars 1791, n'était pas maître qui voulait ; les maîtrises et les jurandes, de même que la noblesse et le clergé, avaient alors de très-nombreux priviléges et ces priviléges ont disparu, non pas devant le patronat, redisons-le, mais bien devant le souffle puissant de la liberté.

« Revenant maintenant à l'objet principal de cette lettre, laissez-moi vous dire, Messieurs, que toutes les associations sont bonnes, quelle qu'en soit la forme, lorsque les associés qui les composent, tous solidaires les uns des autres, ont une égale confiance en eux, qu'ils sont tous également honnêtes, laborieux et intelligents, et que chacun d'eux sans jalousie ni envie fait passer les intérêts sociaux avant les siens propres. Qu'importe alors la forme ? Des sociétés ainsi composées seront toujours parfaites, mais elles sont fort rares et je désire vivement que la vôtre soit de ce nombre.

« En définitive, permettez-moi, Messieurs, de terminer cette lettre en vous disant avec la plus profonde conviction : que la meilleure forme de l'organisation du travail, au point de vue commercial et industriel, c'est celle qui, s'appuyant sur l'union et la concorde entre le capital et le travail, c'est-à-dire entre les patrons et les travailleurs, s'appuie en outre et surtout sur la liberté la plus complète et la plus entière pour tout et pour tous.

« Recevez, Messieurs, l'assurance de ma considération la plus distinguée. »

Depuis cet échange de correspondance, les associations coopératives ont plutôt diminué qu'augmenté et l'on conviendra que cet état de choses n'est pas fait pour ébranler notre opinion sur ce genre d'association.

Applicable seulement à un nombre restreint d'ouvriers, l'association coopérative ne peut pas l'être indistinctement à tous, nous ne saurions trop le dire; or, si l'universalité des ouvriers n'en peut pas profiter, il semble difficile d'admettre que cette forme de l'organisation du travail puisse donner, comme on l'a prétendu, une complète satisfaction à tous les travailleurs. Mais pour décider de sa valeur pratique, il ne s'agit pas de raisonner comme on le ferait en présence d'un système appuyé sur des combinaisons plus ou moins ingénieuses présentées avec plus ou moins d'art ; la coopération existe et fonctionne; au lieu d'en critiquer la théorie, n'est-il pas plus simple de la juger par ses actes? Voyons-la donc à l'œuvre, ce sera en effet le plus sûr moyen d'en apprécier les ressources et d'en constater les inconvénients ou les dangers. Différents types de ces associations s'offrent à nous,et en première ligne la société coopérative des maçons, sous la raison Bouyer, Bagnard, Friser et Cie, mais les agissements et les résultats de cette société ne nous sont pas bien connus, tout ce que nous en savons c'est qu'elle s'est mise dernièrement en liquidation volontaire, c'est pourquoi nous ne croyons pas devoir en parler davantage. Nous ne dirons rien non plus de l'union des charpentiers, sous la raison Gilquin, Maigret et Cie, parce que nous ignorons les résultats pratiques obtenus par l'application de leurs statuts que nous avons relatés plus haut. Ceci dit, nous nous contenterons d'examiner deux sociétés coopératives existant encore à ce jour, à savoir : celle de la maison de marbrerie de MM. Parfonry et Lemaire et celle de MM. Leclaire, Defourneau et Cie, entrepreneurs de peinture.

La maison Parfonry et Lemaire concède à ses ouvriers, outre leur salaire habituel, un tant pour cent quelconque sur le total des ventes de l'année.

Voilà toute la combinaison, mais franchement, est-ce là ce qu'on peut appeler une association coopérative entre l'entrepreneur et l'ouvrier ? Non certainement, c'est tout simplement une prime à la production que MM. Parfonry et Lemaire accordent à leurs ouvriers qu'ils intéressent ainsi dans le mouvement de leurs affaires en leur refusant tout droit d'immixtion dans le détail du compte de la gestion [1].

Quant à la maison Leclaire, Defourneau et Cie, elle est entrée résolûment dans l'organisation du travail que l'on a

1. *Revue des Deux-Mondes*, tome LXXXVII. *La question ouvrière*, par M. Leroy-Baulieu, p. 417.

appelé « *le nouveau contrat* ». Les bénéfices nets de la coopération se divisent en trois parts : cinquante pour cent sont distribués individuellement aux ouvriers au prorata du travail de l'année et proportionnellement au traitement ou au salaire de chacun d'eux ; vingt-cinq pour cent sont versés dans la caisse des pensions viagères ; vingt-cinq pour cent sont attribués au patron directeur qui reçoit en outre un traitement fixe de six mille francs. Les ouvriers se partagent en deux catégories, les associés et les auxiliaires. Les premiers sont élus par l'assemblée générale ; ils doivent connaître parfaitement leur métier et savoir lire et écrire ; ils sont aujourd'hui au nombre de quatre-vingt-dix, soit environ le tiers du personnel. Les deux cents et quelques simples auxiliaires qui ne touchent pas de dividende reçoivent en compensation un supplément de paie de cinquante centimes par jour.

Cette société est prospère et sa constitution offre le meilleur modèle des établissements de ce genre, elle a su par sa sagesse se créer une situation unique dans le monde industriel et elle fait aujourd'hui pour quinze cent mille francs d'affaires, ce qui est un chiffre élevé pour la profession à laquelle cette société appartient. Nous ferons remarquer d'abord que dans les travaux de peinture en bâtiment, la main-d'œuvre joue vis-à-vis du capital un rôle très-prépondérant, ce qui en industrie peut être considéré comme une exception, et nous ajouterons qu'à cet avantage de la profession sont venues s'ajouter pour cette maison des circonstances accessoires qui n'ont pas été sans influence sur son succès. M. Paul Leroy-Beaulieu les énumère ainsi : « Quand le système nouveau eût été introduit dans la maison Leclaire, la presse commença de s'en occuper ; le nom de cet industriel ingénieux revint souvent dans les journaux de toute nuance, des publicistes éminents se chargèrent de le rendre célèbre ; pendant près de trente ans, il se fit autour de cet établissement une constante et universelle réclame. Sous le gouvernement actuel [1], la participation aux bénéfices obtint la faveur d'en haut ; des solennités annuelles présidées par des ministres ou des conseillers d'État réunirent dans l'enceinte des ateliers de M. Leclaire un public d'élite en goût d'innovations sociales. Est-il bien étonnant qu'une maison industrielle ait profité de ce bruit, de cette propagande, que tant d'appuis extérieurs lui aient valu une rapide augmentation de clientèle ? La faveur officielle n'était pas seulement une recommandation morale, il est bien probable qu'elle a été aussi un patronage effectif. Il est naturel qu'on adresse des commandes à un établissement pour lequel on a tant d'éloges. Cette situation exceptionnelle influait non-seulement sur le développement des affaires, mais encore sur la conscience et la conduite des ouvriers de la maison. A force d'être pris comme exemple, d'être proposés à l'admiration et à l'imitation de tous, ils finirent par se convaincre qu'ils étaient un corps d'élite ; cette conviction, par l'esprit de dignité, par l'énergie morale qu'elle entraînait avec soi, se transforma bientôt en réalité. Il faudrait méconnaître la nature du cœur humain pour ne pas se rendre compte du ressort puissant que constituent de pareils sentiments et de semblables idées. Il y avait une

1. M. Leroy-Beaulieu publiait ceci dans les premiers mois de l'année 1870.

sorte d'esprit de secte et de rigorisme ascétique dans cette
réunion d'ouvriers que la presse élevait sur un piédestal,
exposait aux regards de tous ; mais, ce serait commettre
une bien grave erreur psychologique que de croire à la
généralisation possible de ces mœurs et de cette conduite
qui puisaient leur principe dans la situation exceptionnelle
et *le petit nombre des ouvriers associés*. Si l'association
devenait le fait habituel, le ressort ne se détendrait-il pas ?
De même que l'on voit les religions en minorité dans un
pays inspirer à leurs fidèles une piété plus haute, une foi
plus agissante, n'arrive-t-il pas, quand elles ont gagné la
majorité, que leur influence s'affaiblit, le frein moral se relâche, les mœurs se corrompent [1] ? »

L'association coopérative, fondée par M. Leclaire, a complétement réussi ; c'est là un fort heureux exemple que l'on
invoque sans cesse comme un précédent propre à enfanter
de nombreux imitateurs ; mais, jusqu'à présent, ces imitateurs sont rares et cette rareté tient uniquement, suivant
nous, à ce que l'on n'a pas confiance dans l'efficacité et la
fécondité de ce système. Quant à nous, nous croyons que
cet exemple est une heureuse exception, qui ne fait que
nous confirmer dans notre conviction, à savoir : que cette
forme de société sera toujours restreinte et qu'elle ne pourra
réussir que dans les industries où la main-d'œuvre est pré-
pondérante, le capital peu important, la surveillance difficile, le régime du travail à la tâche impraticable ; dans les
industries enfin, où la prospérité dépend moins de la capa-

---

1. *Revue des Deux-Mondes*, tome LXXXVII. — *La question ouvrière*, par
M. Paul Leroy-Beaulieu, p. 421 et 422.

cité commerciale des directeurs, de leur entente des affaires, de l'habileté de leurs spéculations, que de l'administration intérieure et du zèle du personnel ouvrier. En dehors de ces industries nous avons la conviction profonde que la coopération ne peut comporter que des déceptions et l'expérience le prouve. En effet, un certain nombre d'établissements qui n'étaient pas dans les conditions que nous venons d'indiquer ont voulu adopter le système de la participation aux bénéfices et dans presque tous, ce système a échoué, ainsi qu'on le verra ci-après.

Cet insuccès ne nous surprend pas, mais ce qui nous a surpris, ç'a été de voir que, dans presque toutes les grèves de ces derniers temps, les ouvriers ont demandé la suppression du travail à la tâche. Faut-il conclure de ce fait singulier que le travailleur est insensible à l'attrait exercé par la perspective du gain immédiat que le travail à la tâche peut lui procurer sans solidarité ? nous ne le pensons pas ; cependant si, par impossible, il en était ainsi, comment admettre alors que le travailleur puisse se laisser fasciner par le mirage d'un bénéfice éventuel, problématique, de quelques francs en fin d'année, alors qu'il sait que la distribution de ce même dividende a sa contre-partie dans une participation aux pertes possibles de l'entreprise et qu'il comprend fort bien que la réussite de cette entreprise à laquelle il coopère ne dépend pas de sa seule énergie, de sa seule intelligence, mais de celles de tous ses camarades et en outre et surtout, de la bonne gestion du directeur-gérant ? L'esprit humain défiant par nature est rebelle à des appâts aussi incertains. Il faut pour stimuler son zèle et provoquer ses efforts lui laisser espérer des résultats plus immédiats, plus positifs et plus sûrs. Croit-on que l'esprit de l'ouvrier puisse être bien vivement frappé et surexcité par la plus ou moins lointaine perspective d'accroître un fonds commun exposé à toutes sortes de risques, et sur lequel il n'aurait qu'une part infinitésimale de propriété ? Croit-on surtout qu'après une année médiocre qui n'aurait permis de porter aucune somme au compte collectif des ouvriers, ou bien qu'après une année mauvaise qui aurait grevé ce compte de pertes dont tous les coopérateurs seraient solidaires, croit-on que les ouvriers continueraient à user de toute leur vigueur, de toute leur attention, de tous leurs soins, sans se laisser atteindre par le découragement ? Évidemment non, et c'est bien certainement alors que surgiraient en foule les récriminations entre les associés. Les uns exigeraient des comptes rigoureux, les autres blâmeraient à tort et à travers tout ou partie des opérations et de la direction qui leur a été donnée et cet état de choses déplorable multiplierait bien vite les dissentiments entre les coopérateurs et les directeurs au lieu de les diminuer et de les supprimer comme certains réformateurs l'ont prétendu. Les motifs de la querelle entre coopérateurs, patrons et ouvriers ne seraient plus les mêmes, mais ils n'en seraient peut-être que plus ardents, plus vifs et plus passionnés.

'Nous savons fort bien que l'association, quelle qu'en soit la forme, est une grande force, pourvu que les droits, les devoirs et les garanties des associés soient réciproques et à la condition expresse, redisons-le, que tous les associés solidaires les uns des autres, ainsi que le veut la loi, ainsi que l'équité l'exige, auront en eux une égale confiance, qu'ils seront tous également honnêtes et laborieux, que leurs intelligences, bien que dissemblables, seront égales au fond, qu'aucun sentiment de jalousie ou d'envie ne germera entre eux, et que partout et toujours ils feront passer les intérêts sociaux avant les leurs. Lorsque l'association n'est pas cela, elle est une cause de mécomptes, de procès et de ruine !

Ces conditions, tout à la fois si nécessaires et si difficiles à remplir, et les autres raisons non moins importantes que nous avons développées, n'ont cependant pas empêché des écrivains dont la haute intelligence n'était peut-être pas suffisamment éclairée par la pratique, de préconiser les associations entre patrons et ouvriers.

Ainsi, nous lisons dans les études sur l'Angleterre, par M. Léon Faucher : « Si l'on veut que l'harmonie règne dans la production, il faut que le maître associe l'ouvrier à sa destinée. . . . C'est dans la pratique des nations qu'il faut chercher les bases du nouveau contrat.

« Dans la pêche au filet, sur les côtes méridionales de l'Angleterre, la moitié du produit appartient au propriétaire du bateau et du filet, l'autre moitié aux pêcheurs. . . Toute maison de commerce ou de banque qui veut exciter le zèle de ses employés *leur attribue un intérêt dans ses affaires.* Le même principe peut s'appliquer aux grandes manufactures. La cheminée de la manufacture deviendra comme le clocher de la nouvelle communauté et les bohémiens de la civilisation industrielle auront enfin une patrie, un foyer. »

De son côté, M. Wolowski écrivait, en 1848, dans la *Revue de la législation :*

« L'association se présente dès maintenant comme le mode le plus favorable de relier les intérêts des entrepreneurs d'industrie et des ouvriers, en donnant à ceux-ci une part *dans les bénéfices nets* de l'opération industrielle. »

Et à son tour, M. Michel Chevalier disait en 1848 (*Question des travailleurs*, page 48) : « Je crois que la participation des ouvriers aux *bénéfices* des patrons va s'introduire graduellement dans les habitudes. »

Voilà donc ces trois éminents économistes d'accord pour revendiquer au profit des ouvriers une participation quelconque dans les bénéfices des patrons ; la théorie est parfaite, mais, comme on vient de le voir, il est plus difficile qu'on ne pense de la faire passer dans le domaine des faits, et si l'on veut bien se rappeler ce vieux proverbe si juste et si vrai, *n'est pas marchand qui toujours gagne*, ne sera-t-on pas tenté de répondre à ces économistes éminents : Vous nous parlez toujours des bénéfices des patrons et vous ne parlez jamais de leurs pertes ! vous ne parlez pas non plus de la différence de force, de zèle, d'intelligence, d'aptitude et d'habileté professionnelle existant entre chaque ouvrier. Est-ce que les ouvriers auront tous la même force, le même zèle, la même intelligence, la même aptitude et le même tour de main ? Non pas, certes ; car autant d'individus, autant de dissemblances physiques et morales, et comme le dit fort justement le proverbe : *tant vaut l'homme, tant vaut la chose.* Mais enfin, si niveleuses que soient les tendances démocratiques de notre temps, il est

des vérités qu'il faut avoir le courage de dire : tout ne dépend pas dans l'industrie des bras de l'ouvrier, c'est surtout
l'intelligence, la volonté, le tact et la prudence du patron
qui sont les éléments primordiaux de la prospérité des
grandes entreprises. Or, pour tout homme qui réfléchit et
examine les choses de près, il est incontestable que le régime
de la participation, appliqué indistinctement à toutes les
industries, peut et doit entraver dans certains cas l'action
nécessaire, indispensable, des facultés directrices sans lesquelles on ne peut concevoir un grand progrès manufactu-
rier. Cette réserve faite, ajoutons encore que, de même que
les ouvriers, les patrons n'ont pas tous la même valeur morale et le même crédit personnel.

Par conséquent, pour établir une formule de partage
juste et équitable entre tous les intéressés, il faudrait que
toutes ces considérations capitales, qui ont une importance
relative très-grande, fussent tout d'abord pesées et mûries
avec le plus grand soin. Car il est de toute justice que la
part de chaque coopérateur corresponde aussi exactement
que possible aux services rendus à la communauté par chacun d'eux, et n'est-il pas permis de craindre que, pratiquement parlant, cette formule ne soit introuvable !

M. Léon Faucher allègue que dans la banque et dans le
commerce l'on excite le zèle des employés par une part d'intérêt dans les affaires ; oui, cela est vrai dans la banque,
dans le commerce et dans l'industrie ; mais cette part d'intérêt, qu'on donne à ces employés, le patron ne la leur
concède que lorsqu'il a réalisé des bénéfices et il la propor-
tionne au mérite de chacun d'eux et non à la quotité des

bénéfices qu'il a faits ; c'est donc tout simplement une gra-
tification qu'il donne et non pas une part d'intérêt obligée
qui impliquerait une part proportionnelle dans les pertes ;
ce n'est pas surtout une participation sociale engendrant
un droit d'examen, de critique ou de conseil dans la direction.

M. Léon Faucher cite encore comme exemple ce qui se
passe en Angleterre entre les pêcheurs et les propriétaires
de bateaux et de filets, qui partagent entre eux le produit
de la pêche : cela est encore vrai et se pratique également
bien en France et ailleurs. Pourquoi ? par cette raison que,
si la pêche ne produit rien, le propriétaire perd le loyer de
son bateau et de ses filets, mais le pêcheur, de son côté, perd
son travail, et il accepte sans se plaindre cette perte parce
qu'il ne peut pas la nier ; son travail, qu'il a dirigé lui-
même et à sa fantaisie, n'a rien produit, il ne réclame rien ;
tandis que dans l'industrie, le travail, imposé à l'ouvrier que
le maître a dirigé, a produit quelque chose, et lorsque cette
chose, la concurrence ou d'autres causes imprévues l'ont
réduite à néant, l'ouvrier industriel ne peut pas, ne veut pas
comprendre cette perte et, tout naturellement, il la rejette,
sur la direction qui a été donnée à son travail ou sur les faux
frais dont on l'a grevé. En définitive, il n'admet pas que
ce qu'il a produit ne puisse pas représenter au moins la
valeur du prix de revient.

La forme coopérative admise pour la pêche est donc aussi
simple que juste et elle est généralement pratiquée sans
conteste partout ; malheureusement, les motifs que nous
avons fait valoir, et ce ne sont pas les seuls que nous ayons

à donner, démontrent qu'elle n'est point applicable à toutes les industries. Plus on étudie, plus on creuse la question des associations coopératives et plus on est amené à reconnaître combien cette question est difficile à résoudre équitablement, surtout dans l'industrie des travaux de construction, qui est la nôtre.

A l'appui de notre thèse, nous lisons dans *le Siècle* du 20 mars 1870 :

« Un de nos meilleurs amis, qui a une clientèle de charpentier, nous demandait dernièrement ce qu'il pouvait faire de mieux, dans le temps présent, pour ses anciens coopérateurs, sans exercer sur eux de protectorat qui blesserait leur dignité et sans compromettre le crédit dont il jouit et dont il a besoin, dans l'intérêt même de l'œuvre commune.

« Je ne saurais, nous disait-il, les associer dès maintenant à ma bonne ou mauvaise fortune. Ils ne pourraient courir de cette fortune que les heureuses chances et leur esprit de justice se refuse absolument à me laisser seul affronter les mauvaises. Dans cette situation, étant bien persuadés que je ne suis pas un millionnaire, ils préfèrent encore la certitude d'un salaire souvent inférieur à ce qu'ils auraient droit d'exiger, à la perspective d'un bénéfice qui peut au dernier moment leur échapper. Ils comprennent très-bien que, si je leur fais une part dans les prévisions heureuses de mes opérations, ils me devront, dans les circonstances difficiles, un concours que, malgré leur bonne volonté, ils ne pourraient me donner sans compromettre leurs moyens quotidiens d'existence. Ils sont d'ailleurs assez timides et ont assez peu de confiance en eux-mêmes pour se faire à l'idée qu'ils pourraient gérer l'entreprise en association, sous un chef élu. En un mot, ils ont les désirs et les aspirations de la vie démocratique ; mais ils sentent qu'ils n'en ont pas les mœurs. Que faire en cette occurrence ? »

Que faire ? Tout simplement ceci : substituer le plus possible le travail à la tâche et à la pièce au travail à la journée.

Dans l'industrie de la construction, tous les ravalements se font à la tâche [1] et presque toute la taille de la pierre en chantier ; l'on donne également à la tâche, quand cela est possible, les plâtres, le briquetage, le bardage et le montage de la pierre, et quelquefois aussi la limousinerie. Pour l'exécution de ces travaux à la tâche, des groupes divers d'ouvriers s'associent entre eux et forment de véritables sociétés coopératives de production, avec ce double avantage que l'ouvrier est dégagé de la partie commerciale de l'entreprise et qu'il n'a pas besoin de risquer son argent. Son ardeur au travail est stimulée, la rémunération qu'il obtient est plus

1. Les ravalements se traitent généralement à forfait avec un certain nombre d'ouvriers qui s'associent entre eux et prennent au besoin des auxiliaires qu'ils paient eux-mêmes au prix convenu ; un à-compte leur est donné tous les mois, et après paiement de leurs auxiliaires, ils partagent le surplus entre eux conformément à leurs conventions ; puis, lorsque le ravalement est terminé, ils reçoivent et se divisent le solde. Les ouvriers deviennent ainsi de véritables entrepreneurs et ce sont eux-mêmes qui répartissent le gain collectif et fixent la journée de leurs auxiliaires ; les relations du patron sont ainsi singulièrement simplifiées et presque toutes les questions irritantes disparaissent. Les ravalements sont les travaux de taille de pierre les plus difficiles et les plus délicats, généralement ils sont fort bien faits ; parmi les ouvriers tailleurs de pierre, les ravaleurs sont les plus intelligents et les plus travailleurs ; quand ils sont employés à des ravalements à la journée par exception, leur journée est cotée à 8 francs par jour, tandis que celle du tailleur de pierre ordinaire n'est cotée qu'à 5 fr. 75 !

élevée que dans le travail à la journée et il prend l'habitude d'une sorte de discipline salutaire qui s'établit entre tous les associés.

Voilà de la bonne coopération, voilà celle qu'il faut étendre et propager, car dans ces conditions-la, le travailleur devient un petit entrepreneur, un entrepreneur sous-traitant, toujours son maître, et en présence du travail ainsi entrepris il fera appel à toutes ses facultés, à toute son énergie, il recherchera les combinaisons et les méthodes les meilleures pour arriver vite et bien, il répudiera le moyen de la veille pour un autre plus avantageux que lui suggèrera le lendemain son intelligence aiguillonnée par son intérêt et qu'aucune préoccupation commerciale ne trouble, car il est sûr du placement et de la rétribution de son travail, qui n'est aucunement subordonné à la bonne ou à la mauvaise fortune de l'entrepreneur général qui l'emploie. Sa tâche faite, et elle est privilégiée, il est immédiatement réglé et payé ; l'article 1792 du Code Napoléon qui impose à l'entrepreneur la responsàbilité décennale de ses travaux ne lui est point applicable et par conséquent il est à l'abri de toutes inquiétudes.

Cependant, si avantageux que soit le travail à la tâche, il ne triomphe pas toujours des habitudes indolentes des maîtres et des ouvriers. Beaucoup d'esprits rebelles à cette forme de l'organisation du travail ne comprennent pas encore bien que la force productive du travailleur, même le plus infime, dépend plus de sa tête que de ses bras, et que la volonté et l'attention y ont plus de part que la vigueur physique. Les faits les mieux constatés démontrent l'énorme importance de l'énergie morale et de l'intelligence de l'ouvrier sur la quantité et la qualité des produits.

Le travail à la tâche ou à la pièce développe l'intelligence et la sagacité du travailleur, et de toutes les causes qui ont contribué depuis quarante ans à l'extension de l'industrie, sans en excepter même les progrès de la mécanique, l'on peut dire qu'il n'y en a aucune qui ait eu autant de part à la puissance productive de l'homme que l'avénement de cette forme de travail qui peut s'appliquer à tout et à tous.

Il n'en est point ainsi de la coopération, car elle n'est point applicable à tous et à tout, nous l'avons déjà dit. Quelques mots encore pour compléter et justifier cette opinion.

Dans l'enquête sur les sociétés coopératives, présidée par MM. Béhic, Rouher et de Parieu et dont nous avons déjà parlé, on remarque la déposition de M. Chabaud, président de la commission des délégations ouvrières à l'exposition de Londres en 1862, et ancien président de la société de l'union des ouvriers du tour de France. Cette déposition, la voici :

« Sur au moins cinquante sociétés de production qu'il a vues se former, c'est tout au plus si cinq ou six ont fait de brillantes affaires. On commence avec de magnifiques espérances, mais les résultats n'y répondent pas.

« Les sociétés de crédit mutuel sont surtout composées de petits patrons, assez aisés pour payer régulièrement des souscriptions d'un franc par semaine et très-intéressés à se procurer des avances pour les achats d'outils, de machines et de matières premières; ces circonstances expliquent leurs succès.

« Quant aux sociétés de production, les nombreuses déceptions auxquelles elles ont donné lieu ont pour cause : l'ignorance où sont les ouvriers des règles du commerce, ne tenant compte que des prix de ventes et des prix de revient et oubliant les frais généraux ; l'ambition ou l'insuffisance des gérants, les *dégoûts dont la jalousie des ouvriers les abreuve.* Pour qu'une société réussisse, il faut à sa tête un homme *d'une intelligence supérieure, d'une honorabilité à toute épreuve, d'une abnégation sans égale.* » Comment trouver de tels hommes ? « *C'est un homme que nous payons à ne rien faire et qui reçoit plus que nous qui travaillons constamment,* » disent les ouvriers, lorsque le gérant gourmande leur inexactitude ou refuse une augmentation de salaire. Alors les bons gérants quittent la gérance, ils s'établissent avec leurs épargnes ou à l'aide d'un bailleur de fonds, et, après avoir vainement tenté de faire le bonheur d'ingrats associés, ils s'occupent plus utilement du leur et ils réalisent de beaux bénéfices. »

Presque toutes les sociétés, organisées en 1848, 1849 et 1850, étaient des sociétés de production ; quelques-unes seulement ont réussi. « *C'étaient* », dit l'un des membres de la commission, « *celles qui s'étaient donné un bon patron, un bon directeur, un bon maître* » et même, ajoute M. Chabaud, « *un bon dictateur !* » et nous nous demandons alors, si l'ouvrier serait réellement plus tranquille, plus libre et plus heureux de travailler, pour *un bon dictateur* dont il serait le coopérateur *solidaire* que pour *un bon pa-*

tron dont il serait tout simplement le tâcheron ou l'ouvrier salarié *avec privilége* garantissant sa tâche ou son salaire ? Il est permis d'en douter.

On a prétendu que l'association pourrait, dans un rapprochement fraternel, cimenter d'une manière indissoluble l'union du travail et du capital, et par ce fait détruire toutes les haines qui fermentent au sein des masses, et l'on a reproché au patronat de n'avoir pas voulu créer l'association, qui aujourd'hui se formerait sans lui et le laisserait isolé.

Ce reproche pourrait être adressé, ce nous semble, tout aussi bien aux ouvriers qu'aux patrons ; car ce rapprochement fraternel, que l'association est appelée, dit-on, à cimenter entre les patrons et les ouvriers, il ne peut se faire qu'autant qu'il serait provoqué par une entière et réciproque confiance, entre les ouvriers et les patrons. Malheureusement cette confiance n'existe pas. Et à supposer qu'elle existât, comment veut-on que le patron ose assumer sur lui seul la lourde responsabilité de proposer à ses ouvriers d'échanger leur position sûre et certaine de salariés que la loi protége, contre la position précaire et incertaine de coopérateurs associés responsables, soumis par la loi à toutes les chances aléatoires du commerce et de l'industrie ? Mais on peut maintenant, a-t-on dit, restreindre à volonté la responsabilité des coopérateurs en adoptant la forme des sociétés à responsabilité limitée : cela est vrai ; cependant, en cas de sinistre, si limitée que soit cette responsabilité, elle compromettra dans une certaine mesure l'apport social des coopérateurs, fruit des économies du passé, et elle compromettra, en outre, le salaire présent et courant qui ne sera plus alors privilégié ; et ce salaire, les ouvriers en ont quotidiennement besoin pour vivre et pour faire vivre leurs familles !

Nous sommes bien loin de nier la possibilité des avantages que les travailleurs auraient à retirer de l'association coopérative dont d'ailleurs ils ont toujours eu le droit d'user librement ; mais ces avantages, tous les travailleurs n'en pourront pas jouir indistinctement, nous l'avons déjà dit ; et l'association ne profitera jamais qu'à quelques privilégiés. Elle créera quelques patrons de plus et voilà tout ; au fond, la masse ouvrière y gagnera peu.

En effet, « dans tous les pays où la coopération s'est développée (a dit M. Flotard, président de la Société du crédit lyonnais devant la Commission d'enquête sur les sociétés coopératives), on a remarqué qu'elle réunissait d'abord l'élite de la population appelée à pratiquer l'idée coopérative, c'est-à-dire, de la population laborieuse. En Angleterre, les sociétés coopératives ont réuni un grand nombre d'adhérents, cent cinquante mille, si ma mémoire est fidèle ; depuis lors, il y a eu comme un temps d'arrêt. Quand on en a recherché la cause, on a reconnu que le nombre des ouvriers capables, dans l'état social actuel de l'Angleterre, de prendre part aux associations coopératives, était à peu près représenté par le chiffre ci-dessus et que l'utilité de cette nouvelle forme de société n'était appréciée que grâce à un certain développement d'intelligence et d'instruction. Aussi, après avoir réuni l'élite de cette population, le mouvement a-t-il dû, en Angleterre, non pas s'arrêter, mais se ralentir. »

Voilà donc ce que la coopération peut enrôler d'ouvriers

sous ses drapeaux dans le plus grand pays industriel du monde ! Et qu'est-ce que cent cinquante mille ouvriers par rapport à la population ouvrière de toute l'Angleterre ?

Si cependant nous sommes dans l'erreur et si, contrairement à notre opinion, la coopération comporte beaucoup plus d'appelés et peut réunir un plus grand nombre d'élus que nous ne le croyons, nous dirons à ces élus: Prenez garde, prenez bien garde ; si l'association coopérative est grosse d'espérances fondées, elle comporte bien plus d'espérances illusoires ; soyez donc prudents, pénétrez-vous bien surtout des dangers certains, auxquels vous expose la solidarité qui incombe de par la loi et l'équité à tous les associés et à toutes les formes de société et sachez bien qu'il vous faudra abdiquer dans l'intérêt social partie de votre indépendance et partie de votre initiative; enfin n'oubliez pas, comme le disait M. Goudchaux, l'ancien ministre de 1848, aux ouvriers lunettiers réunis en une société coopérative dont il s'était chargé de rédiger les statuts : « N'oubliez pas que le capital est la base du travail ; tout est là ! »

Nous leur dirons encore avec M. Emile Laurent [1] : « Résolution, persévérance, moralité de vie privée, confiance mutuelle, respect du droit d'autrui, *sentiment profond de la responsabilité ;* vous sentez-vous capables de déployer cet ensemble de qualités, qui ne sont pas les qualités de tout le monde ? Tournez les yeux vers l'atelier commun et plus tard, peut-être, vous pourrez avec profit transformer

---

1. *Le paupérisme et les associations de prévoyance,* par E. Laurent, p. 52.

l'atelier en fabrique. Mais si ces qualités vous manquent, si votre éducation morale n'est pas complète, si, au lieu de vous réunir en petit nombre et comme des hommes sérieux, sachant ce qu'ils font, disposés à se fier complétement les uns aux autres, vous vous réunissez sans bien vous connaître et n'ayant pour lien commun que l'ambition vague d'améliorer votre position, ne sortez pas encore du rang du salariat, votre heure n'est pas venue. »

« Tout le monde, a dit M. le comte de Paris dans son livre sur les associations ouvrières en Angleterre, tout le monde reconnaît aujourd'hui les avantages que la classe ouvrière peut retirer de l'association, personne ne lui conteste le droit d'en user, mais l'expérience seule lui apprendra à manier cet instrument à la fois si puissant et si délicat. »

Quant à nous, nous verrons avec le plus grand plaisir l'association industrielle se démocratiser de plus en plus en France, c'est dire que nous ne sommes pas hostile aux associations coopératives ou autres, et d'ailleurs nous croyons avoir prouvé que nous portions un trop vif intérêt à toutes les classes ouvrières pour ne pas nous rallier avec empressement à toutes les idées qui semblent devoir concourir à l'amélioration progressive de leur sort ; mais c'est précisément ce sentiment-là qui nous fait un devoir de répéter loyalement aux ouvriers, que dans l'état actuel de nos mœurs, l'idée coopérative n'est pas suffisamment mûre, qu'il est impossible de l'adapter à toutes les exigences de l'industrie et que par conséquent on ne peut pas la mettre pratiquement à la portée de tous les travailleurs.

M. Leplay [1] résume ainsi l'enseignement fourni par l'expérience sur les associations coopératives.

« Les communautés d'ouvriers, très-fréquentes autrefois, ne se retrouvent guère aujourd'hui que dans la région orientale : elles disparaissent à mesure que les peuples deviennent plus libres et plus prospères, et elles sont remplacées par des régimes fondés sur l'initiative individuelle. Les communautés créées à titre d'essai dans l'occident, depuis 1848, ont en général échoué par trois causes principales. Les ouvriers n'ont guère obéi aux pouvoirs qu'ils avaient constitués. Ils ont choisi des chefs peu capables, ou ils ont mal rétribué ceux qui étaient à la hauteur de leurs fonctions. Enfin, ils ont partagé prématurément les profits, et ils n'ont pu constituer ces puissants ateliers qui grandissent par l'épargne de patrons dévoués au bien-être de leurs descendants. Quant aux rares communautés qui ont réussi à se constituer, elles resteront toujours dans une société libre à l'état d'exceptions. Elles ne conviennent, en effet, ni aux masses dépourvues des qualités morales nécessaires à toute action collective, ni aux individus éminents qui peuvent prospérer par leurs propres efforts. Elles répondent seulement aux convenances de cette catégorie restreinte d'ouvriers qui, par leur bonne conduite, se prêtent aux exigences du travail en commun sans avoir l'initiative que réclame le succès sous le régime individuel. D'ailleurs la réussite exceptionnelle de certaines communautés n'a guère été obtenue que dans des entreprises locales qui n'ont point à lutter contre la concurrence des industries étran-

1. *Réforme sociale*, par M. Leplay, t. II, p. 209 à 306.

gères. Les novateurs qui prétendent soutenir cette lutte en revenant aux communautés du moyen âge commettent une erreur aussi dangereuse que ceux qui se flatteraient de faire une guerre heureuse avec les armes de jet de la même époque. »

Nous partageons entièrement cette manière de voir, et quel que soit l'avenir réservé à la coopération, nous croyons devoir insister sur ce point, c'est que loin de supprimer le salariat, les sociétés coopératives actuelles s'en sont servies avec empressement et en ont ainsi fort sagement consacré et consolidé l'usage.

En France, les patrons accueilleront avec joie parmi eux, nous n'en doutons pas, les cent cinquante mille coopérateurs qui, de même qu'en Angleterre, viendront tôt ou tard, nous l'espérons, renforcer leurs rangs. Mais dût cette accession d'une nombreuse cohorte de travailleurs donner à la coopération une vitalité qu'elle ne possède pas encore, nous n'en persistons pas moins à penser que l'association coopérative n'est point appelée à régénérer le monde industriel, parce que, dans notre profonde conviction, elle est impuissante à satisfaire et les aspirations raisonnables et les justes espérances de tous les travailleurs. Si l'on veut augmenter le bien-être de l'ouvrier et élever sa rémunération sans risques pour lui, ce n'est pas par la coopération qui n'est accessible qu'à quelques-uns que l'on y parviendra, ce sera uniquement en perfectionnant le travail à la tâche, en le variant suivant les besoins et les facilités des diverses industries, et en y adaptant toutes les combinaisons et tous les modes auxquels il peut se prêter.

En définitive nous résumerons toute notre pensée sur cette grave question, par cette citation empruntée à M. Renouard: « Associer tout le monde, serait folie ; n'associer personne, iniquité !... On s'associera, on ne s'associera pas, suivant les conseils de la prudence et de la sagesse ; si méconnaissant ces conseils, on se trompe dans son choix, on en portera la peine, et l'on ne pourra s'en prendre qu'à soi.... Ici de petits patrons deviendront ouvriers ; là des ouvriers, en prospérant, deviendront patrons. La puissance des faits établira l'équilibre et règlera les situations mieux que ne sauraient le faire les prévisions divinatoires des règlements artificiels, la tyrannie des injonctions obligatoires, l'intervention des subventions et des secours. »

Nous ajouterons pour éviter toute interprétation excessive de notre pensée, que dans tout ce que nous venons de dire, nous n'avons voulu parler que des associations coopératives de production, nullement des associations alimentaires de consommation et encore moins des associations mutuelles de crédit et de secours ; car, suivant nous, toutes ces associations-là sont bonnes et utiles, à la condition toutefois d'être administrées avec intelligence et probité. Dans ce cas elles ne peuvent que contribuer puissamment à l'amélioration du sort des classes ouvrières. Toutefois sur ce point même, il faut encore s'entendre et la forme de ces associations n'est pas indifférente ; toutes n'ont pas un droit égal à notre sympathie ; mais cette réserve faite, nous croyons fermement quant à nous que l'amélioration vraie des classes ouvrières ne pourra devenir complète dans la mesure justement et équitablement .désirable pour toutes que par l'extension de l'assurance coopérative, collective et corporative tout à la fois, appliquée à la prévoyance, et c'est ce que nous allons essayer de démontrer dans le chapitre suivant.

CHAPITRE III

L'ASSURANCE ET LES ASSOCIATIONS MUTUELLES COLLECTIVES ET COOPÉRATIVES DE PRÉVOYANCE. — ESSAI DE SOLUTION DE LA QUESTION OUVRIÈRE.

Ce que c'est que l'association. — Ce que c'est que l'assurance. — Taxe obligatoire de la prévoyance. —. Pourquoi les fonctions publiques sont-elles si ardemment recherchées. — L'assurance de prévoyance mutuelle, collective, corporative et coopérative des patrons et des ouvriers contre le chômage et la vieillesse. — Possibilité de cette assurance. — Ressources probables qu'elle comporte et avantages qu'en devront tirer les patrons, les ouvriers et les réservistes. — Solution de la question ouvrière.

Dans son ouvrage sur le paupérisme et les associations de prévoyance, si souvent cité par nous, M. Émile Laurent, recherchant par quel moyen on pourrait résoudre un jour la question ouvrière, est amené par la consciencieuse et remarquable étude qu'il en a faite à une conclusion que nous estimons la seule vraie, la seule possible, c'est que ce sont les classes supérieures qui doivent donner cette solution. « Le prolétariat, dit-il, ne doit plus se laisser aller aux espérances irréalisables et, au lieu de travailler virilement et par les moyens pratiques à l'amélioration graduelle de sa destinée, se bercer dans des rêves énervants de soudaines métamorphoses. Il ne verra pas sortir son salut d'une substitution violente ou d'une théorie ; il doit l'enfanter lui-même, mais il ne l'enfantera pas sans fécondation, *sans le concours des classes élevées*. Le principe de cet accord indispensable ne pourra plus être obscurci, ni par l'intérêt, ni par la passion ; on comprendra de plus en plus maintenant que, non-seulement toutes les catégories sociales se doivent un mutuel appui, *mais même que les intérêts sont communs.* Aux classes les plus avancées et les plus heureuses il appartient de diriger ou de provoquer le mouvement qui doit un jour faire cesser un apparent désaccord ; à elles il appartient de trouver le terrain sur lequel la réconciliation, disons mieux, la fusion s'opérera [1]. »

Ce terrain, c'est, suivant nous, l'assurance collective, coopérative et corporative de prévoyance dans les conditions déterminées que nous allons indiquer.

Du conflit d'opinions que la discussion des questions sociales a fait naître, et des solutions plus ou moins pratiques qui ont été proposées, deux idées principales se dégagent et dominent toutes les autres. Ces deux idées, ce sont l'association et l'assurance. La forme d'association autour de laquelle on a fait le plus grand bruit est l'association coopérative ; mais nous croyons l'avoir précédemment démontré, cette association ne peut donner, pas plus du reste que toutes les autres formes de sociétés commerciales et industrielles, une complète satisfaction aux aspirations de toutes les classes ouvrières. Reste maintenant l'association qualifiée de volontaire.

« L'association volontaire, a dit un célèbre orateur, est le seul grand moyen économique qui soit au monde, et si vous n'associez pas les hommes dans le travail, l'épargne, le secours et la répartition, le plus grand nombre d'entre eux

1. *Le Paupérisme et les Associations de prévoyance,* par M. Émile Laurent, t. Ier, p. 22.

sera inévitablement victime d'une minorité intelligente et mieux pourvue des moyens de succès... Tant que nous sommes isolés, nous n'avons à espérer que la corruption, la servitude et la misère ; la corruption, parce que nous n'avons à répondre de nous-mêmes qu'à nous-mêmes, et que nous ne sommes pas portés par un corps qui nous inspire respect pour lui et pour nous ; la servitude, parce que quand on est seul, on est impuissant à se défendre contre quoi que ce soit ; enfin, la misère, parce que le plus grand nombre des hommes naît dans des conditions trop peu favorables pour soutenir jusqu'au bout son existence contre tous les ennemis intérieurs et extérieurs, s'il n'est assisté par la communauté des ressources contre la communauté des maux. L'association volontaire, où chacun entre et sort librement sous des conditions déterminées par l'expérience, est le seul remède efficace à ces trois plaies de l'humanité : la misère, la servitude et la corruption [1]. »

Si brillant que soit ce tableau de l'association volontaire, il nous satisfait peu, car il paraît s'appliquer à la société civile et politique plutôt qu'à la société industrielle et commerciale dont l'éloquent orateur ne nous semble pas se préoccuper ; ce qu'il recommande, ce qu'il préconise, c'est nous ne savons quelle association qu'il qualifie du nom de volontaire et dans laquelle chacun entre et sort librement sous des conditions déterminées, mais il ne nous dit pas quelles sont ces conditions, et comment devrait être organisée cette merveilleuse association volontaire.

---

1. Conférences de Notre-Dame, par le R. P. Henri-Dominique Lacordaire. 36ᵉ conférence, année 1846, t. II, p. 39.

Dans l'état actuel des choses, est-ce que l'association, quelque puissante qu'elle soit, peut faire disparaître de ce monde la misère, la servitude et la corruption ? Nous ne le pensons pas, mais en admettant que l'association volontaire ou autre ait l'immense avantage de grouper et de multiplier la force de chacun au profit de tous, l'expérience a prouvé que l'on ne pouvait pas associer indifféremment tous les hommes dans le travail, et l'association coopérative de production tant vantée n'est elle-même accessible, ainsi que nous l'avons établi dans le chapitre précédent, qu'à quelques ouvriers privilégiés. Donc l'association, quelle que soit sa forme, pourra, industriellement et commercialement parlant, réaliser les espérances d'un plus ou moins grand nombre de travailleurs ; elle ne pourra jamais, malgré les plus généreux efforts, faire à elle seule le salut de tous, tandis que l'assurance mutuelle coopérative et corporative de prévoyance pourra le faire, nous l'espérons, et c'est ce que nous allons essayer de démontrer.

Qu'est-ce en effet que l'assurance ? Mirabeau la qualifiait ainsi : *La seconde providence du genre humain* [1], et Horace Say a dit d'elle que c'était la *réalisation de l'idée morale de la coopération de tous pour garantir chacun !*

Ces deux définitions, nous les adoptons sans restriction, car nous croyons très-fermement que ce n'est que dans l'assurance de prévoyance mutuelle, coopérative, corporative et obligatoire pour tous que l'on trouvera l'organisation la meilleure, la plus pratique, la plus juste, la plus efficace et

---

1. Conseils aux personnes qui veulent s'assurer sur la vie. Livret en seize pages imprimé à Châlons-sur-Marne.

la plus sûre pour venir réellement et équitablement en aide
à tous. Mais pour que l'assurance puisse atteindre ce but si
désirable, il faut absolument que tous sans exception, patrons
et ouvriers, coopèrent à cette assurance ; il faut en démocratiser le principe et lui donner la fòrme que nous venons
d'indiquer en la rendant obligatoire non pas comme un
impôt du travail, ainsi qu'on l'a dit à tort, mais comme un
impôt de la prévoyance, ce qui est bien différent [1]. Mais,
dira-t-on, cet impôt, bien que ce soit un impôt de prévoyance dont profiteront ceux qui le paieront, les travailleurs, en général peu disposés à l'épargne, n'en voudront pas. A cela, nous répondrons que, lorsque cet impôt
sera bien compris des travailleurs, et il le sera promptement,
tous l'accepteront avec empressement, car il n'est pas nouveau, puisque l'État l'applique depuis bien longtemps déjà à
tous ses fonctionnaires et aucun d'eux ne s'en plaint que nous
sachions.

Pourquoi ne pas suivre cet exemple ? Pourquoi ne pas créer
une caisse d'assurances mutuelles de prévoyance qui, au

1. Nous demandons que l'assurance soit obligatoire pour vaincre
l'inertie des uns, l'imprévoyance des autres. Une caisse fut fondée à Mul-
house pour créer des pensions de retraite. Onze fabricants se réunirent,
ils employaient sept mille ouvriers ; ils demandèrent à leurs ouvriers
de consentir une retenue de 3 p. % sur les salaires. Ils y ajoutaient de
leur bourse personnelle 3 p. %. Nulle contrariété, chaque ouvrier était
libre. La caisse des retraites a vécu dix ans. Je cite textuellement
M. Eugène Véron : « Après dix ans, le nombre des ouvriers qui ont
consenti à profiter de cette combinaison est réduit à 16 sur 7,000 qu'emploient les établissements associés. Les recettes de 1815 à 1860 se sont
élevées à 498,836 fr. 90 sur lesquels les versements des patrons, avec les
intérêts accumulés, figurent pour 464,819 fr. 57 ; tandis que les retenues
consenties par les ouvriers pendant la même période n'arrivent qu'au
total de 34,017 fr. 50. » (Causeries sur l'assurance contre les accidents,
par M. J. Périn. Journal le Bâtiment du 12 septembre 1869.)

moyen d'une prime raisonnablement et équitablement fixée, viendrait, dans chaque industrie, garantir les assurés contre les maladies, les accidents et le chômage forcé qui peuvent les frapper à chaque instant, et qui, en outre, leur assurerait une pension de retraite pour leur vieillesse ?

En France, les emplois publics sont ardemment recherchés, quoique peu rétribués en général, et l'on s'accorde à expliquer cette recherche par l'avantage qu'ont les fonctionnaires, tout en étant à l'abri du chômage, d'être assurés, à la fin de leur carrière administrative, d'une pension de retraite qui leur permet d'envisager sans crainte l'approche de la vieillesse. Pourquoi ne chercherait-on pas tous les moyens possibles de faire profiter du même avantage tous les travailleurs, patrons et ouvriers, et pourquoi ne pas créer une caisse d'assurances mutuelles coopératives et corporatives de prévoyance contre le chômage, la maladie, les accidents et la vieillesse ? Cette assurance serait acceptée avec reconnaissance, nous n'en doutons pas, par tous les patrons et par tous les ouvriers intelligents ; et tous sans exception, nous en sommes bien convaincu, s'empresseraient de coopérer à une assurance instituée dans un but d'une aussi grande utilité ; car tous comprendront que, dans cette assurance, l'on devra trouver la solution de la question ouvrière qui se dresse menaçante devant l'industrie.

Les patrons, pas plus que les ouvriers, ne sont à l'abri des causes du chômage et de ses suites funestes ; les uns et les autres ont à craindre les mortes saisons, les crises commerciales et industrielles, les maladies et les conséquences fâcheuses de la vieillesse. Ces redoutables éventualités les menacent tous indistinctement et tous savent qu'elles peuvent leur apporter la misère et tous les maux qui lui font cortége. Or l'assurance que nous proposons, tout en garantissant les travailleurs des conséquences du chômage, leur assurerait en outre une pension de retraite pour leur vieillesse.

Il est donc de l'intérêt de tous les travailleurs de créer au plus tôt l'assurance collective que nous proposons et à laquelle tous les patrons et tous les ouvriers seraient obligatoirement tenus de prendre part.

Les chambres syndicales se chargeraient corporativement de la comptabilité de cette assurance ; de cette manière, les frais généraux qu'elle nécessiterait se trouveraient singulièrement simplifiés et amoindris.

D'autre part, des associés honoraires dont presque tous les propriétaires, rentiers, bourgeois, commerçants, industriels et fonctionnaires voudront faire partie, viendront charitablement en augmenter les revenus dans une forte proportion ; ils en faciliteront ainsi la création et en assureront en même temps le bon fonctionnement, que dirigera un conseil d'administration choisi à la majorité des voix des assurés, parmi les patrons, les ouvriers et les associés honoraires [1].

La question ouvrière ainsi posée, tous les patrons s'empresseront d'y apporter leur concours et pas un d'eux bien certainement n'aura la pensée de faire cette réponse égoïste qu'un fabricant, avons-nous lu quelque part, ne craignit pas

---

1. Ce conseil d'administration présenterait, à notre avis, les meilleurs éléments pour constituer des conseils d'arbitrage, qui comme en Angleterre seraient appelés à départager les patrons et les ouvriers en cas de grève et de désaccord sur la fixation du prix de main-d'œuvre.

de faire il y a vingt ans, à **M.** Villermé, auteur d'un ouvrage
remarquable sur l'état physique et moral des ouvriers : « Je
fais de l'industrie et non de la philanthropie. »

Tous les patrons tiendront à honneur aujourd'hui, tout
en faisant de la bonne industrie, de faire en même temps de
la bonne philanthropie, et tous accepteront, nous n'en doutons pas, la part qui sera mise à leur charge dans une assurance ayant le but que nous venons d'indiquer; parce que
cette assurance répond aux sentiments de fraternité et d'humanité qui les animent, ainsi qu'aux vues d'une sage prévoyance que l'incertitude de l'avenir ne leur permet pas
de négliger.

Mais, dira-t-on, cette assurance impose tout d'abord à
l'ouvrier un sacrifice, et il ne pourra profiter des avantages
qu'elle lui fait espérer que dans des cas déterminés qui pourront se faire attendre plus ou moins longtemps, et qui peut-
être même ne se réaliseront jamais pour certains assurés,
tandis que l'association coopérative de production avec le
patron n'exige de l'ouvrier lorsqu'il entre dans l'association
aucun sacrifice préalable, tout en lui faisant espérer au contraire des bénéfices immédiats et certains sur lesquels il
croit pouvoir compter fermement.

S'il en était réellement ainsi et si l'association coopérative
était telle que d'imprudents novateurs la font miroiter aux
yeux des ouvriers, si elle était possible pour toutes les industries et pour tous les travailleurs quels qu'ils soient, si elle
devait toujours donner des bénéfices et jamais de pertes, ce
serait parfait et l'ouvrier aurait raison de donner la préférence
à ce *nouveau contrat* ; malheureusement il n'en saurait être

ainsi, nous l'avons dit et prouvé; c'est pourquoi nous pensons avec M. Paul Leroy-Beaulieu et avec tous les bons esprits qui ont étudié *ce nouveau contrat* que : « le système de la participation aux bénéfices, conçu comme mode général d'organisation du travail, est non-seulement une utopie décevante, mais aussi une utopie dangereuse ; il contient un ferment de discorde et un principe dissolvant[1]. »

C'est parce que nous pensons exactement et absolument ainsi que nous donnons la préférence à l'assurance mutuelle coopérative et corporative de prévoyance que nous proposons, car cette assurance peut s'appliquer indifféremment à tous les ateliers et à toutes les industries et, sans conteste suivant nous, c'est elle qui répond le mieux à tous les besoins et à toutes les aspirations sagement raisonnés. Aussi avons-nous le ferme espoir que les classes ouvrières, quand elles se seront bien rendu compte de sa vitalité et de ses ressources, s'empresseront de s'y rallier.

Les assurances, dénigrées naguère de parti pris, progressent singulièrement aujourd'hui qu'elles sont mieux connues, et elles rendent de réels services, notamment celles sur la vie et sur les accidents. En Angleterre et aux États-Unis, l'on a constitué depuis quelque temps déjà et avec succès, l'assurance contre le chômage, pourquoi n'en serait-il pas de même en France ? Pourquoi ne pas essayer de faire admettre ce principe si fécond ? Pourquoi enfin hésiter à le faire entrer dans la pratique ? Pourquoi ne pas créer au plus tôt

---

1. La question ouvrière. *Revue des Deux-Mondes*, t. LXXXVII, p. 429 et 433.

dans chaque industrie une caisse de secours pour toutes les causes de chômage en même temps qu'une caisse de retraite pour la vieillesse ?

Au moyen de cette institution la grève se trouverait forcément supprimée. En effet l'assurance contre le chômage étant obligatoire pour tous les patrons et pour tous les ouvriers, les uns et les autres, en cas de chômage, auraient droit en raison de la prime qu'ils auraient payée, à une indemnité.

S'il arrivait un cas de grève, ceux qui la subiraient toucheraient cette indemnité, tandis que les grévistes, c'est-à-dire ceux qui auraient provoqué ou accepté la grève, n'y auraient aucun droit, leur chômage étant volontaire et provenant de leur fait. D'autre part cependant, insistons sur ce point, ils n'en devraient pas moins, sous peine de déchéance de tous leurs droits acquis, payer leur prime d'assurance. Or, comme ce serait précisément cette prime qui servirait à indemniser les patrons et les ouvriers mis en chômage par la grève, ce serait en définitive les auteurs de la grève qui en paieraient tous les frais. Une lutte semblable serait absurde, elle est donc impossible. Nous en concluons que l'assurance, comme nous la comprenons et comme nous la désirons, tuera la grève, du moment où elle fonctionnera.

Nous ne nous dissimulons aucunement les difficultés de l'assurance contre le chômage, mais nous nous rallions entièrement à ce que dit fort justement à ce sujet M. Émile Laurent, dont la compétence en matière d'assurance est fort grande : « Quelles que soient, du reste, les difficultés vraiment exceptionnelles de l'organisation des secours en cas de chômage ; fallût-il, comme beaucoup de personnes le pensent, renoncer à espérer aucun fruit sérieux des efforts collectifs tentés contre les grands chômages périodiques ; fallût-il se borner à recommander, en pareil cas, l'épargne sur des salaires qu'on doit calculer et qu'on calcule ordinairement en tenant compte de la morte-saison ; dût-on ne constituer tout simplement qu'une caisse particulière pour le chômage, et sans jamais promettre de traitements quotidiens fixes, sans s'astreindre à aucun paiement uniforme; dût-on accorder simplement des indemnités proportionnelles au capital amassé pour ce but spécial, cet expédient vaudrait encore mieux à coup sûr que l'abstention actuelle.

« Il n'y a rien de plus légitime et de plus sage pour l'ouvrier que de s'efforcer de se créer des ressources pour le temps où le travail peut lui faire défaut. Mais la caisse d'épargne ne conserve que l'économie isolée.

« L'ouvrier est convaincu que l'association, qui lui rend déjà contre la maladie, la vieillesse, etc., des services pour lesquels l'épargne individuelle serait impuissante, aura la même efficacité contre le chômage [1]. »

Telle est aussi notre opinion, et nous croyons qu'il est possible de parvenir sûrement et fructueusement à ce résultat si désirable. Nous ne sommes pas d'ailleurs seul à le croire : nous lisons en effet dans le journal *l'Assurance* du 25 novembre 1869, bon juge en cette matière :

---

1. *Le paupérisme et les associations de prévoyance*, t. II, p. 255.

« Notre désir aurait surtout pour objet l'assurance des ouvriers contre le chômage. C'est une opération inconnue en France et qui mérite d'être pratiquée. En Angleterre, pays par excellence de l'assurance, aux États-Unis, où l'assurance fait des progrès immenses, le chômage est l'une des spéculations fécondes et bienfaisantes cultivées par les assureurs.

« On assure déjà les ouvriers contre les maladies ordinaires qui les empêchent de travailler. L'assurance contre les accidents, fondée par la compagnie à primes fixes, *la Sécurité générale*, a pour objet d'indemniser l'ouvrier blessé. Pourquoi le chômage, qui laisse ce même ouvrier les bras croisés et sans salaire pour lui et sa famille, ne ferait-il pas le sujet d'un contrat d'assurance ? L'ouvrier indemnisé de la privation du travail ne serait pas tourmenté par des pensées de désordre ou de révolte, la famille de l'ouvrier ne serait pas réduite à la misère parce que le chef de la maison ne travaillerait pas.

« On ne saurait sans longueur reproduire toutes les considérations morales qui militent en faveur de l'assurance de l'ouvrier contre le chômage.

« Les règles du contrat se conçoivent d'avance et ne sont pas d'une difficile rédaction. Une compagnie par police collective assurerait un chantier, un atelier, un établissement industriel. Les patrons pourraient imposer l'assurance comme pour les accidents, et stipuler au nom de leurs ouvriers, qui de leur côté pourraient s'assurer par police individuelle ou par groupe de plusieurs personnes.

« L'assurance serait d'autant plus séduisante que la prime serait presque imperceptible et se composerait de quelques *sols* par an pour chaque ouvrier. Qu'on ne s'étonne pas de la modicité de la prime, les calculs sont faits ; on connaît le nombre des personnes composant la classe ouvrière ; on sait au ministère de l'Intérieur le chiffre des ouvriers frappés annuellement par le chômage. En admettant seulement que le dixième des travailleurs consente à s'assurer, ce dixième multiplié par les quelques sols de la prime produit un fonds très-supérieur à la dépense probable, et comme la prime, par son infimité, est payable d'avance, on peut soutenir que l'assureur n'a nul besoin de mise de fonds, qu'il va fonctionner avec les sommes de ses assurés, et au bout de l'année, une belle rémunération est destinée à le réjouir.

« Reste à préciser la durée et la quotité des indemnités, de même que les cas d'exemption à prévoir en faveur des compagnies d'assurance.

« La durée de l'indemnité n'est pas illimitée, le chômage d'un atelier n'est qu'un effet momentané, trois mois, quatre mois au plus ; après ce délai, la suspension des travaux doit être considérée comme définitive. Or pendant ce délai d'attente, l'ouvrier a dû être informé que le travail ne reprendrait plus. Il a pu, dans l'intervalle, se créer de nouvelles occupations. La durée de cent vingt jours offre une suffisante marge de garantie.

« Quant à la quotité de l'indemnité, elle doit être la représentation exacte du salaire que gagnait l'ouvrier. Il faut que l'assurance l'indemnise complétement. Nous l'avons déjà écrit, toute assurance doit garantir les risques d'une manière complète, sous peine de laisser, derrière ses règlements, des récriminations et des regrets. Cependant, pour certains contrats sur le chômage, l'indemnité quotidienne diminue dans certaines proportions après quarante jours ou après deux mois. On suppose que la main ouvrière ne reste pas inactive et a pu se procurer quelques travaux salariés.

« En ce qui touche les exemptions au profit de l'assurance, elles ne peuvent être nombreuses et sont d'ailleurs appuyées par des raisons d'équité et de justice.

« L'ouvrier, qui, isolément, quitte son travail et demeure inoccupé, les ouvriers en masse qui se grèvent, en mettant les ateliers en interdit, ne peuvent recourir au bénéfice de l'indemnité pour chômage. Il est indispensable pour que le but réel de l'assurance soit atteint que le chômage provienne du fait des chefs d'atelier maîtres ou patrons et surtout d'événements de force majeure ; alors la volonté laborieuse du travailleur est paralysée : le marteau n'a plus d'enclume à battre, ni de matière à façonner.

« Se trouvera-t-il, sur ces données fugitives, un esprit philanthropique qui prenne encore une fois en main l'intérêt de la classe ouvrière? nous l'espérons. Nous considérons même cette entreprise comme appuyée sur l'intérêt public. La gêne et la misère sont mauvaises conseillères, qui font tout voir en noir et conduisent aux plus fâcheux excès : ventre affamé n'a point d'oreilles. Le bien-être au contraire adoucit le naturel et ne permet pas aux idées mauvaises de se faire jour : « *bien-être donne contentement, contentement mène à soumission* (Montaigne). »

Cette appréciation de la nécessité et de la possibilité de l'assurance en cas de chômage par un journal fort compétent nous rassure et nous enhardit.

Cette assurance est possible, et elle est nécessaire, donc, tôt ou tard, elle se fera. Nous en désirons et nous en appelons ardemment la prompte réalisation ; car l'assurance, en obligeant l'ouvrier à une retenue de quelques centimes sur son salaire journalier, lui inculquera la prévoyance, qualité précieuse qui manque à presque tous. Aussi, quand la vieillesse vient pour l'ouvrier, les quelques rares économies qu'il a pu faire pendant le temps qu'il lui a été permis de travailler sont vites absorbées, il tombe dans la misère et presque toujours il lui faut alors recourir à la charité publique ou privée.

Il en est de même lorsqu'un long chômage arrive, ou lorsque la maladie ou un accident grave viennent le frapper dans le cours de son travail. On sait, en ce qui touche les accidents auxquels les ouvriers sont si exposés et dont ils sont si souvent victimes malheureusement, que, sur cent accidents, quatre-vingt-dix-neuf sont dus à la fatalité et surtout à la négligence, à la légèreté, à l'imprudence de l'ouvrier ; et, dans ces divers cas, les conséquences de l'accident retombent fatalement sur lui et sur les siens. Si le patron vient à son secours, c'est uniquement par bienveillance, par humanité, puisque rien ne l'y oblige ; mais alors même que le patron veut et peut intervenir, ce qui ne lui est pas toujours possible, il n'a le pouvoir de le faire que dans une très-faible mesure et c'est également dans une très-faible mesure que les sociétés de secours mutuels lui viennent en aide !

Mais quelle différence et combien la position des ouvriers se trouverait améliorée et plus digne si, comprenant enfin que les ressources de l'assurance telle que nous la proposons sont aussi grandes qu'efficaces, et qu'elle leur crée un droit qui les dispense de recourir à la charité, ils acceptaient cette assurance collective avec leurs patrons !

L'assurance ainsi comprise serait un réel progrès et elle s'élèverait à la hauteur d'un bienfait social parce que, accessible à tous sans distinction, au patron comme à l'ouvrier, elle rendrait de véritables services aux uns et aux autres. La prospérité de cette assurance ne saurait être mise en doute, grâce au concours des corporations et des chambres syndicales, grâce également au concours de nombreux associés honoraires qui viendront y prendre une large part avec un entier désintéressement.

Si aux ressources que nous venons d'énumérer, on ajoute celles dont dispose la classe ouvrière qui est si nombreuse, on trouve des chiffres fort respectables et qui doivent amener, suivant nous, la prompte réussite de cette assurance. En 1864-1865, les sommes versées par les caisses d'épargne au Trésor dépassaient quatre cent soixante-dix millions de francs[1], dont deux cents millions environ à passer au compte des ouvriers[2]. En supposant donc que la partie de ce capital fournie par le travail ainsi qu'une part du capital des sociétés de secours mutuels, qui était alors de trente-cinq millions environ, vinssent se rallier à l'assurance collec-

1. *Le paupérisme et les associations de prévoyance*, p. 533, t. II, année 1865.

2. Le ministère italien de l'agriculture et du commerce a eu récemment l'idée de réunir des renseignements sur les caisses d'épargne qui

tive pour vivifier son activité productrice, il y aurait là pour cette assurance un grand élément de prospérité et, nous croyons pouvoir le dire, la certitude du succès.

Toute l'économie de notre combinaison d'assurance réside, comme on le voit, dans la collectivité et dans le concours coopératif et corporatif des patrons et des ouvriers, des chambres syndicales [1] et des associés honoraires, et nous sommes heureux de voir l'approbation de cette combinaison dans les lignes suivantes :

existent, soit en Italie même, soit dans les autres États européens, et sur l'importance de leurs opérations, pour la période triennale s'étendant de 1870 à 1872.

L'*Économiste français* reproduit les renseignements qui ont paru sur ce sujet dans l'*Economista* :

Valeur totale des dépôts en millions de francs.

	Francs.
Grande-Bretagne	1,484,600,000 00
Autriche cisleith	862,000,000 00
Prusse	815,300,000 00
France	515,000,000 00 *
Italie	297,000,000 00
Hongrie	287,000,000 00
Danemark	218,900,000 00
Suisse	131,000,000 00
Saxe royale	119,000,000 00
Suède	101,000,000 00
Bavière	62,000,000 00
Belgique	53,000,000 00
Hambourg	31,700,000 00
Brême	33,000,000 00
Hollande	28,000,000 00
Wurtemberg. Pour une seule caisse (*Wurt Sparcasse*)	20,000,000 00
Russie	19,000,000 00
Finlande	7,000,000 00

* En 1869, au plus haut point de notre prospérité, le chiffre des dépôts était de 720 millions et aujourd'hui, avec l'Alsace-Lorraine en moins, ce chiffre est descendu à 570 millions !   (*Le Petit Journal*, du 2 mars 1875.)

1. Plusieurs chambres syndicales ont créé dans leur sein une assurance contre les accidents et cette assurance fonctionne merveilleusement et fort économiquement.

« Ceux qui sont favorisés par la fortune et par l'instruction auront, par leur concours, rendu à la classe ouvrière un des plus grands services qu'homme puisse donner ; on ne peut pas dire que ceux auxquels il profite aient reçu l'aumône, puisque c'est à leurs efforts qu'on renvoie ces derniers, on ne leur donne rien qu'ils n'aient au préalable mérité ; et dans l'encouragement, dans les conseils et, au besoin, dans la direction initiale de concitoyens plus riches et plus expérimentés, il n'y a rien qui puisse les humilier. Tout au contraire, ce rapprochement de deux classes, séparées jusqu'ici par un ravin à pic, est favorable à l'une et à l'autre.....

« L'aumône se fait permanente, elle se rend indispensable, elle prend des dimensions toujours plus exagérées et finit par imposer à la société un intolérable fardeau [1]. »

Est-il besoin maintenant de nous appesantir davantage sur les bienfaits que nous fait espérer cette assurance mutuelle, fraternellement formée entre tous les patrons, tous les ouvriers et tous ceux qui voudront y prendre part à quelque titre que ce soit, et simultanément administrée par les uns et par les autres ? Nous ne le pensons pas ; car, en garantissant les ouvriers et les patrons des pertes auxquelles les exposent les causes multiples du chômage et en leur créant une pension de retraite pour leurs vieux jours, chacun comprendra que cette assurance, à laquelle toutes les classes de la société s'empresseront de participer, doit supprimer l'antagonisme existant entre le capital et le travail, et que surtout elle doit réconcilier entre elles les différentes classes de

1. *Die arbeintenden. — Klassen und das associations. — Wesen in Deutshland*, p. 113-114.

la société, en les réunissant fraternellement dans une même
assurance et dans un même but, celui de garantir les travailleurs des mauvaises chances du chômage et de la
vieillesse. Il n'est personne, nous en sommes bien convaincu,
qui ne comprenne parfaitement combien cette assurance
peut devenir utile et féconde.

L'idée de l'assurance mutuelle de prévoyance, collective,
coopérative et corporative, n'est point nouvelle. Nous avons
vu, en effet, les ouvriers délégués à l'exposition de Londres
en 1851 demander dans leurs rapports la création de sociétés
coopératives de secours mutuels ; et en 1867, les rapports
des délégations ouvrières publiés par les soins de la commission d'encouragement nous ont appris que beaucoup
de délégués avaient émis le vœu de voir créer l'assurance
contre les chômages et les conséquences de la vieillesse
qui ne permet plus le travail à l'ouvrier. Quoi qu'il en soit,
nous ne croyons pas que l'application de cette assurance
mutuelle ait été indiquée jusqu'à ce jour sur d'aussi larges
bases que celles que nous proposons. On nous objectera
peut-être qu'il sera fort difficile pour ne pas dire impossible,
en raison des risques si divers existant entre les diverses
industries exercées par les assurés, de pouvoir fixer équitablement la prime à exiger d'eux. Cette objection nous touche
peu, notre assurance étant corporative et chaque corporation
étant appelée à fixer elle-même l'indemnité due proportionnellement aux dommages et aux risques courus par les
membres de la corporation.

On dira peut-être encore que cette assurance ne pourra
jamais être assez productive pour faire face à tous les sinistres

qu'elle est appelée à garantir. Par avance, nous croyons avoir répondu à cette dernière objection, en faisant connaître l'étendue des ressources du travail, dont le crédit, nous l'avons dit plus haut, s'élève à deux cents millions déposés au Trésor par les caisses d'épargne, à laquelle somme il convient d'ajouter partie des trente-cinq millions dont disposent les sociétés de secours mutuels que notre assurance rendrait inutiles. Puis viendront les cotisations des travailleurs, patrons et ouvriers et enfin celles des associés honoraires qu'il est difficile d'apprécier, mais qui bien certainement seront très-considérables. Voilà qui doit, ce nous semble, donner confiance aux assureurs.

Cependant, entrons dans quelques détails et voyons par exemple, dans l'industrie du bâtiment, à quel chiffre la matière assurable peut être évaluée.

Dans la remarquable enquête faite en 1860 par la Chambre de commerce de Paris, l'importance des affaires du groupe du bâtiment à Paris est fixée à un chiffre de 337,803,213 fr. Ce groupe se compose des maçons, menuisiers, serruriers, charpentiers, couvreurs, plombiers, fumistes, fabricants d'appareils de chauffage, paveurs, plâtriers, chaufourniers, fabricants de ciment, vidangeurs, briquetiers, marbriers pour tombeaux, ornemanistes, carriers, constructeurs et déchireurs de bâteaux, plus encore des appareilleurs à gaz, des marbriers de bâtiment, des sculpteurs, des miroitiers et des peintres.

Suivant cette même enquête, les ouvriers employés par ce groupe s'élèvent à soixante-quatorze mille soixante-quatre, mais ce chiffre ne doit pas être parfaitement exact suivant nous. Des données assez précises, puisées aux

Chambres syndicales du bâtiment, nous autorisent à le porter à cent mille ; tandis que M. le sénateur de Ladoucette dans son rapport au Sénat sur la pétition n° 695 l'évalue à deux cent mille, soit la moyenne de ces trois données cent vingt-quatre mille six cent soixante-six. Disons en chiffres ronds, cent vingt mille seulement.

La main-d'œuvre dans les travaux de maçonnerie du bâtiment entre dans la dépense totale pour 45 p. 0/0 ; mais sur l'ensemble des travaux des diverses industries comprises dans ce groupe, elle est de 50 p. 0/0. Les frais de main-d'œuvre sur trois cent trente-huit millions de travaux calculés à 50 p. 0/0 en moyenne produisent donc la somme ronde de 169,000,000 fr. qui, répartis en cent vingt mille ouvriers, donne annuellement en moyenne pour chacun d'eux, la somme totale de 1408 fr. 33 c. et en journées de travail deux cent quatre-vingt une journées soixante-six centièmes par année, au prix moyen de cinq francs.

Supposons une retenue de prévoyance de 3 pour 0/0 représentant sur la journée de cinq francs, quinze centimes seulement par jour, cela donnerait pour cent soixante-neuf millions de francs de main-d'œuvre une prime annuelle de. . . . .   5,070,000 fr. 00 ;
à ce chiffre, ajoutons une prime semblable de 3 p. 0/0 à la charge des patrons, soit également. . . . .   5,070,000 fr. 00 ;
plus, enfin, les cotisations des associés honoraires, ci. . . . .   *mémoire*
et l'on trouve que, pour une seule industrie, le total des primes annuelles s'élèverait en minimum à   10,140,000 fr. 00

pour faire face aux chômages, aux maladies, aux accidents et aux pensions viagères et de retraite. Cette somme ne sera certainement pas absorbée, en sorte qu'il suffira de quelques années de prospérité pour constituer, par une incessante et sage capitalisation, un capital énorme, les pensions pour la vieillesse ne pouvant pas, bien entendu, produire de dépenses appréciables avant un certain temps.

M. Jacques Fabien, dans une brochure intitulée : *l'Impôt au profit du travail*, propose une combinaison qui a quelque rapport avec la nôtre : il fixe à 3 p. 0/0 le prélèvement à faire sur la somme brute des appointements, salaires ou gages des employés et ouvriers ; mais il n'admet l'intervention des patrons qu'indirectement ; il en fait de simples intermédiaires chargés d'encaisser le prélèvement obligatoire de 3 p. 0/0 et de le verser tous les trois mois entre les mains du percepteur, tandis que, dans notre combinaison, les patrons sont de véritables associés coopérateurs, ils paient une prime égale à celle que paient leurs ouvriers, et ils ont droit proportionnellement et sous certaines réserves aux mêmes avantages que ceux-ci retirent de leur assurance.

La matière assurable est donc fort abondante ainsi qu'on vient de le voir, mais les ressources sur lesquelles on peut raisonnablement compter suffiront-elles pour faire face à tous les risques ? Examinons cette question en nous plaçant exclusivement au point de vue de notre industrie.

L'industrie du bâtiment, nous venons de le dire, fait en moyenne par année un chiffre d'affaires de trois cent trente-huit millions ; on compte à Paris, suivant l'enquête de la Chambre de commerce de Paris, faite en 1860, cinq mille sept cent cinquante-cinq entrepreneurs, mais nous croyons que ce chiffre doit être plus que triplé. En effet, suivant le rapport précité de M. le sénateur de Ladoucette, il doit être porté à vingt mille. Ce chiffre ne nous semble pas exagéré, c'est pourquoi nous croyons devoir l'adopter de préférence à celui qu'indique la Chambre de commerce.

Or, ces vingt mille entrepreneurs emploient, ainsi que nous venons de le dire, cent vingt mille ouvriers, ce qui donne par chaque entrepreneur une moyenne de six ouvriers ; le salaire annuel de chacun de ces ouvriers, représentant comme on l'a vu, 1408 fr. 33 c. et la prime d'assurance étant annuellement de 3 p. 0/0, comme le propose M. Jacques Fabien et comme l'indique également M. Nordez, auteur d'un écrit sur la grève des mineurs de Saint-Étienne, cela ferait à payer, par ouvrier et par an, la modique somme de 42 fr. 25 [1] ; et par le patron une somme égale par chaque ouvrier employé par lui, soit six ouvriers en moyenne, ce qui à 42^f,25 produit . . .   253 fr. 50.

Décomposons maintenant la prime de 42^f 25 par an et par ouvrier.

Nous sommes tout à fait étranger aux questions d'assurances, nous n'avons donc pas le moins du monde la prétention d'imposer nos chiffres, aussi nous abritons-nous

---

1. Les trades-unions, en Angleterre, prélèvent sur leurs membres des cotisations de 1 fr. 25 par semaine, quelquefois davantage, en échange d'assistance et d'assurance dans des cas déterminés. En prenant pour base 1 fr. 25 seulement par semaine, cela fait par année 65 fr., soit 85 p. % de plus que le chiffre que nous proposons. Dans la brochure de M. Nordez, sur la grève des mineurs de Saint-Étienne, nous lisons : « La caisse de secours serait alimentée par une retenue uniforme dans toutes les exploitations de 3 p. % sur les salaires, » soit le taux exact que nous proposons, qui est fort modique assurément et qui le paraîtra da-

derrière une compagnie d'assurance existant à Genève, dont nous parlerons plus loin. Or, d'après les calculs de cette compagnie, le service des pensions de retraite, dont le quantum est indéterminé, absorbera par chaque assuré une prime annuelle de. . . . .   24^f,000

Nous supposons, sans nous permettre de rien affirmer, que l'assurance contre les accidents coûtera annuellement 0^f,40 pour cent francs de la main-d'œuvre, c'est le chiffre exact que coûte aux entrepreneurs de maçonnerie de Paris l'assurance mutuelle formée entre eux pour se garantir des conséquences des accidents survenus à leurs ouvriers ou causés par eux [1] ; or sur le salaire de 1408^f,33 attribué en moyenne aux ouvriers une retenue de 0^f,40 p. 0/0 donne . . . .   5^f,633

Reste maintenant pour le risque des chômages autres que ceux causés par les accidents, puisque nous venons d'en tenir compte, 12^f,617 seulement, c'est-à-dire un peu moins de 1 fr. pour 0/0, ci . . . .   12^f,617

Total semblable. . . .   42^f,250

Le chiffre de 12^f,617 pour risque du chômage autre, nous

vantage, lorsque l'on aura bien compris qu'à ce prix toutes les cotisations mutuelles deviennent inutiles et que, par conséquent, elles devront être supprimées.

1. Cependant, il convient de faire remarquer que l'assurance précitée ne tient aucun compte des accidents au-dessous de 50 francs et que, de plus, le quart du montant des sinistres est toujours laissé à la charge des assurés ; en sorte que, tous comptes faits, l'assurance doit coûter aux entrepreneurs assurés 1 p °/₀ de la main-d'œuvre. Mais le chiffre de 0 fr 40 p. °/₀ grâce à la coopération des patrons et des ouvriers sera doublé, et, comme les patrons sont moins exposés aux accidents que leurs ouvriers, nous supposons que ce chiffre sera suffisant.

le répétons, que celui causé par les accidents, mais y compris le chômage que la nouvelle loi militaire impose aux réservistes, suffira-t-il pour garantir tous les assurés ? Nous avons lieu de le croire. D'ailleurs, la prime applicable à ce risque pourrait au besoin être variable et considérée comme un simple secours qui serait plus ou moins élevé suivant les ressources de la caisse.

Quant aux patrons, comme ils paieront suivant nos prévisions six primes chacun, puisque chacun d'eux occupe six. ouvriers en moyenne, ils auront droit s'ils l'exigent et si la fortune leur a été contraire dans le cours de leur carrière industrielle et commerciale, à une retraite et à une indemnité, pour accidents et pour chômages, qui seront sextuples de celles attribuées aux ouvriers.

Mais leur cotisation ne pourra être ni moins, ni plus élevée que $42^f,25 \times 6$ soit $253^f,50$, quel que soit le nombre des ouvriers qu'ils emploieront [1].

---

1. On nous objectera peut-être que la prime de 253 fr. 50, exigée des patrons, est énorme pour ceux qui emploient en moyenne moins de six ouvriers — oui ; — mais pour ceux qui en emploient plus de six, et c'est le plus grand nombre, cette prime est au contraire fort minime. Par conséquent, cette objection nous touche peu, car l'assurance que nous proposons économisera à l'entrepreneur ce que lui coûte aujourd'hui l'assurance contre les accidents qui n'aura plus de raison d'être, et cette assurance coûte actuellement 1 p. %, ci. . . . .   1 fr. 00

Elle économisera, en outre, pour quelques patrons seulement (les entrepreneurs de travaux publics) la retenue de 1 f. % sur le montant de leurs travaux pour les asiles de Vincennes et du Vésinet, et cette retenue, que notre assurance supprime, représente pour la main-d'œuvre seulement 2 p. %, ci   2   00

Au total.   3   00

De plus, enfin, notre assurance garantira les patrons et les ouvriers de la grève qui sera désormais impossible, ainsi que nous l'avons démontré, et elle leur donnera droit à une indemnité pour les chômages forcés et à une pension de retraite pour leur vieillesse. Donc, pour un

On le voit donc, cette assurance offre de sérieux éléments de réalisation. Il ne faut pas d'ailleurs perdre de vue
que l'assuré devra très-probablement verser sa prime pendant un temps plus ou moins long, sans pouvoir toucher
l'indemnité ou la pension de retraite à laquelle son assurance lui donne droit ; en effet, pendant le cours de sa
carrière industrielle ou de travail, l'assuré peut être assez
heureux pour ne subir ni maladie ni chômage, et, d'autre
part, la mort peut le surprendre avant l'époque fixée pour
sa retraite. Dans le cas de chômage, par exemple, il a toujours payé et il n'a rien reçu. Il y a donc là un *quantum*
quelconque de profit dont bénéficiera l'assureur; de plus,
en cas de mort de l'assuré et déduction faite de l'indemnité
à payer au profit des héritiers directs, l'assureur retirera de
son assurance en l'absence d'héritiers directs un bénéfice
quelconque dont l'appréciation nous semble difficile à faire
à priori. En définitive, si à ces ressources et à celles de
l'assurance qu'une capitalisation intelligente feront fructi-
fier, nous ajoutons les bonifications que le concours désintéressé de la plupart des patrons apportera et celui
encore plus désintéressé des associés honoraires, toutes
ces diverses combinaisons réunies nous donnent la confiance que la prime de 3 p. 0/0 que nous avons indiquée sera suffisante pour faire face à tous les besoins.
D'ailleurs, cette prime pourrait être élevée à la volonté

grand nombre de patrons, notre assurance n'augmentera pas leurs frais
généraux actuels sur la main-d'œuvre, et ceux qui emploient toujours
plus de six ouvriers en moyenne y trouveront largement leur compte ;
en définitive, les avantages que procurera l'assurance aux entrepreneurs
les couvriront, et au delà, des frais que cette assurance leur coûtera.

de chaque assuré et, dans ce cas, il en retirerait des avantages proportionnellement plus grands.

Nos appréciations et nos calculs sont loin d'être absolus, ils peuvent être contestés et modifiés, et ils le seront certainement, mais toujours est-il que tels quels, ils suffisent, ce nous semble, pour convaincre les plus timorés de la possibilité de notre combinaison.

En résumé, cette assurance garantirait tous les assurés, patrons et ouvriers, dans la mesure qui serait déterminée, de tous chômages quelconques autres que celui causé par les grèves, lorsque la grève serait le fait des assurés ; elle les garantirait également des conséquences des maladies et des accidents survenus pendant les travaux, ainsi que du chômage des réservistes [1], enfin elle donnerait droit aux assurés à une pension de retraite lorsque la vieillesse ne leur permettrait plus de travailler. Pour les ouvriers, nous évaluons cette pension de retraite de deux à trois cents francs, tandis que pour les patrons, sous les réserves ci-dessus indiquées, elle serait sextuple, puisque

---

1. On lit dans *le Figaro* du 8 septembre 1875: «*La Patrie* croit savoir que le moyen de venir en aide aux réservistes est trouvé ; le gouvernement appuierait la création dans chaque canton d'une caisse, dite caisse cantonale de l'armée. Les réservistes d'une ou de plusieurs classes se constitueraient en société et verseraient une cotisation hebdomadaire à laquelle viendraient s'ajouter les souscriptions des membres honoraires, femmes, enfants ou donateurs bénévoles. Le percepteur du chef-lieu de canton serait le caissier de la société, qui arriverait ainsi à subvenir aux besoins des familles sans ressources. Voilà l'idée encore un peu confuse et embryonnaire peut-être, mais contenant à coup sûr le germe d'une salutaire institution. »

Cette salutaire institution que l'on recherche, elle est toute trouvée, c'est l'assurance de prévoyance mutuelle, collective, corporative et coopérative, que nous proposons et qu'il faut fonder au plus tôt, parce que elle répond aussi largement que possible à tous les besoins.

chacun d'eux, quel que soit le nombre d'ouvriers qu'il emploie, devrait payer six cotisations; si bien que tous les travailleurs, ouvriers et patrons, seraient désormais sans crainte du lendemain et n'auraient plus à redouter comme aujourd'hui la misère, véritable épée de Damoclès constamment suspendue sur leur tête ; car il n'est pas possible d'espérer que, dans tout le cours de leur laborieuse existence, les ouvriers, aussi bien que les patrons, puissent être toujours bien portants et toujours heureux dans tous leurs travaux et dans toutes leurs entreprises. L'avenir est incertain pour tous, et notre assurance tranquilliserait complétement les assurés sur leur avenir et leur donnerait à cet égard un calme d'esprit dont ils devront tenir grand compte.

Cependant nous ne nous dissimulons pas le moins du monde que ce ne sera pas sans de sérieuses difficultés et sans des tâtonnements successifs que l'on pourra atteindre le but que nous indiquons avec confiance à tous nos concitoyens en général, et en particulier surtout aux patrons et aux ouvriers. Nous savons fort bien que les idées nouvelles, si bonnes qu'elles soient, sont souvent longtemps à conquérir la place à laquelle elles ont droit, en dépit même des avantages certains et pratiques qu'elles comportent; car elles ont à lutter, non-seulement contre les intérêts égoïstes des hommes, mais encore contre les préjugés et la force d'inertie si puissante de l'esprit de routine.

En France, l'idée de l'assurance a peu pénétré dans les masses. On a prétendu que la faute en était aux grandes compagnies qui se refusent à recevoir l'épargne du pauvre, c'est-à-dire à faire de la petite assurance individuelle, parce que les frais de perception et de recouvrement absorbent le plus net des cotisations dans une société qui se recrute au moyen d'assurances individuelles ; en effet, les compagnies sérieuses en France et en Angleterre n'ont pas voulu entreprendre l'assurance sur la vie d'un capital de trois mille francs, parce que les frais de perception et de comptabilité étaient onéreux !

Suivant un auteur anglais, dans une association ouvrière nombreuse comprenant des milliers d'adhérents, les frais de perception seuls peuvent représenter en moyenne 36 p. %. Ce chiffre nous paraît exagéré et nous ferons remarquer qu'en France les sociétés de secours mutuels cotent leurs frais d'administration à 10 p. % seulement !

Mais au surplus l'assurance que nous proposons doit être collective et non pas individuelle ; la collectivité en simplifiant singulièrement les frais de perception et de comptabilité diminuera dans une large proportion les frais généraux de cette assurance.

L'*assurance individuelle*, a dit M. Jules Perrin dans ses causeries sur l'assurance contre les accidents [1], *c'est l'assurance à l'état aristocratique*, tandis que l'assurance collective, c'est *l'assurance démocratisée*. Or, grâce au concours des chambres syndicales qui ne lui fera certainement pas défaut, notre assurance se démocratisera facilement et elle fonctionnera sans de grands frais généraux au meilleur marché possible.

Nous avons appris avec plaisir que dans ces derniers temps

1. Voir le journal *le Bâtiment* du 5 septembre 1869.

on avait fondé à Genève dans cet esprit démocratique la société d'assurance mutuelle de pensions viagères dont nous venons de parler et que nous croyons appelée à prendre une grande extension, parce que, de même que l'assurance que nous proposons, cette société, établie sur des bases entièrement neuves et essentiellement démocratiques, est inspirée par une véritable philanthropie. Elle n'a pas de capital-actions, et le prix de l'inscription est de vingt-quatre francs, payables en douze termes, c'est-à-dire à raison de deux francs par mois.

C'est un journal, *l'Assurance française et étrangère*, qui nous révèle l'existence de cette assurance, et le correspondant qui lui communique ces intéressants renseignements les termine par les réflexions suivantes : « Cet abaissement de la prime à 24 fr. constitue, à nos yeux, le côté le plus remarquable, le plus profondément démocratique et par conséquent, le plus original, si je puis m'exprimer ainsi, de tout le système. L'idée de faire de l'assurance sur la vie à 2 fr. par mois est, je n'hésite pas à le dire, une véritable trouvaille, et cette idée, comme toutes les idées justes, doit faire son chemin comme un boulet de canon. »

L'assurance mutuelle collective, coopérative et corporative de prévoyance contre le chômage, les accidents et la vieillesse, que nous proposons, procède d'une idée tout aussi juste et elle fera son chemin, moins rapidement, sans doute, qu'un boulet de canon, mais elle le fera très-sûrement, nous en avons la ferme conviction.

A l'œuvre donc tous, capitalistes, bourgeois, architectes, patrons et ouvriers, c'est dans la mutualité et la collectivité de l'assurance coopérative de prévoyance qu'est, nous le disons avec Horace Say, *la réalisation de l'idée morale de la coopération de tous pour garantir chacun.*

C'est là le véritable terrain sur lequel la fusion peut et doit s'opérer, car l'assurance, telle que nous venons de la définir, c'est de la bonne et fraternelle coopération qui admet indistinctement tous ceux qui viennent à elle sans exclure personne, et c'est cette coopération-là seulement qui, tout en donnant une juste et équitable satisfaction aux intérêts de tous et de chacun, pourra, en même temps, sinon supprimer, du moins atténuer considérablement les douloureuses conséquences de la misère que traînent à leur suite le chômage, la maladie et la vieillesse.

C'est dans cette assurance entre capitalistes, bourgeois, patrons et ouvriers, que l'on trouvera tout à la fois le remède à l'antagonisme si regrettable qui règne entre le travail et le capital et la solution pacifique des grandes questions qui se rattachent au progrès social des classes ouvrières.

L'on a prétendu, bien à tort, suivant nous, que, si cette solution pacifique si désirée n'avait point encore été trouvée, c'est que la liberté politique et les droits divers qu'elle assure nous faisaient défaut et que notamment l'absence de publicité et de libre discussion envenimait, sans les résoudre, les questions sur lesquelles cette absence jetait un voile trompeur et laissait se creuser un abîme entre les différentes classes d'hommes qui composent la société actuelle.

Cette allégation n'est point exacte, mais l'eût-elle été à une certaine époque, elle ne l'est plus aujourd'hui puisque nous avons la liberté politique aussi complète que possible.

Quant à la discussion sur les questions économiques, elle a toujours été libre en France, et actuellement, elle l'est plus que jamais. D'autre part, l'égalité règne entre toutes les classes et, depuis 89, nous l'avons déjà dit, il n'y a plus ni priviléges, ni privilégiés ; mais ce qui jette un voile trompeur sur la vérité, ce qui obscurcit les intelligences et empêche de discerner le vrai du faux, le possible de l'impossible, ce sont les mauvaises passions, et surtout l'ignorance et la mauvaise foi.

En France, lorsque les esprits sont troublés, les passions enflammées et la prospérité matérielle ébranlée, ce sont précisément ces temps-là que l'on choisit pour soulever les questions sociales, et l'on invoque alors toutes les utopies énervantes et passionnées, tous les systèmes aventureux mal étudiés et plus mal définis, au lieu d'attendre des temps calmes et prospères qui permettraient de faire appel à la froide raison, au savoir, à la science et à la bonne foi. Malheureusement, dans notre beau pays, en politique et même en économie politique, c'est toujours la passion qui intervient la première et la raison arrive ensuite quand elle peut. Espérons cependant que, pour résoudre la question qui nous occupe, la raison ne se fera pas trop attendre et qu'ouvriers et patrons, bourgeois et capitalistes, dont les intérêts sont solidaires en cette circonstance, comprendront qu'ils ne doivent plus former désormais qu'une seule et même famille ; espérons qu'enfin ils se rallieront tous, sans exception, à l'assurance de prévoyance que nous proposons.

A défaut du gouvernement il faut que les patrons aidés des classes éclairées se hâtent de créer cette assurance s'ils veulent paralyser la puissance si redoutable de la société *l'Internationale* et s'ils veulent en même temps empêcher, dans notre malheureux pays, l'introduction et l'organisation de sociétés à l'instar des *trades-unions* anglaises dont les encaisses considérables toujours disponibles sont occasionnellement employées en frais de grèves ! La création de semblables sociétés viendrait augmenter encore, nous n'en doutons pas, l'antagonisme si regrettable qui malheureusement, on ne saurait le nier, existe aujourd'hui entre les patrons et les ouvriers, entre le capital et le travail.

« Le malheur de notre temps, a dit M. Michel Chevalier[1], c'est qu'on est parvenu à couper la société en deux camps entre lesquels un fossé profond est creusé : la bourgeoisie d'un côté, les ouvriers de l'autre. Vainement ces deux intérêts sont de par la force des choses solidaires, on les a mis en état d'hostilité tantôt flagrante, tantôt dissimulée.Le rapprochement entre ces deux forces, si bien faites pour s'entr'aider, sera le signe que la révolution est terminée et que nous sommes sauvés.

« Tout ce qui est de nature à favoriser cet accord doit être accueilli avec empressement et reconnaissance.

« Or on concevrait difficilement rien qui y fût plus propre qu'une institution au sein de laquelle le bourgeois et l'ouvrier, réunis spontanément en grand nombre, s'occuperaient, à titre d'associés et de collègues, d'une œuvre de bienfaisance dont profiteraient les classes nécessiteuses en y contribuant elles-mêmes. »

1. *Questions politiques et sociales.*

L'assurance mutuelle collective et coopérative de prévoyance entre patrons et ouvriers, capitalistes et bourgeois, dont nous venons d'esquisser très-sommairement les traits principaux, nous paraît remplir merveilleusement les conditions voulues pour donner satisfaction aux intérêts raisonnables des patrons et des ouvriers et pour combler en même temps le fossé creusé entre eux.

Dans notre intime conviction, aucune autre combinaison ne saurait être aussi avantageuse, aussi féconde, aussi populaire, et s'adapter aussi facilement à toutes les classes de la société et à toutes les industries. Nous faisons donc les vœux les plus sincères et les plus ardents pour qu'elle soit au plus tôt acceptée par tous, fermement persuadé que nous sommes, que ce n'est que par l'association coopérative dans l'épargne et dans la prévoyance mutuellement et collectivement formée entre tous, riches et pauvres, que la fusion s'opèrera entre les uns et les autres, et que tous trouveront l'amélioration graduelle de leur laborieuse destinée.

Dans une brochure qu'il vient de faire paraître, M. Gustave Huzar s'efforce de démontrer que la solution du problème social par la retraite civile est non-seulement nécessaire et possible, mais qu'elle est pratique et d'une exécution facile ; seulement il ne se préoccupe pas du tout du chômage et au lieu de demander la retraite civile à l'assurance, il la demande à l'impôt. Et il dit : « Parler d'impôts nouveaux après les désastres que la France a subis, lorsque le budget se solde en déficit, semble difficile, hasardé, mais la question sociale nous enlace ; nous en mourons, il faut une solution à tout prix ; en fait d'impôts le *quantum* seul est important et l'impôt de la retraite civile peut être minime d'abord : le point capital est de reconnaître le principe.

« Quelques mots de statistique :

« La France compte trente-huit millions d'habitants, sur lesquels :

        2.570.000 ont 65 ans accomplis.
        1.300.000 — 70 »   »
          600.000 — 75 »   »
          417.600 — 77 »   »

« Pour assurer une retraite de 200 francs à tout citoyen âgé de :   65 ans il faudrait 514 millions.

        70 »   »   260   »
        75 »   »   120   »
        77 »   »   84   »

« La somme d'impôts à établir varie avec l'âge et le *quantum* de la retraite ; le point capital, nous l'avons dit, n'est ni la question d'âge, ni la question du *quantum*, mais la consécration du principe de la retraite civile.

« Examinons quel pourrait être l'impôt de retraite dans trente ans, en 1903.

« La France en janvier 1874 paie environ un milliard d'impôts de plus qu'elle ne payait à la fin du règne de Louis-Philippe.

« Ces impôts proviennent pour la plupart, de la conquête de l'Algérie, de la révolution de 1848, de l'expédition de Rome, des guerres de Crimée, d'Italie, de l'intervention en Syrie, des guerres de Chine, de Cochinchine, de l'expédition du Mexique, et enfin de la désastreuse campagne de 1870-1871.

« La richesse de la France s'est tellement accrue depuis 1843, malgré ces expéditions qui n'ont été pour le pays qu'une perte sèche de richesses, qu'elle paie, avec difficulté il est vrai, mais enfin qu'elle arrive à payer annuellement cette somme énorme de 1 milliard en plus. Est-il déraisonnable de penser qu'avec trente années de paix même relative, la France ne soit en état de supporter en 1903 un impôt annuel de 1 milliard de plus qu'elle ne paie aujourd'hui, en un mot, que ce que la France a fait dans les trente années qui viennent de s'écouler, malgré les sommes énormes d'argent gaspillées, improductives, elle ne soit capable de le faire à la suite de la période trentenaire qui s'ouvre devant elle...

« Il est donc logique de penser que dans trente années, en 1903, la France pourra solder facilement une somme de cinq cent quatorze millions de retraites, somme suffisante pour donner 200 francs à tout citoyen âgé de 65 ans, mais qu'elle pourrait même lui assurer alors 300 et 400 francs de retraite. »

Sans contester ni garantir les calculs et les appréciations de M. Gustave Huzar, nous nous en emparons pour les produire à l'appui de notre thèse tout en déclarant que nous ne sommes plus d'accord avec lui sur ce qu'il convient de faire pour assurer la mise en pratique du principe de la retraite civile. Suivant lui, c'est un surcroît d'impôt qu'il faut demander au pays, suivant nous, ce n'est pas à l'impôt qu'il faut s'adresser, mais à l'épargne et à la prévoyance, c'est-à-dire à l'assurance mutuelle de prévoyance collective, coopérative et obligatoire pour tous, et cette assurance-là il faut en hâter l'organisation.

En une matière aussi délicate et si difficile à bien juger, nous n'avons pas la prétention de croire, avons-nous déjà dit, que nous avons trouvé la formule pratique qu'il conviendrait d'appliquer à l'idée que nous avons émise, tant s'en faut ; nous avons voulu tout simplement établir que l'assurance mutuelle de prévoyance coopérative et corporative contre le chômage, les accidents et la vieillesse, n'était pas d'une réalisation impossible et nous laissons à d'autres plus habiles que nous le soin de trouver les voies et moyens pratiques de la constituer [1].

L'assurance, telle que nous venons de l'indiquer sommairement, résoudrait-elle le problème de la question ouvrière si elle était adoptée ? nous le croyons, parce que, suivant nous, c'est le seul moyen rationnel, sans recourir à la charité qui humilie toujours ceux qui la reçoivent, de supprimer les grèves et le paupérisme et de rendre les ouvriers et les patrons prévoyants et conservateurs.

1. Nous lisons dans *le Figaro* du 23 novembre 1874 : « En avril 1820, quatre garçons bouchers, qui plus tard sont devenus patrons, fondaient la première société de secours mutuels dite des *Vrais amis*. C'étaient MM. Taboureau, Deneux, Caron père et Bonnet. En juillet 1824, la société du commerce de la boucherie s'établissait par les soins et sous le patronage du syndicat, et poursuivait par les mêmes moyens le même but que les *Vrais amis*.

« Cela dura ainsi jusqu'en 1851, époque où les deux sociétés n'en firent qu'une seule, existant aujourd'hui sous le nom de *Société de prévoyance et de secours mutuels de la Boucherie de Paris, dite des Vrais amis*.

« La société a pour but de procurer à ses membres malades les soins d'un médecin et les médicaments nécessaires ;

« De payer une indemnité journalière pendant les maladies et les convalescences jusqu'à l'âge de cinquante-cinq ans ;

« De servir à l'âge de cinquante-cinq ans une pension de retraite reversible sur la tête de la veuve ;

« Enfin d'assurer à ses membres des funérailles convenables.

« Toute personne des deux sexes, appartenant au commerce de la

« Le propre des nations chrétiennes, depuis la grande lumière, a dit le R. P. Lacordaire, est de voir leurs maux et d'en chercher le remède. Autrefois, la guerre et l'esclavage répondaient à tout et suffisaient à tout. On était le plus fort ou le plus faible et chacun se reposait dans les avantages de sa force ou dans les douleurs de sa défaite.

« Aujourd'hui ce n'est plus cela. Le plus fort songe au plus faible et le plus faible ne désespère pas même de lui et de ses droits. Une solution des maux étant donnée, si elle engendre d'autres maux, on regarde en arrière ou en avant; on croit et on espère, on médite, on écrit, on se trompe peut-être, mais on agit. »

boucherie, peut faire partie de la société, mais à diverses conditions dont voici les principales :

« Etre âgé d'au moins seize ans ; — être valide et de bonnes mœurs ; — n'avoir subi aucune peine afflictive ou infamante ; — s'engager à observer les statuts et le règlement d'administration ; — enfin, verser une cotisation qui a pour base le paiement de un franc par semaine pendant trente-cinq années.

« C'est-à-dire qu'un sociétaire entrant dans la société à l'âge de vingt ans et ayant versé régulièrement sa cotisation pendant ces trente-cinq ans, a droit, à cinquante-cinq ans, à une pension de 365 fr. par an jusqu'à sa mort.

« Pendant tout ce temps, il a droit aussi, s'il est malade, aux visites du médecin, aux médicaments gratuits et à une indemnité journalière.

« L'année dernière, vingt-neuf malades ont reçu 2,555 fr. 25 pour 1,050 journées, pendant lesquelles ils n'ont pu travailler, et sur ces vingt-neuf malades, un seul a eu 329 journées payées et un autre 117...,

« En résumé, la société a quatre cent quatre-vingt-six membres et elle paie 119 pensions annuelles au taux moyen de 480 fr.

« Son capital est de plus de 530,000 fr. Ses dépenses annuelles dépassent 60,000 fr.

« Voilà des résultats très-sérieux pour une corporation peu nombreuse. La dépense de chacun est peu de chose, mais elle contribue à entretenir chez les sociétaires les idées d'ordre et d'économie. Combien de *vrais amis* ont dû à leur entrée dans cette association recommandable les bonnes habitudes qui les ont fait arriver à être patrons à leur tour. Ceux-là ont renoncé alors à leurs droits de sociétaires et sont devenus bienfaiteurs. »

Agissons donc !

Ce n'est pas sans y avoir mûrement réfléchi que nous avons adopté l'assurance obligatoire de prévoyance comme la solution la meilleure ou tout au moins la plus pratique que puisse recevoir la question ouvrière. La préférence que nous lui donnons est uniquement le fruit de l'examen consciencieux des divers systèmes proposés pour remédier aux souffrances de la classe si nombreuse et si intéressante des travailleurs.

De tous ces systèmes, le plus dangereux parce que, sous une apparence spécieuse, suivant nous, il ne peut donner satisfaction à tous, c'est celui des associations commerciales et industrielles en participation ou autres, voire même celui des associations coopératives de production ; ces sociétés sont assurément fort bonnes en principe, mais nous avons dû le reconnaître devant l'évidence des faits, elles ne sont accessibles qu'au petit nombre ; en sorte que la plupart des ouvriers n'y pourront pas trouver place. Quant à la grève et à la coalition, nous en avons précédemment démontré les dangers et surtout l'inefficacité.

Effrayés outre mesure des effets funestes de la concurrence, des pertes dont les frappent les chômages qu'elle engendre, et peu confiants dans les associations si fort préconisées de nos jours, quelques travailleurs se sont pris à regretter le passé et les priviléges corporatifs détruits en 89, et semblent désirer de les faire revivre aujourd'hui à leur profit. C'est là une grave erreur et il nous est impossible de nous expliquer comment ces travailleurs ne comprennent pas que le passé ne saurait plus revenir, et que, revînt-il d'ailleurs, il ne pourrait plus produire aujourd'hui que de déplorables résultats. En effet, les priviléges corporatifs, si par impossible on les rétablissait, ruineraient infailliblement notre commerce extérieur, qu'ils mettraient dans l'impossibilité de soutenir la lutte avec les étrangers, et ils amoindriraient en même temps notre commerce intérieur que ne stimulerait plus la concurrence.

Pourquoi, d'ailleurs, ces regrets du passé ? Le présent, il est vrai, est loin de la perfection, mais il faut reconnaître qu'il a singulièrement contribué à l'amélioration de la condition des classes ouvrières et que maintenant l'ouvrier est plus libre, plus considéré, mieux payé, mieux nourri et mieux logé qu'autrefois. Ne calomnions donc pas le présent et ne méconnaissons pas le mieux réel qu'il a procuré à tous les travailleurs. Il a vu naître la caisse d'épargne, les sociétés de bienfaisance et de secours mutuels, et ces créations et d'autres dont nous ne parlons pas ont aidé au bien-être des travailleurs ; malheureusement on reconnaît aujourd'hui que ces créations sont insuffisantes et que tous les ouvriers n'en peuvent pas profiter. D'autre part, l'incertitude du lendemain surexcitée par les craintes du chômage, de la maladie et de la vieillesse trouble encore plus maintenant qu'autrefois les travailleurs prudents ; à cela, nous ne voyons qu'un seul remède, c'est de les amener tous à se rallier à notre assurance de prévoyance qui leur permettra d'envisager l'avenir avec calme et sécurité. Mais gardons-nous bien de reculer vers le passé et n'imitons pas non plus d'autres travailleurs, ceux-là peu nombreux heureusement, qui, se figurant que changer c'est améliorer, voudraient tout réformer, tout bouleverser et précipiter la société dans les folies du communisme. Il nous semble inutile d'insister beaucoup sur l'inanité de semblables idées dont le bon sens a fait justice depuis longtemps. Toutes ces rêveries que l'on propage à tort et toutes ces réformes que l'on réclame si légèrement ne peuvent pas donner satisfaction aux légitimes aspirations et aux sages désirs de tous les travailleurs honnêtes ; tandis que dans notre pensée, ce but si désirable peut être atteint dans une juste mesure par l'assurance obligatoire coopérative et corporative de prévoyance, avec le quadruple concours du pouvoir, des maîtres, des ouvriers et des associés honoraires, et nous croyons avoir démontré la possibilité de cette assurance.

Toutefois, hâtons-nous de le dire, nous n'avons pas la prétention de croire que cette assurance soit appelée à résoudre toutes les questions sociales soulevées dans ces derniers temps; mais, nous avons la ferme espérance qu'elle donnera, autant que possible, satisfaction à tous les travailleurs prudents et sages, et qu'elle réconciliera les ouvriers avec leurs patrons et le capital avec le travail.

Nous savons bien que la solution que nous proposons ne tranche pas la question ouvrière à la façon de certains socialistes, car elle respecte les institutions, les droits acquis et la liberté de tous; sans promettre l'impossible aux travailleurs, elle laisse peser sur eux le lourd impôt de la prévoyance et elle ne les affranchit pas du travail, tâche pénible et laborieuse qui leur incombe et dont, au reste, nul ici-bas n'est exempté. Mais, répudiant les moyens empiriques et les expériences aventureuses que les novateurs et les socialistes recommandent imprudemment et de bonne foi peut-être, nous nous bornons à dire aux patrons et aux ouvriers : Travaillez, aidez-vous les uns les autres, assurez-vous, et l'assurance de prévoyance vous aidera.

Le monde est organisé de telle sorte que le travail est indispensable à l'humanité. En effet l'homme dépend du monde extérieur, il a à lutter avec la faim, avec la soif, avec tous les éléments ; aucun de ses besoins ne peut être satisfait sans un labeur pénible. Heureusement que l'homme a pour lui la raison, l'intelligence et la force, et ces facultés, appuyées sur la charité, sur la morale et sur la religion, lui ont permis et lui permettront, nous n'en doutons pas, de soutenir victorieusement la lutte qui lui est imposée et d'accomplir courageusement jusqu'à la fin sa laborieuse destinée. L'assurance que nous proposons l'y aidera singulièrement, fondons-la donc au plus vite et non-seulement, nous le croyons, la question ouvrière sera résolue au mieux des intérêts de tous, mais le problème social aura fait un grand pas vers sa solution définitive.

TABLE DES MATIÈRES.

PREMIÈRE PARTIE.

CHAPITRE PREMIER.

LE TRAVAIL ET L'INDUSTRIE DE LA CONSTRUCTION DANS L'ANTIQUITÉ.

CHAPITRE II.

LE TRAVAIL ET L'INDUSTRIE DE LA CONSTRUCTION, DU MOYEN AGE AU DIX-SEPTIÈME SIÈCLE.

CHAPITRE III.

L'INDUSTRIE DE LA CONSTRUCTION DU XVII° AU XIX° SIÈCLE.

CHAPITRE IV.

L'INDUSTRIE DE LA CONSTRUCTION AU XIXᵉ SIÈCLE.

DEUXIÈME PARTIE.

CHAPITRE PREMIER.

L'INDUSTRIE DE LA CONSTRUCTION; CE QU'ELLE ÉTAIT AUTREFOIS, CE QU'ELLE EST AUJOURD'HUI.

CHAPITRE II.

L'INDUSTRIE DE LA CONSTRUCTION, SES VŒUX ET SES BESOINS ACTUELS.

TROISIÈME PARTIE.

CHAPITRE PREMIER.

LA GRÈVE ET LA COALITION.

CHAPITRE II.

LA COOPÉRATION.

CHAPITRE III.

L'ASSURANCE ET LES ASSOCIATIONS MUTUELLES COLLECTIVES, CORPORATIVES ET COOPÉRATIVES DE PRÉVOYANCE. — ESSAI DE SOLUTION DE LA QUESTION OUVRIÈRE.

ERRATA

Page   2. Ligne   7. Lisez : ET *enduite de bitume*, au lieu de : *enduite de bitume.*

Page   9. Ligne 29. Lisez : *à la curiosité* DU *vulgaire*, au lieu de : *à la curiosité vulgaire.*

Page 40. Ligne 3. Lisez : *cette institution*, au lieu de : *cette* INSTITU-TIONT

Idem. Ligne 4. Lisez : *un couvent*, au lieu de : *un* COUVEN.

Page 46. Ligne 17. Lisez : *des priviléges qu'elles avaient*, au lieu de : *des priviléges qu'elles* SAVAIENT.

Page 83. Ligne 25. Lisez : *toutes les routes*, au lieu de : *toutes les* ROUTE.

Page 118. Ligne 12. Lisez : *vou-*, au lieu de vous.

Page 135. Ligne 1ʳᵉ. Lisez : *voyées*, au lieu de : VOYÉES.

Page 140. Ligne 13. Lisez : *que celle*, au lieu de : *que* CELLES.

Page 150. Ligne 13. Lisez : 30 mars 1868, au lieu de : 30 *mars* **868**.

Page 165. Ligne 5. Lisez : *jurés devant cette chambre*, au lieu de : *jurés* DE *cette chambre.*

Page 170. Ligne 16-17. Lisez: *inopportunément*, au lieu de : INOPINÉMENT.

Page 196. Ligne 23. Lisez : *de leurs actes*, au lieu de : *de* LEUR ACTES.

Page 234. Ligne 7. Lisez : *souvent*, au lieu de : SUIVANT.

Page 256. Ligne 17. Lisez : *ornemanistes*, au lieu de : ORNEMENTISTES.

Page 290. Ligne 1ʳᵉ. Lisez : *comté de Warwick*, au lieu de COMTE *de* Warwick.

Page 296. Ligne 6. Lisez : *de* 1861 *à* 1863, au lieu de : **1661** à 1863.

Page 327. Ligne 7. Lisez : *des travailleurs*, au lieu de : *des* TRAVAIL-LEUR.

Page 396. Ligne 15-16. Lisez: *caisse d'assurance mutuelle, coopérative et corporative*, au lieu de : *caisse d'*ASSU-RANCES MUTUELLES, COOPÉRATIVES ET CORPORATIVES.

EXTRAIT DU CATALOGUE

Habitations modernes, recueillies par E. Viollet Le-Duc, avec
le concours du comité de rédaction de l'*Encyclopédie d'architecture*
et la collaboration de F. Narjoux, architecte.

L'ouvrage se composera de 200 planches in-folio gravées sur acier
et d'un texte explicatif, et paraîtra par livraisons de 20 planches, donnant des types de :

1° Habitations de ville, maisons à loyer, hôtels, maisons privées ;

2° Habitations des champs, maisons de campagne, villas, constructions rurales.

Pour les souscripteurs, prix de l'ouvrage complet. . . . 200 fr.

La première partie (100 planches) est en vente.

Une fois le dernier fascicule paru, le prix de l'ouvrage complet sera
augmenté.

Traité des constructions rurales ; les matériaux de
construction, emploi et mise en œuvre ; habitation de l'homme ;
logement des animaux ; constructions annexes ; la ferme ; travaux
divers ; dépenses, jurisprudence, etc., par Ernest Bosc, architecte.

Un volume in-8° jésus de 510 pages environ avec 580 gravures
intercalées dans le texte ou tirées hors texte.

Prix . . . . 30 fr.

**Traité pratique et complet de tous les mesu-
rages, métrages, jaugeages de tous les corps,**
7ᵉ édition revue et augmentée, par E. Sergent.

Deux volumes de texte in-8°, de 700 pages environ chacun, avec
atlas de 47 planches gravées en taille douce, renfermant plus de
2000 figures.

Prix . . . . 50 fr.

**Dictionnaire des termes employés dans la cons-
truction,** par P. Chabat, architecte.

Deux volumes grand in-8°, avec 2500 figures intercalées dans le
texte, publiés en 6 fascicules.

Prix, brochés . . . . 60 fr.

Encyclopédie d'architecture (1ʳᵉ série), dessins de V. Cal-
liat, texte par A. Lance, architectes.

Douze volumes in-4°, contenant chacun 120 planches gravées ou en
chromolithographie, et un texte de 192 colonnes in-4° ; chaque
volume se vend séparément.

Prix du volume . . . . 40 fr.

Les douze volumes en carton . . . . 400 fr.

**Traité complet (théorique et pratique) du chauf-
fage et de la ventilation des habitations particulières et des édifices publics,** par E. Bosc, architecte.

Un volume in-8° jésus de 300 pages environ avec 280 figures intercalées dans le texte ou tirées hors texte.

Prix, broché . . . . 20 fr.

Architecture communale, hôtels de ville, mairies, maisons
d'école, salles d'asile, presbytères, halles et marchés, abattoirs, lavoirs,
fontaines, croix de chemin, etc., par F. Narjoux, architecte.

deux volumes grand in-4° jésus, comprenant 150 planches gravées
et 15 feuilles de texte avec une préface de E. Viollet-Le-Duc.

Prix, en carton . . . . 120 fr.

Reliés . . . . 140 fr.

Abbeville, imp. Briez, C. Paillart et Retaux.